高等职业教育“十四五”规划教材

U0965260

土壤与肥料

刘　超　何任红　主　编

中国农业大学出版社
·北京·

内 容 简 介

本书共分10个项目,主要内容有:土壤与肥料概述、土壤的形成与发育、土壤的物质组成、土壤的物理性质、土壤的化学性质、土壤资源利用与管理、土壤养分与植物营养、化学肥料的合理施用、有机肥料与生物肥料的合理施用、合理施肥新技术。为了方便学生学习与进行技能训练,技能训练部分与相关知识按项目进行编排。本书将土壤、植物营养、肥料、施肥技术、土壤生态和环境保护相关知识有机融合,充分反映新知识、新技术、新成果,突出岗位职业技能,注重体现工学结合、校企合作。本书可作为职业本科、高等职业院校等农业技术类、林业技术类专业教材,也可供从事相关工作的技术人员参考。

图书在版编目(CIP)数据

土壤与肥料/刘超,何任红主编. --北京:中国农业大学出版社,2024.11. --ISBN 978-7-5655-3277-1

Ⅰ.S15;S14

中国国家版本馆CIP数据核字第2024RB0534号

书　　名　土壤与肥料
作　　者　刘　超　何任红　主编

策划编辑　张　玉　　**责任编辑**　陈睿赜
封面设计　中通世奥图文设计
出版发行　中国农业大学出版社
社　　址　北京市海淀区圆明园西路2号　　**邮政编码**　100193
电　　话　发行部010-62733489,1190　　读者服务部010-62732336
　　　　　　编辑部010-62732617,2618　　出　版　部010-62733440
网　　址　http://www.caupress.cn　　**E-mail**　cbsszs@cau.edu.cn
经　　销　新华书店
印　　刷　河北朗祥印刷有限公司
版　　次　2024年11月第1版　2024年11月第1次印刷
规　　格　185 mm×260 mm　16开本　14.5印张　356千字
定　　价　45.00元

图书如有质量问题本社发行部负责调换

编审人员

主　编　刘　超（江苏农林职业技术学院）
何任红（江苏农林职业技术学院）

副主编　马　婧（江苏农林职业技术学院）
黄　琼（江苏农林职业技术学院）
张慧慧（江苏农林职业技术学院）

参　编　曲潇琳（农业农村部耕地质量监测保护中心）
薛思远（农业农村部耕地质量监测保护中心）
孟晓慧（江苏农林职业技术学院）
杭新楠（江苏海洋大学）
张　娜（新疆农业大学）
王　艳（淮阴师范学院）
潘子涵（培黎职业学院）
周明园（苏州农业职业技术学院）
宋银桂（射阳县农业干部学校）
吕思媛（射阳县耕地质量保护站）
周耕勤（江苏农林生化有限公司）

主　审　郭正兵（江苏农林职业技术学院）

前 言

土壤是重要的自然资源，也是人类赖以生存发展的基本条件。近年来，粮食安全、生态退化、环境污染、人类健康等问题凸显，土壤资源的利用与保护受到了前所未有的关注。2013 年联合国粮食及农业组织(FAO)将每年的 12 月 5 日定为世界土壤日，并将 2015 年确定为国际土壤年。

党的二十大报告强调推动绿色发展，促进人与自然和谐共生。绿色、低碳、循环将成为中国转变发展方式的必然选择。加快发展方式绿色转型，深入推进环境污染防治，加强土壤污染源头防控，推动形成绿色低碳的生产方式和生活方式。《土壤与肥料》正是在此背景下组织编写的。

根据国务院《国家职业教育改革实施方案》《职业院校教材管理办法》、教育部《"十四五"职业教育规划教材建设实施方案》等文件有关精神，充分吸收土壤学、肥料学等相关领域的新知识、新技术、新成果、新工艺，围绕高等职业教育本科型人才培养目标，在国家高水平学校和高水平专业建设的基础上，编写了本教材。本教材体现了现代职业教育体系的最新教学改革精神，既注重理论知识和基本技能的培养，又介绍了土壤肥料方面最新的科技成果，如土壤健康、农业面源污染防控，充分体现了教材的新颖性和实用性。

由于编者水平和时间有限，书中错误和疏漏之处在所难免，恳请广大读者批评指正！

编 者

2023 年 11 月

目　录

项目一　土壤与肥料概述

任务一　土壤与土壤圈

一、土壤

土壤随处可见，人们对它并不陌生。但由于认识角度的不同，要确切地给它一个科学的定义并不容易。我国《周礼》中对土壤含义的记载是："万物自生焉则曰土，以人所耕而树艺焉则曰壤"，意即凡是自然植被生长的土地称为"土"(自然土壤)，经垦种的土地称为"壤"(耕作土壤)。不同学科对土壤有不同的认识。地质学家认为土壤是破碎了的岩石；环境学家认为土壤是环境污染物的缓冲过滤器；工程学家认为土壤是承受高强度压力的地基和工程材料的来源；农业学家认为土壤是植物生长的介质；土壤学家定义土壤(soil)是陆地表面由矿物质、有机质、水分、空气和生物组成的，具有肥力且能生长植物的未固结层。"陆地表面"说明土壤在地球上所处的位置(图 1-1)；"矿物质、有机质、水分、空气和生物"则是土壤这一物质客体的基本成分；"具有肥力且能生长植物"说的是土壤的基本特性；"未固结层"指其物理状态为疏松多孔，明显有别于坚硬固结的岩石等。土壤是由岩石风化后再经成土作用形成的阶段性产物，岩石在风化过程中变得疏松多孔，部分矿物质彻底分解成为可溶性物质。生物的活动不仅加快了岩石

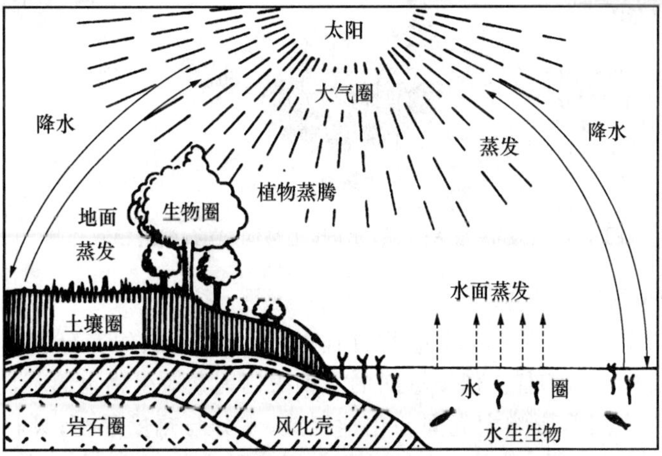

图 1-1　土壤的分布

风化进程，而且为土壤积累有机质创造了条件，于是具有一定生物活性、能够生长植物的土壤诞生了。

尽管不同地区的土壤千差万别，但都具有以下特点：

第一，土壤是一个独立的历史自然体。土壤是生物、气候、母质、地形、时间等自然因素和人类活动综合作用下的产物。

第二，土壤是多孔多相系统。组成土壤的基本物质主要有固相物质（矿物质、有机物质和生物）、液相物质（水分）和气相物质（空气）等（图 1-2）。

第三，土壤具有垂直分层性。土壤发育过程中往往形成不同的层次，使土壤在垂直方向的物质组成和颜色发生分异，形成不同的发生层次。

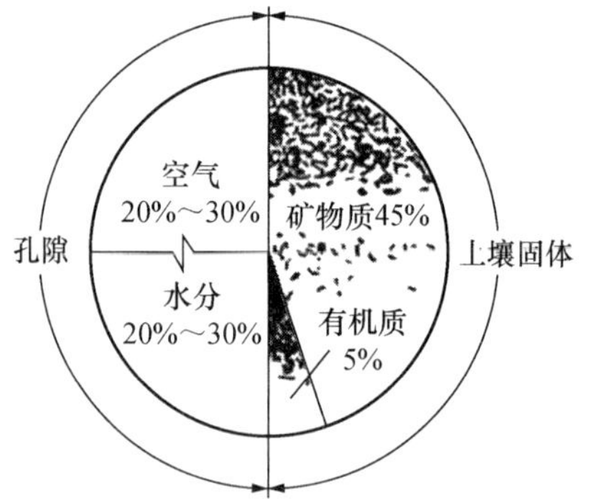

图 1-2　土壤的一般组成

二、土壤圈

土壤圈（pedosphere）是陆地表面和浅水域底部的土壤构成的一种连续体或覆盖层，是地圈系统的重要组成部分，其位置处于大气圈、水圈、生物圈与岩石圈的交接界面，既是这些圈层的支撑者，又是它们长期共同作用的产物（图 1-3）。

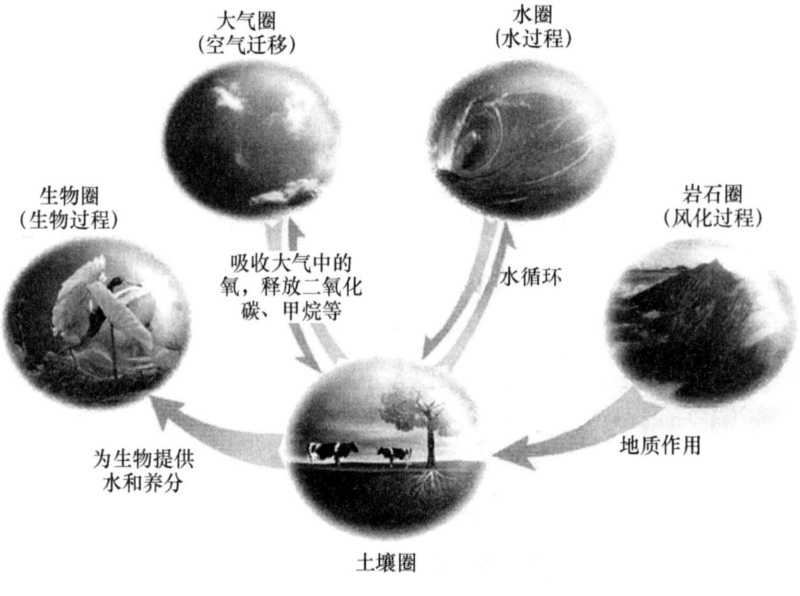

图 1-3　土壤圈与大气圈、水圈、生物圈、岩石圈的相互作用

土壤圈的功能包括以下四点。

（1）对生物圈的作用　支持和调节生物过程；提供植物生长的养分、水分与适宜的物理条件；决定自然植被的分布与演替。但土壤圈的各种限制因素对生物也起不良影响。

（2）对大气圈的作用　影响大气圈的化学组成、水分与热量平衡；吸收氧气，释放二氧化碳、甲烷、硫化氢、氧化亚氮等，对全球大气变化有明显影响。

（3）对水圈的作用　影响降水在陆地和水体的重新分配，影响地球表面元素的化学行为、水分平衡及水圈的化学组成。

(4)对岩石的作用　作为地球的"皮肤",土壤对岩石圈具有一定的保护作用,以减少其遭受各种外力破坏;与岩石圈进行相互交换和地质循环。

三、土壤的功能

人类对土壤功能(图 1-4)的认识是从其支撑农业生产开始,随着科技的不断进步,对土壤功能和重要性的认识不断深入。作为多功能的历史自然体,土壤的功能主要有以下几个方面。

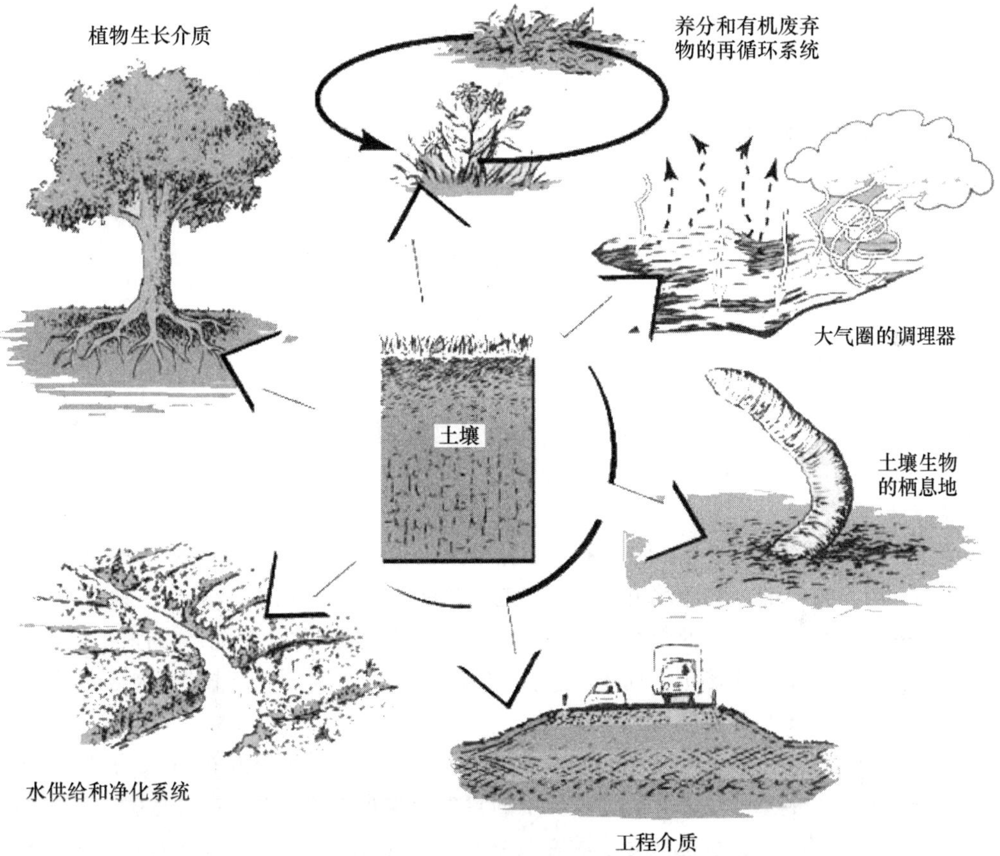

图 1-4　土壤的功能

(Weil and Brady,2016)

1. 土壤的生产功能——人类农业生产最基本的基地

土壤的主要功能是用于发展农业生产,而农业生产最根本的任务就是从事绿色植物的生产。植物的生长发育有 5 个基本要素:光照、温度、空气、水分和养分,其中养分与水分主要通过根系从土壤中吸收。同时,植物能历经风雨不倒伏,也离不开土壤的机械支撑作用。土壤在植物生长发育中具有以下不可替代的作用:①营养库的作用;②养分转化和循环作用;③雨水涵养作用;④生物的支撑作用;⑤稳定和缓冲环境变化的作用。

2. 土壤的生态功能——陆地生态系统的基础

在陆地生态系统中,土壤作为最活跃的生命层,是生物与环境间进行物质和能量交换的场所。

3. 土壤的环境功能——环境的缓冲净化体系

土壤是地球的皮肤，是连接大气圈、水圈、生物圈、岩石圈的中心纽带，不断地与其他圈层进行物质和能量的交换，是陆地生态系统中最为活跃的组成部分。土壤作为地球上环境污染物最大的“汇”，通过土壤的吸附、沉淀、降解等方式，对各种重金属和有机污染产生缓冲、净化效应，从而降低其毒害。

4. 土壤的工程功能——工程地基与建筑材料

土壤是公路、铁路、机场、桥梁、楼房等一切建筑物的地基。土壤也是工程建筑的原始材料，90％以上的建筑材料是由土壤提供的；此外，土壤还是陶瓷工业的基本原材料。

5. 土壤的社会功能——人类赖以生存和发展的珍贵的自然资源

土壤资源是维持人类生存与发展的必要条件。在地球表面形成 1 cm 厚的土壤需要 300 年或更长的时间。土壤资源是有限的，并非取之不尽，用之不竭。在人类生存的基础生活中，人类消耗的 80％以上的能量、75％以上的蛋白质和大部分纤维素来自土壤。

任务二　土壤肥力与肥料

一、土壤肥力

土壤之所以能够生长绿色植物，是由于土壤具有肥力(fertility)。土壤肥力是指土壤能经常适时供给并协调植物生长所需的水分、养分、空气、热量和其他条件的能力。土壤肥力是土壤最基本的特征。

养分、水分、空气和热量被称为土壤肥力的四大因素。土壤肥力的各要素不是孤立的，而是相互联系、相互制约的。如土壤孔隙中存在着水分和空气，在孔隙度不变的情况下，水分的增加会使空气含量减少，土壤通气性降低。同时因为水的热容量较大，水分的增加也会使土壤温度下降，影响土壤养分的转化。而土壤温度较高时，水分蒸发的速度较快，水分含量降低，土壤矿化速度加快，土壤养分供应增加。

根据肥力产生的原因，可将土壤肥力分为自然肥力(natural fertility)和人为肥力(anthropogenic fertility)。自然肥力是未经农业利用的自然土壤所具有的肥力，自然肥力是由自然因素形成的土壤所具有的肥力，也就是土壤在自然因素综合作用下发生和发展起来的肥力。纯粹的自然肥力只有在原始林地和未开垦的荒地上才能见到。人为肥力是在人为因素(耕作、灌溉、施肥及其他技术措施)影响下形成的肥力。人为肥力是自然土壤经过开垦耕作以后，在人类生产活动影响下创造出来的。

农业土壤(又称为耕作土壤、耕种土壤)既具有自然肥力，又具有人为肥力。在农业生产上，土壤肥力受到环境条件、土壤管理水平以及植物对养分的利用特点等的限制，并不能完全表现出来。

在农业生产上，通常把在一定农业技术措施下反映土壤生产能力的那部分肥力称为有效肥力(effective fertility)，又称经济肥力；而受环境条件和技术水平限制暂不能被植物利用的那部分肥力称为潜在肥力(potential fertility)。潜在肥力在一定条件下可转化为有效肥力。

土壤的植物生产性能还可以用土壤生产力(soil productivity)即土壤产出农产品的能力加以描述，包括农产品的经济产量、生物量及产品质量。土壤生产力的高低除受到土壤肥力的影响外，还受到环境条件及植物本身因素的影响。土壤肥力仅仅是土壤生产力的基础之一，要提高土壤生产力，既要重视土壤肥力的研究，也要研究土壤、植物、环境间的相互关系。

二、肥料

能够直接提供植物生长的必需营养元素的物料称为肥料(fertilizer)。肥料又可分成有机肥料(organic fertilizer)和化学肥料(chemical fertilizer)，前者养分释放速度较慢，但肥效时间较长，且兼有提高土壤肥力的作用；而后者养分释放速度快，但肥效时间短，植物可直接吸收。肥料可以直接施用于植物体，如叶面喷施、根施等；但更多的则是将肥料施入土壤后让植物吸收利用。常见肥料的种类见表1-1。

表1-1　肥料的种类

分类依据	类型	含义	示例
来源与组分	化学肥料	又称无机肥料，指在工厂里用化学方法合成的或采用天然矿物生产的肥料	尿素、硫酸钾、过磷酸钙等
	有机肥料	指来源于植物和(或)动物，施于土壤以提供植物养分为主要功效的含碳物料	人粪尿、厩肥、绿肥等
	生物肥料	又称微生物肥料，指含活性微生物的特定制品，应用于农业生产中，能够获得特定的肥料效应	根瘤菌肥料、磷细菌肥料等
	有机无机肥料	指标明养分的有机和无机物质的产品，由有机和化学肥料混合和(或)化合制成	有机无机复混肥
有效养分数量	单质肥料	氮、磷、钾三种养分或微量元素养分中，仅具有一种养分标明量的化学肥料	碳酸氢铵、氯化钾等
	复混肥料	氮、磷、钾三种养分中，至少具有两种养分标明量的由化学方法和(或)掺混方法制成的肥料，包括复合肥料和混合肥料	磷酸二氢钾等
肥效作用时间	速效肥料	养分易被植物吸收、利用，肥效快的肥料	碳酸氢铵、硝酸铵等
	缓效肥料	养分因其所呈的化合物或物理状态，能在一定时间内缓慢释放，供植物持续吸收利用的肥料	尿甲醛、包裹尿素等
化学性质	碱性肥料	化学性质呈碱性的肥料	碳酸氢铵等
	酸性肥料	化学性质呈酸性的肥料	过磷酸钙等
	中性肥料	化学性质呈中性或接近中性的肥料	尿素等
反应性质	生理碱性肥料	养分经植物吸收利用后，残留部分导致生长介质酸度降低的肥料	硝酸钠等
	生理酸性肥料	养分经植物吸收利用后，残留部分导致生长介质酸度提高的肥料	硫酸钾、硫酸铵、氯化铵等
	生理中性肥料	养分经植物吸收利用后，无残留部分或残留部分基本不改变生长介质酸度的肥料	硝酸铵等

随着社会的发展和日益增长的人口对粮食的需求，化学肥料的使用仍将不可避免，有机农业不可能养活全人类。所以，为了生产更多的粮食，同时又需要利用有限的肥料资源，保护人类赖以生存的生态环境，最有效的方法就是科学、合理地施用肥料。合理施肥能提高作物产量、改善作物品质、保护环境、培肥地力。如果施肥不合理，会造成许多负面影响，如经济效益降低，给作物、土壤、环境以至人类健康带来不良后果等。要做到合理施肥，就必须掌握施肥的基本原理。这方面，前人已揭示出一些有关植物营养与合理施肥方面的规律，如最小养分律、报酬递减率等，这些内容将在本书后面的部分详细叙述。

任务三　营养元素在土壤-植物-人体系统中的循环利用

一、人体必需营养元素

人体必需营养元素是指存在于人体内，担负着构成人体细胞组织、供给热能和调节生理功能的各种营养物质中所含的化学元素。除碳、氢、氧和氮主要以有机化合物的形式出现以外，其余各种元素，无论其存在形式如何、含量多少，统称为无机元素或矿(物)质元素或灰分元素。其中含量较多的有钙、镁、钾、钠、磷、硫、氯 7 种，称为常量元素。人体可测出 70 余种元素，已被确认为机体必需的微量元素共有 14 种，分别是铁、锌、铜、锰、镍、钴、钼、铬、碘、氟、锡、硅、钒和硒。砷、硼和铝是否为人体必需，尚不明确，常视为有益元素，但砷和铝含量稍高即具有潜在毒性。

(一)碳、氢、氧、氮与人体营养

人体摄取、消化吸收和利用食物中的营养成分，以维持生命活动的整个过程。人体需要的营养有几十种，可概括为七大类：蛋白质、脂质、糖类、维生素、无机盐、水和食物纤维。各种营养成分都有独特的生理功能，一种营养元素也可兼有几种生理功能。

1. 蛋白质

蛋白质的元素组成主要有碳、氢、氧和氮，还可能含有少量的硫和磷。蛋白质是生命的物质基础，也是机体的重要组成部分。成人体内蛋白质占体重的 16%～19%。蛋白质的生理功能主要包括：①构成身体组织，促进生长发育；②构成体内许多具有重要生理作用的物质；③作为免疫系统重要的物质基础；④维持体内的酸碱平衡和水分在体内的正常分布；⑤与遗传信息的传递及许多重要物质的运输有关；⑥供应机体能量。正常成年人体内蛋白质含量相对稳定，人体每天必须从食物中摄取一定量的蛋白质，以补偿组织生长、更新和修复的消耗，使人体蛋白质处于动态平衡。蛋白质的营养价值还与其氨基酸组成有关。含有适当比例的人体必需氨基酸(亮氨酸、异亮氨酸、赖氨酸、苯丙氨酸、甲硫氨酸、苏氨酸、色氨酸、缬氨酸)的蛋白质能更高效地被人体充分利用。

2. 脂质

脂质包括中性脂肪和类脂，也是人体的重要组成部分，正常人体内脂质占体重的 10%～20%。中性脂肪是由一分子甘油和三分子脂肪酸组成的化合物，又称甘油三酯，在人体内主要分布于皮下、腹腔、肌肉间隙和脏器周围，是体内热能的一种储存形式，当机体需要时可通过代谢而释放热能，因此，这类脂肪容易受到机体营养状况和活动量的影响而变动，称为动脂。类

脂包括磷脂、糖脂、脂蛋白和胆固醇等，主要存在于细胞原生质和细胞膜中，在体内的含量不易受营养状况和机体活动的影响，称为定脂。脂质的营养意义主要在于：①是体内储存热能和供给热能的重要物质；②构成人体细胞和组织；③促进脂溶性维生素的吸收和利用；④改善膳食的感官性状。

3. 糖类

糖类是由碳、氢、氧 3 种元素组成的一类化合物。根据其分子结构的不同，可分为单糖、双糖和多糖三类。糖类的营养意义主要包括：①供给热能；②构成身体组织；③维持心脏和神经系统的正常功能；④保护肝和解毒作用；⑤参与蛋白质、脂质在体内的正常代谢。

4. 维生素

维生素是维持生命必不可少的一类有机营养物质，在生理功能上既不参与身体组织的构成，也不是体内热能的来源，而是参与人体中许多重要的生理代谢过程，所以维生素与人体健康的关系极大。许多维生素是酶的辅酶或辅基的成分。维生素大多以生物活性物质的形式存在于组织中。维生素种类很多，其中人体需要量较多而需要膳食中经常供给的主要有维生素 A、维生素 D、维生素 B_1、维生素 B_2、维生素 C 和烟酸等。

此外，食物纤维也是含碳、氢、氧的一类化合物，其在人类营养学上的意义也已被广泛认识。

（二）矿质元素与人体营养

除碳、氢、氧、氮几种元素之外，矿质元素也是人体的重要成分，并具有重要的生理功能。矿质元素的生理作用主要包括：①作为构成机体组织的重要材料，如钙、磷、镁是骨骼和牙齿的重要成分，磷、硫是有机体内某些蛋白质的成分；②钠、钾、钙、镁和氯等是细胞内、外液的重要成分，与蛋白质一起维持着细胞内、外液的渗透压；③酸性、碱性无机离子的适当配合，加上重碳酸盐和蛋白质的缓冲作用，维持机体的酸碱平衡；④钾、钠、钙、镁等是维持神经肌肉兴奋性、细胞膜渗透性及各种细胞正常功能的必要条件；⑤矿质元素还是构成某些具有特殊生理功能物质的重要成分。在我国的膳食结构中最易缺乏的矿质元素是钙、铁、碘、锌等。矿质元素在机体代谢过程中具有各自特殊的生理功能。然而，它们在人体营养中并非孤立地起作用，各种矿质元素间普遍存在着相互影响或相互作用，或协同、或制约、或拮抗。这种矿质元素之间可能发生的协同作用或拮抗作用如图 1-5 所示。

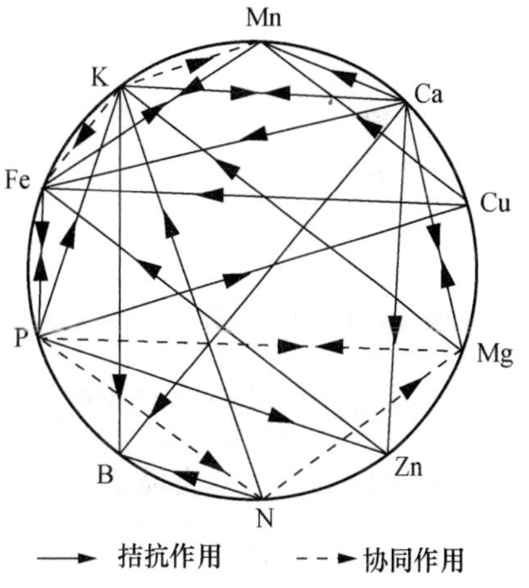

图 1-5　矿质元素的协同作用与拮抗作用

各种矿质元素除了简单的元素间的相互关系外，还存在着比较复杂的相互关系，即元素与原子团间，如 Cu-SO_4^{2-}-Mg、元素与蛋白质间、元素与维生素间。这种相互关系主要包括化学作用、胶体吸附作用、改变介质的 pH 以及与其形成复合体等。由于各种营养元素之间存在着复杂的联系，因此在植物施肥时应强调平衡施肥，以保证农产品中的灰分元素含量保持在适宜水平。

二、营养元素在生态系统内的迁移、循环和再利用

(一)营养元素在生态系统中的迁移与循环

在“土壤-植物-动物-人”生态系统中，营养元素的迁移基本上是沿着土壤→植物→动物→人的方向进行的，这也是我们进行植物生产的目的所要求的。土壤中营养元素的来源主要有母质(或母岩)和肥料两大方面，其他途径，如生物固定作用、大气沉降、灌溉等也能对土壤中部分营养元素进行一定数量的补充。营养元素在生态系统中的迁移循环途径如图 1-6 所示。

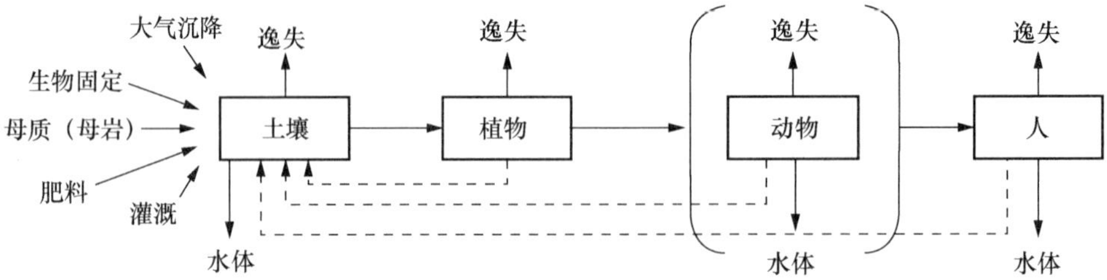

图 1-6　营养元素的迁移与循环

在迁移过程中会不断发生营养元素的逸失，这不仅导致营养元素的循环利用效率降低，而且造成环境负荷加重。土壤中营养元素的循环过程包含着大量的土壤物理学、土壤化学和土壤生物学过程，加强土壤各分支学科的联合攻关，有助于更好地发挥植物营养与施肥在全球粮食安全、环境保护以及应对气候变化等方面的作用。

(二)营养元素在土壤系统中的再利用

土壤中的营养元素被作物吸收后，部分随产品收获而移走，相当大比例仍回到土壤中去。农产品直接或间接利用后，绝大部分营养元素又以排泄物形式归还到土壤中。这种以生物有机体或残体或代谢产物形式归还的养分不易被土壤固定，而且具有较高的生物活性，可很快被作物吸收利用，进入下一轮循环。除能以气态形式逸失的元素外，多数营养元素在土壤系统中均具有较强的再利用性。

三、植物营养与人体健康

具有高营养价值的食品是人类健康最基本的物质条件，而具有高营养价值的农产品的获得离不开合理的植物营养与施肥。根据农作物收获目的的不同，研究植物营养与收获物的产量、品质的关系，弄清高产优质农作物的营养特性、需肥规律，结合土壤、气候等条件进行合理的施肥是获得高产优质农产品的必要条件。富硒苹果和茶叶的栽培就是通过合理营养以改善人类健康的典型例子。

随着气候及环境污染问题凸显，要充分发挥植物营养与施肥对农产品品质的良好作用，就必须重视土壤质量、土壤污染和粮食安全关系的系统研究，通过多学科交叉融合，借助于现代前沿理论与技术，不断提高区域土壤质量，充分发挥植物营养在食物安全与人类健康中的积极作用。

任务四 土壤肥料在农业生产中的地位和作用

一、土壤在农业生产中的地位和作用

“万物土中生，有土斯有粮”，这是我国劳动人民几千年来对土壤的重要性最确切和最形象的概括，人类为了获得食物的供给，必须通过土壤进行农业生产。“民以食为天，食以土为本”，精辟地概括了人类-农业-土壤的关系。农业是人类生存的基础，而土壤是农业生产的基础。农业生产的基本任务是发展人类赖以生存的绿色植物生产。绿色植物生长所需五个基本要素：光、热量、空气、水分和养分。除光外，水分和养分主要来自土壤，空气和热量一部分也通过土壤获得。植物扎根于土壤，靠根系伸长固着在土壤中，并从土壤中获得必需的生长条件，完成生长发育的全过程。同时土壤又是地球环境的重要组成部分，其质量与水、大气、生物的质量以及人类的健康密切相关。

土壤是地球上最珍贵的自然资源。首先，土壤作为自然资源，和水资源、大气资源一样是再生资源，只要科学用养，可永续利用。其次，从土壤的数量来看又是不可再生的，是有限的自然资源。我国的土壤资源由于受海陆分布、地形地势、气候、水分配和人口增长、城镇化、工业化的影响，耕地土壤资源短缺，后备耕地土壤资源不足，人均耕地面积还将持续下降。土壤资源的有限性已成为制约经济、社会发展的重要因素，有限的土壤资源供应能力与人类对土壤总需求之间的矛盾日趋尖锐。

二、肥料在农业生产中的地位和作用

肥料是植物生长发育的粮食。地球上几乎没有一个地方的土壤，可以不施用任何肥料而能长期种植植物并获得高产。土壤养分是土壤肥力最重要的物质基础，肥料则是土壤养分的主要来源，是农业可持续发展的重要基础之一。联合国粮农组织的统计表明，在提高单产方面，肥料对增产的贡献额为40%～60%。我国农业部门则认为这一比例在40%左右。从现代科学储备和生产条件来看，在未来农业中，肥料在提高产量与品质方面仍将继续发挥积极作用。

肥料在农业生产中的积极作用有以下几点：一是能促进和改善土壤-植物-动物系统中营养元素的平衡、交换和循环；二是提高土壤肥力，即提高单位面积土地的农牧产品数量与质量，使土壤资源获得永续利用；三是使植物生长茂盛，提高地面覆盖率，减缓或防止土壤侵蚀，维护地表水域、水体不受污染；四是改善农副产品的品质，保护人体健康。农副产品的品质包括商业品质、市场价值、营养价值以及对各种有害影响的抗性等。

但肥料施用或处置不当，会污染生态环境，导致人体健康受到威胁：首先，污染生态环境，如氮肥、磷肥等施用不当，易引起大气环境污染、水体环境污染或富营养化。其次，降低植物抗逆能力，导致减产和产品品质恶化。最后，土壤理化性状恶化，土壤养分比例失调，导致土壤肥力下降。

三、土壤肥料在农业可持续发展中的地位和作用

农业的可持续发展是人类社会、经济可持续发展的基础。面对人口、粮食、资源、环境与能

源五大问题，农业的可持续发展正在受到越来越广泛的重视。可持续农业应能维护土、水资源和动植物的遗传资源，使环境不退化，技术上应用适当，经济上可持续，并能够被社会所接受。随着科学技术的进步，可持续农业也在不断提高与完善。可持续农业的核心是以当代科学技术为基础，以持续增长的生产率、持续提高的土壤肥力、持续协调的生态环境，以及持续利用与保护的农业自然资源为目标，以高产、优质、高效、低耗为宗旨，采用现代科学技术、现代经营方法来管理而建立的一种农业综合体系。其中持续提高土壤肥力不仅是基础，而且是各种持续关系的纽带。

人类从事农业已有数千年历史。据考古证明，我国黄河流域、长江流域，以及其他一些地区农业发展都有数千年历史，这些古老的农垦区土壤肥力不仅没有枯竭，反而越种越肥，产量持续上升。由此可见，农业可持续发展是完全可能的。

我国地少人多，人均占有土地资源特别是耕地资源的数量有限，要解决好粮食问题，就必须提高单位面积土地的产量。在我国有限的耕地中，养分贫乏是普遍的问题，加上施肥技术落后，在很大程度上制约着农作物产量的进一步提高。因此，土壤以及与之密切关联的土壤肥料学的发展，对可持续农业的发展起着举足轻重的作用。

（一）土壤肥力在农业可持续发展中的地位和作用

土壤肥力是地球生命中能量和物质的库容。肥沃的土壤能持续协调地提供农作物生长所需的各种土壤肥力因素，保持农产品产量与质量的稳定与提高。因此，土壤肥力是农业可持续发展的重要基础。许多国家都把提高土壤肥力、防治土地退化的综合治理纳入发展农业与整个国家经济计划之中。

根据《2019 年全国耕地质量等级情况公报》，我国现有耕地中，尚有中低产田 13.91 亿亩，占耕地总面积的 68.76%，分布在西南区、黄土高原区、黄淮海平原区、内蒙古及长城沿线区、华南区、长江中下游区、甘新区等农业区。国家对这些地区的农业可持续发展给予了高度重视，分区治理，并大范围取得成效。

在我国历史上，曾大面积推广扩种绿肥，土壤养分供应较为平衡，土壤肥力得以维护与提高，粮食产量稳定增长。但近年来，由于农业生产与复种指数的提高，耕地质量出现了令人担忧的征兆，表现为土壤基础肥力下降、土壤物理性状变差（如耕层变浅、容重增加）、土壤缓冲能力下降、各种污染加剧等，这些明显地制约着农业的可持续发展。我们要探索出一条符合我国国情，兼顾生态、经济和社会效益的土壤改良培肥途径，维持并提高土壤肥力，促进农业的可持续发展。

（二）肥料在农业可持续发展中的地位和作用

土壤养分是土壤肥力最重要的物质基础，肥料则是土壤养分的主要来源，因而也是农业可持续发展的重要物质基础之一。从现代科学储备和生产条件出发可以预见，未来农业中，肥料在提高农产品产量与品质方面仍继续发挥积极作用。

在我国过去的几十年间，化肥投入越来越多，很多地方已经持续过量施用。最近几年，国家开始实施化肥减施增效和有机肥部分替代的国策，效果比较显著。2021 年我国化肥总养分投入量为 5.191×10^{7} t，连续 6 年下降，显著遏制了化肥过量施用的势头。相应地，化学氮肥的利用率也从前几年徘徊不前的 30%提高至 2019 年的 39%。

在积极实施化肥减施增效并取得明显成效的同时，我们也须看到我国肥料的投入尚存在不合理性，单位肥料增产潜力还很大。其不合理的肥料投入主要表现在：①投入肥料品种不够协调，目前国内还是以无机复混肥为主，有机无机复混肥产业始终没有发展起来，生物肥料发展更是举步维艰；②对化肥投入后可能产生的污染问题未给予高度重视。如太湖地区因施氮肥偏多，致使一半以上的饮用水样品中 NO_3^- 浓度超标；③肥料的宏观分配不合理，肥料过多地投入高产地区，造成沿海各省份、城郊、交通沿线、老商品粮基地施肥过多，而边远地区肥料投入量远远不足；④肥料生产、销售、供应存在不稳定性，肥料的销售与指导部门配合不佳，配方施肥、平衡施肥还有很大潜力可挖。

(三)可持续农业中的我国土壤与肥料学研究

(1)土壤肥力的研究　土壤肥力是可持续农业的重要物质基础。调节土壤发育过程，使其朝着可持续高产优质方向发展，是可持续农业的根本措施。应及早开展有关不同生态系统(如水田生态系统、旱地生态系统、雨养生态系统)下土壤肥力的演变规律及定向培育的研究，阐明不同生态条件下土壤物理化学性质、养分含量、形态与转化及其对作物生产的影响，不同生态系统中土壤生物对养分循环和养分作用以及提高循环效率的影响，有机无机养分在土壤中转化及其对环境质量的影响等。

(2)提高肥料利用率的研究　由于土壤条件及施肥习惯等因素综合作用的结果，我国农田氮肥利用率目前已达到39%，但还比发达国家低5%～10%。而田间小区试验证明，我国部分地区氮肥利用率可达到50%～70%。因此，大面积提高氮肥利用率尚有很大潜力，其他肥料利用率的提高也有相当大的潜力。这就需要我们重点研究提高化肥利用率的各种新技术，包括物理及化学工程技术、生物工程技术与先进的节肥农艺技术等。

(3)高产作物营养特性与高效施肥综合配套技术的研究　从20世纪中叶开始，日本、美国、英国等发达国家对高产作物的营养特点与养分吸收运转规律进行了大量的研究，建立了各种作物高效施肥技术。我们也应继续加强这方面的研究工作，并运用相关领域最新科学技术组合形成能最大限度地发挥作物增产潜力的施肥技术。

(4)植物营养基因型差异研究　进行植物营养遗传的研究，尤其是在选育耐养分胁迫及耐逆境土壤的优良品种上开展工作，从植物遗传育种角度改良植物营养性状，从生物学途径解决农业生产中的一些土壤-植物营养问题。

(5)植物根际微生态学研究　土壤-植物根际微生态环境直接影响土壤中水分、养分向根的迁移、转化和有效性，有益和有害生物的繁殖与活性，以及污染物的聚积与降解。深入开展根际微生态学研究，培育根际促生、根际免疫和根际解毒的微生物区系，将会揭示植物根系与土壤作用的内在机制。

(6)植物养分和水分交互作用研究　土壤水分既影响养分在土壤中的转化和运移，又影响植物吸收养分与利用养分的状况，而养分又通过影响植物根系形态与伸长而影响植物的水分利用情况。因此，通常情况下，水肥对土壤与植物的交互作用是农业生产中最明显和最重要的过程，应该在以前水肥研究的基础上，进一步开展水分生理与养分生理的交互作用机制研究，从而显著提高作物的水肥利用效率。

(7)设施农业条件下的植物营养特性的研究　我国农业正由传统的粗放式农业向现代高效农业转变，发展设施农业是农业结构调整的重要措施，是参与国际竞争的必然选择，是农民增收的有效途径。设施农业通过现代化的设施和技术，实现了农业生产的机械化、自动化和智能化，一定程度上突破了传统农业对耕地和水资源的高度依赖，将物理与化学工程技术、生物工程技术、自动化技术、无土或少土栽培技术与先进的施肥技术集成起来，形成设施农业的高新技术，然而这些技术尚待进一步深入系统的研究。

总之，土壤肥料在未来可持续农业中的地位与作用将越来越引起人们关注。

任务五　土壤健康与人类健康

土壤如同人体或动物、植物等生命体一样，也存在“健康”和“疾病”的状态。只有“健康”的土壤，才能支持植物的健康生长和发育，才能生产出健康的植物或农产品。近年来，“土壤健康”这一概念逐渐被世界各国越来越多的农业工作者，特别是土壤科技工作者接受和认可。

一、土壤健康

（一）土壤健康的概念

土壤健康是一个发展中的概念，目前，人们对这一概念有着不同的理解。Doran 和 Zeiss 认为：土壤健康是指最大限度地减少土传植物疾病生物的数量及有关疾病的发生，最大限度地减小、控制土传昆虫或其他害虫的数量和活动范围。D. W. Wolfe 认为：土壤健康是指采用生物方法与物理方法、化学方法相结合的实施土壤管理的综合措施，在最大限度地防止产生对环境负面效应的前提下，使植物生产达到长期的可持续发展。Peter Trutmann 认为：土壤健康是指土壤作为重要的生命系统行使各种功能的能力，即在土地利用的边界范围内，维持生产植物性和动物性产品的能力，维持或改善水和大气质量的能力以及促进植物和动物健康的能力。这个定义强调了判断土壤健康的标准，一是能生产出对人体具有健康效益的动物和植物产品；二是应该具有改善水和大气质量的能力及一定程度的抵抗污染物的能力，包括使污染物降解为低毒甚至无毒的形态的能力。

（二）土壤健康的基本要素

土壤具有为植物生长提供介质、调节与储藏水资源以及作为环境缓冲器的服务功能，正是土壤的这三项主要功能，构成土壤健康的基本要素。

1. 植物健康生长

对于农业生产来说，健康土壤或者是质量好的土壤，应该是适于耕种的，肥沃的，并且在通常情况下能够产出高质量的作物。因此，土壤健康首要的条件是：为作物种子发芽和根生长提供适宜的介质，包括不存在过酸或过碱等不适宜的条件以及对植物生长有害的其他条件；平衡地供给植物营养；能够获得、接受、储藏并及时释放供植物利用的水分；能够通过动物、植物残体的降解作用使营养物质得以再循环；对有助于提高植物抵抗各种疾病的微生物群落起到支持作用。

2. 水分调控与储藏

雨水或融化的雪水到达地面或进入土壤后有若干归宿：一是渗入土体中，然后在土壤中储藏起来或者被植物吸收利用；二是直接穿透土体进入地下水中；三是作为径流沿着地表或表层土壤进行迁移而进入溪流或河流。

尽管有时土壤的储水量取决于所获得的降水量，但是，健康的土壤或是质量好的土壤，当有足够的降水量时，土壤能够储藏足够的水分，从而最大限度地促进作物的健康生长和发育，最终获得高质量的农产品。与此同时，产生的地表径流最小，带走的土壤沉积物最少，并能阻止降水直接渗入根层以下的地下水中。

3. 环境缓冲器

健康的土壤或质量好的土壤应该能够接纳并保持一定数量的营养物质，源源不断地供给植物，而当植物需要这些营养物质时，土壤能够及时将其释放。

在一定程度上，健康的土壤能够使有毒有害污染物转化为低毒或无毒的形态，对地表水和地下水不会构成污染。但是土壤发挥这一功能的能力是有限的，而且在修复人为活动引起的工业污染的损害方面的能力也是有限的。也就是说，土壤作为环境缓冲器的功能是有限的。因此，必须控制大量外来污染物进入土壤。否则，污染物对土壤机体的危害作用，将导致土壤容易发生各种"疾病"。

（三）土壤健康的意义

健康的土壤是人体健康的保证，至少到目前为止，我们人类的食物大部分都是从土壤上生产出来的。如果土壤不健康或受到外来污染的影响，土壤也就生产不出健康的农产品。当人类以这些不健康的农产品为食物，将对人体的健康产生不良影响。反之，以健康的土壤生产出的健康的农产品为食物，将有利于促进人体的健康和长寿。

土壤健康也是健康社会的基础，健康的土壤能够带来较大的社会效益。健康土壤是生态系统尤其是陆地生态系统健康的最重要的组成部分和保证。

二、土壤健康与农产品质量安全

农产品安全与土壤污染关系密切，土壤是否遭受污染以及污染的程度直接影响农产品的品质与产量。土壤污染物的来源可分为自然源和人为源。自然源主要包括成土母质、岩石风化、火山喷发等，人为源主要包括工业源（工业废物排放）、农业源（化肥、农药、畜禽粪便等）、生活源（城乡生活废水等）、交通源以及其他污染源（废弃物焚烧等）等。这些污染源通过大气沉降、废水排放、农业施肥等途径进入土壤中，并在土壤中积累。土壤污染物的种类繁多，既有化学污染物，也有物理污染物、生物污染物和放射污染物等，其中以化学污染物最为普遍、严重且复杂。按污染物的性质一般可分为四类：有机污染物、重金属元素、放射性元素和病原微生物。2014 年环境保护部和国土资源部《全国土壤污染状况调查公报》显示：全国土壤环境状况总体不容乐观，部分地区土壤污染较重，耕地土壤环境质量堪忧，工矿业废弃地土壤环境问题突出。全国土壤总的点位超标率为 16.1%，其中轻微、轻度、中度和重度污染点位比例分别为 11.2%、2.3%、1.5%和 1.1%。从污染类型看，以无机型为主，有机型次之，复合型污染比重较小，无机污染物超标点位数占全部超标点位的 82.8%。从污染物超标情况看，镉、汞、砷、铜、铅、铬、锌、镍 8 种无机污染物点位超标率分别为 7.0%、1.6%、2.7%、2.1%、1.5%、1.1%、0.9%、4.8%；六六六、滴滴涕、多环芳烃 3 类有机污染物点位超标率分别为 0.5%、1.9%、1.4%。

(一)有机污染物

土壤有机污染物主要是化学农药。目前大量使用的化学农药有50多种,其中主要包括有机磷农药、有机氯农药、氨基甲酸酯类、苯氧羧酸类、苯酚、胺类。此外,石油、多环芳烃、多氯联苯、甲烷、有害微生物等,也是土壤中常见的有机污染物。目前,中国农药生产量居世界第二位,但产品结构不合理,产品中杀虫剂占70%,杀虫剂中有机磷农药占70%,有机磷农药中高毒品种占70%,致使大量农药残留,带来严重的土壤污染。

(二)重金属元素

土壤重金属污染问题一直是各界普遍关注的问题,是一个世界性问题。目前,我国受镉、砷、铬、铅等重金属污染的耕地面积近2×10^{7} hm^{2},约占耕地总面积的1/5,而且有增加的趋势。土壤中重金属污染途径主要有:含重金属污水的农田灌溉,城市污泥的农业利用,农用化学物质的使用,采矿和冶炼,有机肥料与磷肥的大量施用,大气污染颗粒的沉降等。

由于重金属不能被微生物分解,土壤一旦被重金属污染,其自然净化和人工治理都是非常困难的。此外,重金属可以被生物富集,因此对人类有较大的潜在危害。农产品中重金属含量增加,破坏农产品的营养成分,降低其营养价值,影响其质量与产量,并通过食物链危及人和动物安全。

(三)放射性元素

放射性元素主要来源于大气层核试验的沉降物,原子能和平利用过程中所排放的各种废气、废水和废渣,以及含放射性核素化肥施用、含放射性核素煤燃烧等。研究表明,1991年海湾战争、1995年波黑战争、1999年南斯拉夫战争中爆炸的贫铀弹严重污染了当地的大气、水源、土壤,曾被怀疑是"海湾战争综合征""巴尔干综合征"发病的原因之一。

含有放射性元素的物质不可避免地随自然沉降、雨水冲刷和废弃物堆放而污染土壤。土壤一旦被放射性物质污染就难以自行消除,只能自然衰变为稳定元素,而消除其放射性。放射性元素可通过食物链进入人体。

(四)病原微生物

土壤中的病原微生物,主要包括病原菌和病毒等,来源于人畜的粪便及用于灌溉的污水(未经处理的生活污水,特别是医院污水)。人类若直接接触含有病原微生物的土壤,可能会给健康带来不良影响;若食用被土壤污染的蔬菜、水果等则间接受到污染。

三、合理施肥与农产品质量安全

(一)合理施肥与农产品品质

农产品的品质主要体现在以下三个方面:一是营养品质,如小麦的蛋白质含量、玉米的氨基酸含量、西瓜中糖分含量等;二是商业品质,如外观、口感、香味以及耐贮性等;三是加工品质,如小麦的出粉率、湿面筋值等。提高农产品品质的途径有改良品种、培育优质品种、优化种植结构和方式、合理施肥等,其中合理施肥是重要的途径之一。

1. 有机肥料与农产品品质

大量试验表明，施用有机肥料不仅能提高植物品质，而且在改善农副产品与果品外观品质、保持营养风味、提高商品价值方面也有独到的作用。据中国农业科学院土壤肥料研究所试验，每公顷施 15 t 优质土粪加 300 kg 尿素和单施 300 kg 尿素比较：小麦籽粒中蛋白质含量提高 1%，面筋含量提高 2.3%，籽粒全氮提高 0.19%，全磷提高 0.02%，全钾提高 0.04%。河南省南阳市土壤肥料推广站 1987—1989 年施用有机肥的试验结果表明：每公顷施 15 t 肥可增产小麦 120～180 kg，且籽粒饱满、有光泽，粗蛋白质含量、湿面筋值、吸水率、湿面团稳定时间等指标都有不同程度的提高。

在合理施用化肥的基础上增施有机肥料，能在不同程度上提高所有供试植物产品品质，如使小麦和玉米蛋白质增加 2%～3.5%，面筋增加 1.4%～3.6%，8 种必需氨基酸增加 0.3%～0.48%；大豆脂肪提高 0.56%，亚油酸和油酸分别增加 0.31%和 0.92%；烤烟优级烟率提高 7.3%～9.8%；西瓜糖分增加 0.8～4.2 度，瓜汁中甜味和鲜味氨基酸分别增加 27%和 9.9%；芦笋一级品增加 6%～9%，B 族维生素和维生素 C 增加 5%。通过增施有机肥，减少化学氮肥施用，可使叶菜硝酸盐含量降低 33%～35.5%，达到人体健康允许的水平。由此说明，施用有机肥料在改善植物营养品质、商品品质和食味品质等方面均有良好作用。

2. 氮肥与农产品品质

农产品中与质量有关的含氮化合物有硝酸盐、亚硝酸盐、粗蛋白质、氨基酸、酰胺类和环氮化合物等。氮肥对植物品质的影响主要是提高植物中蛋白质含量。在正常生长的植物所吸收的氮中，大约有 75%形成蛋白质，蛋白质是人类及一般动物的主要营养物质。

(1)氮肥对稻麦品质的影响　增施氮肥不仅能提高小麦蛋白质含量，还能提高面包的烘烤质量，增加透明度、容重、面筋的延伸性、面粉的强度和面包体积。增施氮肥能使糙米产量、蛋白质含量增加，稻米垩白率和直链淀粉含量降低。

(2)氮肥对蔬菜品质的影响　氮肥不仅影响蔬菜的产量，更影响蔬菜品质。特别氮肥的施用对蔬菜中硝酸盐含量的影响，已成为蔬菜安全的重要问题。人体摄入的硝酸盐 73%～92%来自蔬菜和水果。影响蔬菜硝酸盐积累的因素很多，如肥料种类和用量、营养状况、气候状况、蔬菜品种及部位等。一般硝酸盐积累随着氮肥的增加而增加。

(3)氮肥对水果品质的影响　水果的外在质量通常包括外观、形状、颜色和有无瑕疵等，内在品质则有营养成分、口感等。研究表明，对甜瓜单施氮肥，果实甜度下降，硝酸盐含量增加，但当氮、磷肥配合施用时这些指标都提高。果树缺氮时，果实变小，果实着色差，成熟期推迟，甜味不足，品质下降；但施氮肥过量也影响果实色泽，延迟成熟并使成熟期参差不齐。柑橘施氮处理与无氮处理相比，果实大，含酸低，含糖高，着色也较好，但果皮增厚；施氮过多时，品质明显降低，果皮增厚粗糙，果汁率降低，肉质变硬，风味变差。葡萄施氮过多，会出现果实着色差、含糖率低、炭疽病发病率高等问题。

3. 磷肥与农产品品质

增施磷素供应可以增加植物的粗蛋白质含量，特别是增加必需氨基酸的含量。合理供应磷可以使植物的淀粉和糖含量达到正常水平，并增加多种维生素含量。

(1)磷对粮食作物品质的影响　试验表明，增施磷肥可以显著增加小麦籽粒中 B 族维生素的含量，改良小麦面粉烘烤性能，但随着磷肥施用量的增加，小麦籽粒蛋白质含量却降低。随着施磷量的增加，谷子粗蛋白质含量增加，粗脂肪含量降低，支链淀粉含量及小米胶稠度增加。

(2)磷对油料植物品质的影响　油菜缺磷对油菜籽粒的含油量影响很大。试验表明,芥菜型油菜极端缺磷时,含油量从33%降低到23%。磷肥对脂肪酸组成和蛋白质含量的影响较小。在缺磷的情况下施磷肥,可增加脯氨酸、精氨酸等氨基酸的含量。

(3)磷对水果品质的影响　柑橘缺磷时,一般果汁中的酸度增加,且果小,皮厚,品质变差;磷过剩时,果实着色不良,糖、酸、维生素C含量都减少。试验表明,施用磷肥往往能促进花芽分化,减少果汁含酸量,提高糖酸比。对果树来说,磷肥的肥效通过土壤施用很难发挥,应该改用叶面喷洒或根外追肥的方法。但葡萄生长初期施用磷肥,能提高果实含糖量、促进成熟,因此葡萄施磷应以基肥为主。

4. 钾肥与农产品品质

钾可以活化植物体内的一系列酶系统,改善碳水化合物代谢,并能提高植物的抗逆能力,合理的钾素营养可以增加产品中碳水化合物含量,如增加糖分、淀粉和纤维含量,对改善西瓜、甘蔗、马铃薯、麻类等作物的品质有良好的作用。合理的钾素营养可增加维生素含量,改善水果、蔬菜等品质。

(1)钾对粮棉作物品质的影响　长期田间试验表明,施钾不仅增加小麦千粒重,而且改善了面粉的烘焙性状。施钾肥能提高大豆脂肪含量,减少大豆的蛋白质含量,但对大豆籽粒中氨基酸影响较小。适量施钾不仅可使棉铃增大,也可通过增加纤维长度和强度而改善棉花品质。

(2)钾对蔬菜、水果品质的影响　施钾不仅能提高西瓜的糖含量,而且能明显降低西瓜的酸度,大幅度提高糖酸比。增施钾肥对提高番茄产量、改善品质、减轻病害有明显的作用。施钾能使蔬菜中硝酸盐含量降低。果树缺钾,果实变小,产量减少,所以钾肥又称为“果肥”。苹果、桃、梨缺钾,则着色不良;柑橘缺钾,则果皮变薄,酸量减少,糖分提高,易腐烂,贮藏性下降。

(3)钾肥对烟草和茶叶品质的影响　增施钾肥能直接改善烤烟的香气质、香气量、燃烧性和引燃持火力,促进烟叶正常落黄成熟,增强烟株的抗病性和抗逆能力,增加烟叶产量、叶片面积、单叶重和改善叶色,并通过影响烟草的生物化学过程而改善烟叶的品质。茶叶施用钾肥,既能增加茶叶产量,又能改善其质量。在施钾的茶树叶片里,多元酚、酸浸出物、咖啡因的含量增加。

5. 微量元素肥料与农产品品质

植物体内,特别是绿色营养部分的微量元素含量变化很大。增施不同的微量元素肥料,对农产品品质的影响不同。适度增施铁肥(主要是喷施),可以增加农产品的绿色叶片中的含铁量。适度增施锰肥,可提高农产品中维生素的含量。施用铜肥、锌肥和钼肥,可以相应地增加农产品的铜、锌、钼含量。同时,铜肥和钼肥的施用,还可以提高农产品蛋白质的含量和质量。适度增施肥,可提高蔗糖产量和含糖量。此外,食物和饲料中的含锰量和含钼量是农产品的一种重要质量标准。

(二)合理施肥与农产品质量安全保障

民以食为天,食以安为先。农产品质量安全,是近年来社会关注的突出问题。提高农产品质量,确保农产品质量安全,不仅是提高我国人民生活质量和增强农产品国际竞争力的需要,也是提高农业效益、增加农民收入的需要。

1. 提倡合理安全施肥

合理安全施肥不但能增加植物产量，而且能改善植物产品的营养品质、食味品质、外观品质，并改善食品卫生；合理安全施肥可以提高土壤营养、改善土壤结构、增进土壤“机体”健康、提高土壤对重金属离子的吸附，减轻重金属对农产品的污染，合理安全施肥可以提高化肥利用率，减少过量施用化肥对土壤环境造成的污染。

(1)合理利用有机肥资源　一是合理分配现有有机肥资源，将其重点分配在经济植物上。二是加速有机肥养分再循环，开发利用城市有机肥源，生产商品有机肥料。三是推广秸秆还田技术，缓解有机肥源和钾肥资源不足。四是积极发展绿肥，扩大绿肥种植面积。

(2)提高氮肥利用率　一是施用适宜用量的氮肥，减少对环境污染。二是选择合适的施肥时期，减少氮肥损失率。三是深施氮肥，减少氮素损失率。四是施用硝化抑制剂和脲酶抑制剂。五是水肥综合调控，提高肥料利用率。六是平衡施肥，协调植物营养。

(3)注意磷肥合理施用　一是以轮作周期为单位施用磷肥，发挥磷肥后效。二是水溶性磷肥与有机肥配合施用，减少磷的固定。三是氮磷肥配合和混合集中施用。四是贫磷土壤应以有效利用磷肥和经济合理施肥为目标，丰磷土壤应以补偿性施磷为主。五是根据不同土壤、不同植物，合理分配磷肥品种。

(4)合理补施微量元素肥料　一是必须控制过量施用。二是施用微肥的同时，要配合其他相应农业措施。三是注意有机肥料与微肥配合施用。四是将微肥施用在敏感植物上。

2. 强化农产品产地环境监督与保护

(1)控制污染物质进入农业产地　我国农业产地环境不容乐观。以山西省为例，环保部门跟踪测试结果表明，在太原、晋中等地土壤中汞、镉、砷、铅的含量呈上升趋势，且超标范围有所扩大；由此引起农产品重金属超标，瓜菜的含糖量下降，苹果的苦痘病和番茄的脐腐病的发病率上升，蔬菜中硝酸盐、亚硝酸盐的含量超标。加强环境保护，创造良好的能充分发挥品种优势的生存环境，是农产品优质化的基础。要严格控制未经处理的工业“三废”及城市生活垃圾和污水等废弃物进入农田。

(2)选用低毒高效农药，注重合理施用农药　要加强宣传、搞好培训、提高农民的质量意识和农药施用技术，大力推广生物农药和生物防治技术，是保护环境、提高农产品品质、实现生产无公害农副产品和绿色食品的重要措施。综合防治病虫草害，实行作物轮作、清洁田园、利用和引进天敌实施生物防治都是较为有效的防治手段。

(3)选用抗逆品种，改进栽培措施。选用能在污染土壤中生长的植物品种，既对污染土壤中的污染物本身起到固化作用，也能开发利用受污染的土壤。在栽培中要尽量不使用激素，确保农产品品质安全。

【复习思考】

1. 什么是土壤？
2. 什么是土壤肥力？
3. 土壤的功能主要有哪几个方面？

【知识拓展】

土壤中的“长寿元素”——硒

硒是人体必需的微量元素之一，对人体健康有着极其重要的作用。虽然关于硒是否是植物的必需元素还没有定论，但是土壤硒含量与植物硒含量有很大关系，而植物性食物又是人类补充硒的重要途径，因此土壤硒含量引起了很大关注。

硒对人体有什么样的作用呢？硒在人体中含量极少，但对维持人体正常生理活动必不可少。硒有保护心脏、增强人体抗氧化能力、提高免疫力、抗衰老、解毒、预防病毒性疾病、增强生育能力等作用，享有“长寿元素”“心脏守护神”“天然解毒剂”等美誉。中国知名的“长寿之乡”广西巴马、新疆和田、重庆江津土壤中硒的含量远高于其他地区，科学研究证明土壤富含硒是当地人长寿的一个重要原因。威胁人类健康和生命的四十多种疾病都与人体缺硒有关。然而硒的摄入量必须适当，如超过人体需要，就可能引起肺炎和肝、肾功能退化等病症。长期摄入过量的硒，可能会因慢性中毒而死。

人体硒含量与土壤硒含量有什么关系呢？人体硒的摄取量与土壤硒含量有很大关系。这是因为植物性食物是人体硒含量的重要来源。植物性食物的硒含量决定于当地水体中的硒含量，我国高硒地区所产粮食的硒含量可以高出低硒地区粮食千倍。食物中硒的吸收率与土壤硒含量的关系超过与饮食方式的关系。

那么我国土壤硒含量处于怎样的水平呢？我国是一个既有丰富硒资源，又存在大面积硒缺乏地区的国家。湖北省恩施市是迄今为止全球唯一探明的独立硒矿床所在地，境内硒矿蕴藏量居世界第一，还是全球生物硒资源最富集的地区。秦巴山深处的安康也是我国罕见富硒区。然而，我国是个缺硒大国，72%的地区属于缺硒地区，土壤硒含量低于国际公布的正常临界值 0.1 mg/kg，粮食等天然食物硒含量较低；华北、东北、西北等地区的许多大中城市属于缺硒地区，约 7 亿人生活在缺硒地区。

土壤硒含量受成土母质、土壤质地、成土过程、土壤有机质等因素影响。然而，仅仅有较高的硒含量还是不够的，因为硒的形态也是影响硒的植物有效性的重要因素。例如，在弱酸性的土壤中，硒多以不能被植物利用的化合态存在，不利于植物的吸收利用，因此即使硒含量高也不能孕育出富硒植物。提高土壤有效态硒含量常用的方法有两种：直接补充有效态硒（施用硒肥）；施用能够活化硒的物质，使土壤中本身不能被植物利用的硒转化为有效硒。提高土壤硒含量时必须注意适量，避免作物过多吸收，而危害人体健康。以稻米为例，稻米硒含量应小于或等于 0.3 mg/kg。

【思政视角】

土壤肥料植物营养专家——刘更另

刘更另（1929—2010），1929 年 1 月 29 日出生在湖南桃源。1952 年毕业于武汉大学农业化学系。1959 年获苏联季米里亚节夫农学院副博士学位。曾任中国农业科学院副院长，1994 年当选为中国工程院院士。

20 世纪 60 年代，刘更另解决了水稻“坐秋”问题，揭示了磷肥防治“坐秋”的机理；70 年代首次研究出钾肥可提高绿肥田稻谷产量，创造性地提出“晚稻超早稻”的战略措施和技术；80年代首次研究出硫酸锌防治水稻“僵苗”，揭示了亚砷酸根在土壤中的化学行为，为改良“砷毒田”提供了理论与方法；90年代创造出“水平浅沟、沟坑相连、分散蓄水”的工程措施，解决了红壤地区旱坡地季节性干旱缺水问题，为发展林果业、草业和恢复植被做出了贡献；在北方，他首次研究出板栗专用肥、栗蘑人工栽培方法。从1975年起，他先后在全国主要农业区布置一系列土壤肥料长期定位试验，获得大量科学资料。刘更另作为中国著名的土壤肥料和植物营养学家，学识丰富，思想开拓；治学严谨，勇于实践。他非常重视在科学实验的第一线工作，为中国山区开发、南方红壤和低产水稻田改良、耕作制度改革、山丘地区生态建设和农林牧业发展做出了诸多贡献。

项目二　土壤的形成与发育

任务一　影响土壤形成的因素

土壤圈不仅对周围圈层产生影响，也受到其他圈层的影响。在大气圈、岩石圈、水圈、生物圈构成的巨大空间中，经过长时间的作用，逐步形成了各种类型的土壤（图 2-1）。土壤圈中形形色色的土壤，正是在相当长的时间跨度内，受大气或土壤圈、岩石圈、水圈、生物圈作用的产物。这些影响土壤形成和分布规律的自然因素，称为成土因素，包括气候、母质、生物、地形、时间等五个方面。

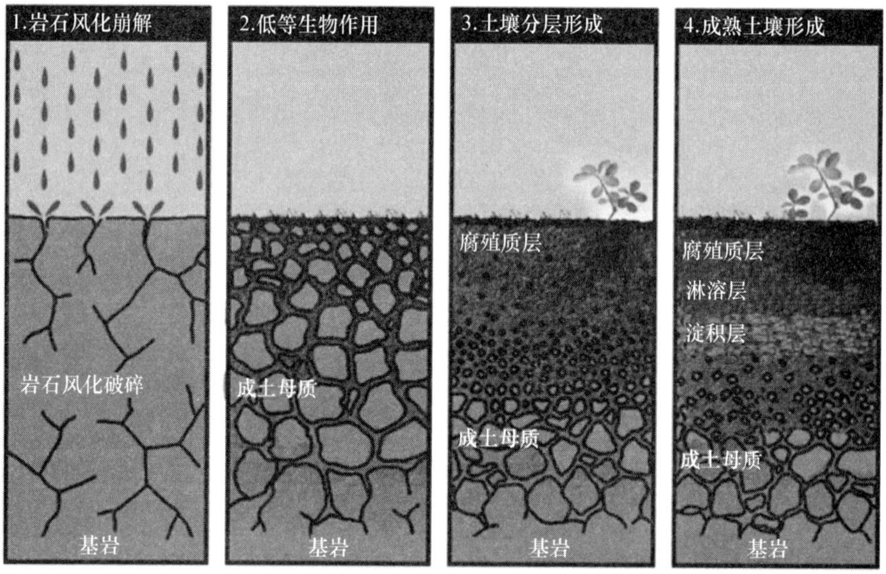

图 2-1　土壤形成过程

一、气候

对土壤形成来说，气候既是因素也是条件。大气降水和太阳辐射是土壤水分和热量的根本来源。影响成土过程的气象因素主要是降水量、降水分布、热辐射平衡、气温及其变幅、大气湿度、干燥度和风等。气候因素影响岩石的风化特点和风化过程的方向与进程（图 2-2）。母质及土壤风化层随土温和湿度的增高而加厚。土壤的水、热状况的差异直接影响着植被类型的更替、有机质积累的类型和数量以及微生物的生命活动，进而影响土壤中有机质的分解和合成、腐殖质的类型等。气候影响土壤中物质的淋溶与淀积，随着降水量的增加，一般土壤的氢离子浓度增加，钙积层深度增加，全氮量增加，胶粒量增加，阳离子代换量增加。在半湿润的温带，随着气温的增高，土壤有机质、全氮量下降。

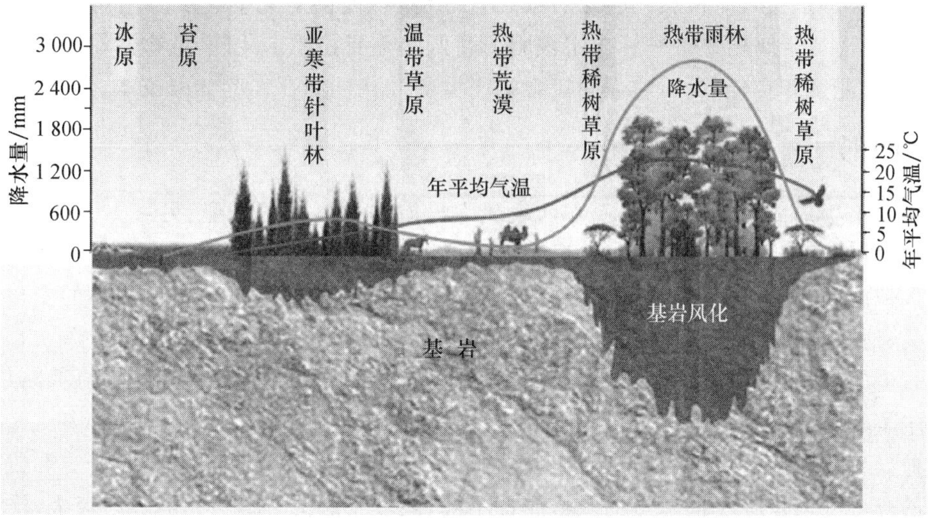

图 2-2　气候、生物与土壤形成

二、母质

母质是土壤赖以形成的初始物质。母质在矿物学和化学组成上的不同，直接影响土壤的理化性质(图 2-3)。酸性岩(如花岗岩等)中 SiO_2 高达 65%以上，Fe、Al、Ca、Mg 等其他成分就相对少，而 SiO_2 难以风化，故多形成砂性土。相反，玄武岩等基性岩因 SiO_2 少而 Fe、Al、Ca、Mg 较多，常形成养分较高的盐基性土壤。其他沉积岩发育的土壤也继承了母岩的某些特性。母质的物理性质对土壤孔隙和团聚体的类型和分布也有相当大的影响。

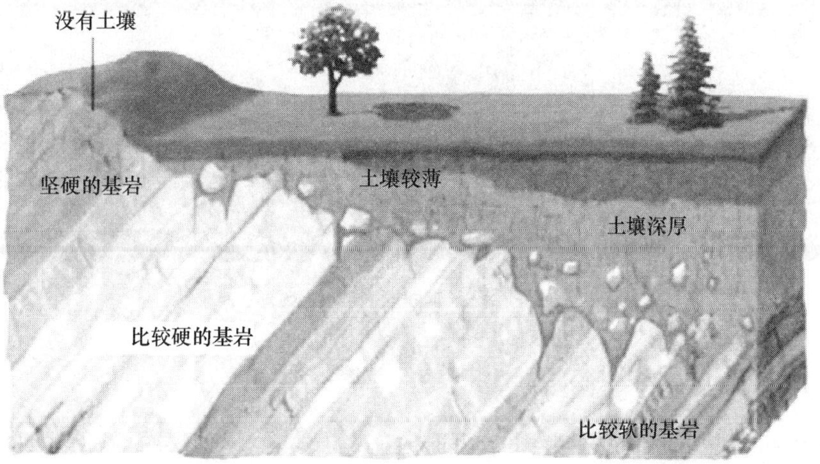

图 2-3　土壤形成与母质

三、生物

影响土壤形成的生物包括植物、土壤微生物和土壤动物。营养元素的生物学积累和循环在成土过程中起主导作用，直接的作用是绿色植物通过庞大的根系进行选择性吸收，从而改变了某些元素和化合物在地质循环中的迁移特点和顺序，使部分营养元素集中和积累起来。大量的微生物参加了土壤有机质的转化过程，不仅给作物提供了大量经矿质化而释放出来的营养物质，而且形成了腐殖质——标志主壤肥力高低的重要物质。此外，生物活动还改变了周围环境的湿度、温度和空气状况，从而间接影响土壤的性状。如在针叶林植被下，常形成灰化土。

四、地形

地形对土壤形成所起的作用，一方面表现为母质在地表的再分配，另一方面表现为对水、气、热等能量的再分配(图 2-4)。地形高低不同，坡向不同，地表的水热状况就不同。即便是在一个气候带内，因地形的变化，地面承受的降水和太阳辐射也发生相应的有规律的变化。如随海拔升高，地面辐射的加强，气温随之有规律地下降，平均每上升 100 m，气温下降 0.6 ℃。迎着潮湿气流的坡面，常形成地形雨，局部降雨增多。又因坡度陡缓和坡面长短的不同，地面接受的降水量和降水在地表的再分配也不同。此外，阳坡较阴坡接受的太阳辐射多。这种水热状况的差异直接反映到植物生长和有机质分解与合成的过程，从而影响着土壤的形成。地形对母质的再分配表现在不同地形的土壤属性不同，陡坡土层薄、质地粗，养分易流失；平原土层厚，质地均匀，养分不易流失。

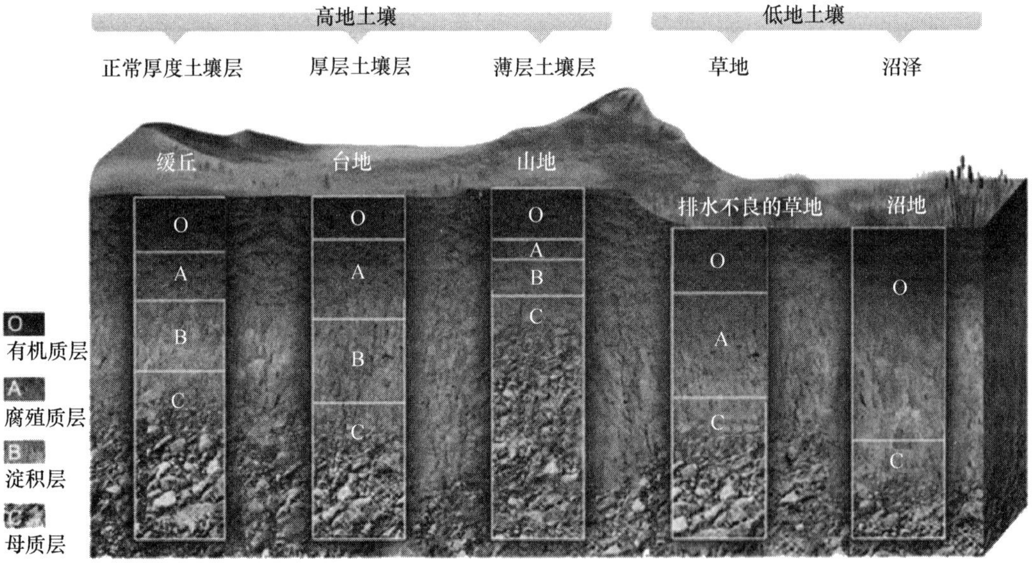

图 2-4　土壤形成与地形

五、时间

土壤发生和发育必然经过相当长的时间，时间越长，土壤发生层的分化越明显，土壤个体发育显著(图 2-5)。在土壤系统发育上，即土壤类型的转化或土壤发育阶段上，时间也具有重要的意义。

虽然各个自然因素对土壤形成都起着不同的作用，但是它们对土壤形成的影响并不是孤立的，而是紧密地、综合地影响着土壤的。各个成土因素是相互不能代替而又不可分割地影响着土壤的形成过程。

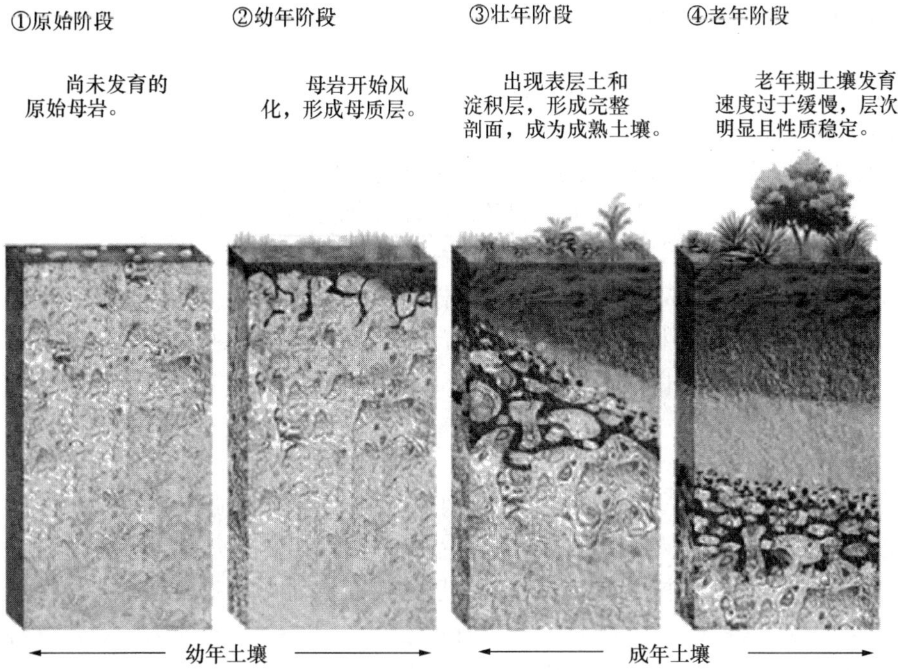

图 2-5　土壤形成与时间

任务二　土壤发育与演变

一、土壤发生层

在土壤形成过程中，由于各种自然因素的影响，母质中一些物质发生分解、迁移、化合、淀积等，也就是物质发生重新分配，使原来不分层的母质，逐渐在形态上分化为不同的层次，土壤的这些层次就叫土壤发生层(soil genetic horizon)。常见的自然土壤的发生层如下。

①新鲜未分解的枯枝落叶层，在森林中最明显，由未腐烂的植物残体组成。

②已经半腐解的枯枝落叶层。

③腐殖质层，一般颜色较暗。

④灰化层，这是在针叶林植被下形成的土壤所特有的层次，呈现灰色，是由于有机酸使矿物质蚀解，把部分有色物质淋溶到下层所致。

⑤淀积层，是由上层淋溶下来的物质，如铁、锰、黏粒、有机质、碳酸钙等淀积而成，比较紧实。

⑥母质层。

耕作土壤还有松软肥沃的耕作层，其中的水稻土还有布满灰色胶膜的渗育层、有很多铁锰结核的潴育层、灰蓝色有异味的潜育层、含 SiO_2 多的粉砂质白土层(又称漂洗层)等。

在野外观察土壤时,要把土壤剖面中发生学层次的形态特征,如质地、颜色、结构、松紧度等记录下来,以找出各种土壤类型的特点。但要注意,不是所有土壤都具有这么多层次,一般土壤只有其中几个层次,另外,不要把冲积母质中的沉积层误认为土壤发生层。

二、诊断层和诊断特征

中国土壤系统分类是以诊断层(diagnostic horizon)和诊断特征为基础的。在土壤分类中用以鉴定土壤类别的、性质上有一系列定量规定的土层称为诊断层;而在土壤分类中用以鉴定土壤类别的、具有一系列定量规定的土壤性质(形态的、物理的、化学的),则称为诊断特征。

由于土层和土壤性质是不同成土过程的产物,故诊断层和诊断特性本身体现了土壤形态、土壤特性和土壤发生三者的结合。根据诊断层和诊断特性来鉴别土壤,反映了土壤分类与土壤发生的相互联系,但不把成土过程和成土条件作为分类标准,而是以反映成土结果、有定量规定的土层或性质作为分类标准,保证了土壤分类的客观性。由此可见,土壤发生层与诊断层是有区别的,同时也是密切相关的。

三、土壤分类

根据土壤层次的异同点,把具有相同层次的土壤划为一类,这就叫土壤分类。以地理发生为基础、以成土条件为依据、根据发生层不同进行的分类称为发生分类,这种分类方法以 1992 年发布的《中国土壤分类系统》为代表。以诊断层和诊断特性为基础的系统化、定量化的分类方法称为系统分类,这种分类方法以 1995 年发布的《中国土壤系统分类》为代表,其特点是:以诊断层和诊断特性为基础,与国际通用分类方法接轨,兼顾我国土壤的特点。2001 年龚子同等主编的《中国土壤系统分类检索》(3 版)标志着我国已经建立起了比较完善的土壤系统分类框架。从 2008 年起,中国科学院南京土壤研究所牵头,联合全国 24 所高等院校和科研单位,开展了我国基于系统分类的基层单元土族-土系的系统性调查研究,完成了中国土系调查并发布了《中国土系志》,是现阶段中国土壤系统分类方面的最新成果,是中国土壤分类发展的里程碑。中国土壤系统分类将促进我国土壤信息系统(soil information system,SIS)的建立,促进土壤信息的网络化,引发土壤学的数字化和信息化革命。

任务三　土壤剖面与性状

土壤在成土因素的作用下,产生一系列的土壤属性,这些属性的内在综合表现为肥力特性,而外在特征则反映于土壤的剖面形态。土壤剖面形态是土壤形成过程的产物,是土壤发育的具体表现,包括土壤剖面、发生层和土体构型。土壤剖面形态可全面地反映土壤发生学特征、物质组成、性质及其综合属性,以及成土环境条件的总体特征,是进行土壤性状诊断和土壤分类的重要依据。

一、土壤剖面基本概念

1. 土壤剖面

土壤剖面(图 2-6)是指从地表垂直向下至母质层的土壤纵断面,包括土壤发生层和母质层,深度一般在 2 m 以内。

图 2-6　土壤层次与土壤剖面

2. 土壤发生层

土壤发生层是指土壤剖面中与地面大致平行的、物质及形状相对均匀的各层土壤,简称土层。土壤发生层的形态特征一般包括颜色、质地、结构、新生体和紧实度等,土壤发生层分化越明显,土壤的发育程度就越高。

3. 土体构型

土体构型是指土壤剖面中土层的数目、排列组合形式和厚度,又称为土壤剖面构造。土体构型是土壤最重要的形态特征,显示了土壤发生过程和土壤类型的特征。

二、土壤基本发生层

一个发育完善的土壤剖面,包括三个最基本的发生层,即淋溶层(A 层)、淀积层(B 层)和母质层(C 层)。

1. 淋溶层(A 层)

淋溶层位于土体最上部,包括有机质的积聚层和物质的淋洗层,是土壤剖面中最为重要的发生层,任何土壤都具有这一土层。在一个土壤剖面中该层生物活动最为强烈,有机质含量最高,颜色最深,土壤结构好而疏松,养分含量高,肥力最高。原始植被保存较好的地区,在 A 层之上还可出现有机质层(O 层)。

2. 淀积层(B 层)

淀积层处于淋溶层的下面,是物质淀积作用形成的。淀积物质的种类可以是黏粒,也可以是钙、铁、锰、铝等,是区分土壤类型的最重要依据。

3. 母质层(C 层)

母质层位于土体的最下部，是没有发生明显成土作用的层次。

三、其他土壤发生学层次

上述的淋溶层、淀积层和母质层只是土壤中的基本发生层，而构成土壤剖面的发生层类型很多，这与土壤发育时间和发育程度有关。如发育程度浅的土壤，剖面构型为 A—C；坡脚地带被埋藏的土壤可能出现 A—B—A—B—C 剖面构型；受强烈侵蚀的部位由于表土被冲刷，可能会产生 B—C 构型；只有在发育时间长且未受干扰的土壤中才可能出现较为完整的 O—A—B—C 构型剖面。迄今为止，国内外尚没有统一的表示土壤发生层的符号体系，表 2-1 和表 2-2 是常用的表示土壤剖面发生层层次和性状的符号标记。

表 2-1 土壤剖面发生层及其符号标记

符号	发生层的层位和性状
A	腐殖质表层或受耕作影响的表层
B	物质淀积层或聚积层
C	母质层
O	有机质层(包括枯枝落叶层、草根密集盘结层和泥炭层)
H	泥炭层
E	漂洗层，硅酸盐黏粒遭破坏，黏粒、铁、铝三者皆有损失，而砂粒与粉粒聚集
G	潜育层
P	人工熟化层
W	潴育层
D	不受成土作用影响的碎屑层
R	基岩层
K	A 层之上的矿质结壳层(如盐结壳、铁结壳等)

表 2-2 土壤剖面发生层的形态或性状及其符号标记

符号	发生层的形态或性状
a	高分解有机物质，如 Oa 表示高腐有机物质
b	埋藏层，如 Apb 表示埋藏耕作层
c	结皮，如 Ac 表示孔泡结皮层
d	冻融特征，如 Ad 表示片状层
e	半分解有机物质，如 Oe 表示半腐有机物质
f	永冻层，如 Cf 表示母质层中的永冻层
g	潜育特征，如 Bg 表示淀积层中的潜育层
h	腐殖质聚积，如 Ah 表示腐殖质表层，包括暗沃、暗瘠和淡薄表层
i	低分解和未分解有机物质，如 Oi 表示枯枝落叶层
j	黄钾铁矾
k	碳酸盐聚积，如 Bk 表示钙积层
l	网纹，如 Bl 表示网纹淀积层
m	强胶结，如 Btm 表示黏磐、Bkm 表示钙磐、Bym 表示石膏磐

续表 2-2

符号	发生层的形态或性状
n	钠聚积，如 Bn 表示碱积层
o	根系盘结，如 Oo 表示草毡表层
p	受耕作影响，如 Ap 表示耕作层，Ap1 表示水田的犁底层，Ap2 分别表示旱地的受耕作影响层次
q	次生硅聚积，如 Bq 表示硅粉淀积层
r	氧化还原，如 Br 表示氧化还原层或水耕氧化还原层
s	铁锰聚积，自型土中的铁锰淀积和风化残积
t	黏粒聚积，单独用 t 表示时，一般专指黏粒淀积；次生黏粒就地聚积者以 Btx 表示，黏磐以 Btm 表示
u	人为堆积、灌淤等影响，如 Aup 表示灌淤表层或堆垫表层
v	变性特征，如 Bv 表示带有变性特征的雏形层
w	就地风化形成的显色、有结构层，如 Bw 表示雏形层
x	固态坚硬的胶结，未形成磐，如 Bx 表示紧实层，Btx 表示次生黏化层；与 m 不同在于后者因强胶结，结构体本身不易用手掰开，而 x 则为弱胶结，结构体本身易掰开
y	石膏聚积，如 By 表示石膏层
z	可溶盐聚积，如 Az 表示盐积表层
φ	磷聚积，如 Bφ 表示磷积层、Bφm 表示磷质硬磐

任务四　我国主要土壤类型和分布

一、我国现行土壤分类系统

我国目前并存着土壤系统分类和土壤发生分类两个土壤分类系统。按土壤系统分类，我国可分为 14 个土纲、39 个亚纲和 141 个土类；按土壤发生分类，我国共分为 12 个土纲、30 个亚纲和 61 个土类。表 2-3 列出了发生分类方法对中国土壤的大致分类，而下面的文字介绍则按系统分类方法展开。二者差异之处正是传统分类方法与今后发展趋势间的分歧。

表 2-3　中国土壤发生分类系统(土纲、亚纲、土类)

土纲	亚纲	土类
铁铝土	湿润铁铝土	砖红壤、赤红壤、红壤
	湿暖铁铝土	黄壤
淋溶土	湿暖淋溶土	黄棕壤、黄褐土
	湿暖温淋溶土	棕壤
	湿温淋溶土	暗棕壤、白浆土
	湿寒温淋溶土	棕色针叶林土、漂灰土、灰化土
半淋溶土	半湿热半淋溶土	燥红土
	半湿暖温半淋溶土	褐土
	半湿润半淋溶土	灰褐土、黑土、灰色森林土

续表 2-3

土纲	亚纲	土类
钙层土	半湿暖温钙层土	黑钙土
	半干旱钙层土	栗钙土
	半干旱温钙层土	栗褐土、黑垆土
干旱土	干温干旱土	棕钙土
	干暖温干旱土	灰钙土
漠土	干旱温漠土	灰漠土、灰棕漠土
	干旱暖漠土	棕漠土
初育土	土质初育土	黄绵土、红黏土、新积土、龟裂土、风砂土
	石质初育土	石灰土、火山灰土、紫色土、磷质石灰土、石质土、粗骨土
半水成土	暗淡半水成土	草甸土
	淡半水成土	潮土、砂姜黑土、林灌草甸土、山地草甸土
水成土	矿质水成土	沼泽土
	有机水成土	泥炭土
盐碱土	盐土	盐土、滨海盐土、酸性硫酸盐土、漠境盐土、寒原盐土
	碱土	碱土
人为土	人为水成土	水稻土
	灌耕土	灌淤土、灌漠土
高山土	湿寒高山土	草毡土、黑毡土
	半湿寒高山土	寒钙土、冷钙土、冷棕钙土
	干寒高山土	寒漠土、冷漠土
	寒冻高山土	寒冻土

资料来源:《中国土壤分类系统》(2009)。

(一)富铁土土纲与铁铝土土纲

富铁土和铁铝土分布在我国华南地区,是在南方湿热气候条件下,经脱硅富铝化过程形成的土壤。富铁土包含红壤、黄壤、燥红土等土类。铁铝土包含砖红壤、赤红壤等土类。

1. 砖红壤土类

砖红壤分布于雷州半岛、海南、云南南部及台湾南部热带地区丘陵台地,自然植被为热带雨林和季风雨林,林冠茂密。成土母质属花岗岩、玄武岩、古老冲积物的富铝风化壳。成土过程为富铝化过程,生物循环旺盛。

砖红壤土层深厚,一般都具有 2~3 m 厚的红色风化层,土质黏重,剖面发育明显。表层灰棕或暗红棕色,B 层暗红棕色,棱块状结构,有大量暗色胶膜和铁锰结核,有些土壤有铁盘层。硅铝率为 1.5~1.9,黏土矿物以高岭石为主,伴生三水铝石与赤铁矿。

砖红壤盐基高度不饱和,呈强酸性,pH 4.3~5.5。

砖红壤是我国发展热带经济作物的重要基地,可种植橡胶、香蕉、菠萝、咖啡、油棕、剑麻等热带经济作物与林木。农作物可一年三熟。砖红壤在利用上最好实行多种经营,如在橡胶树下间种茶、金鸡纳、可可、三七、肉桂等,开发时必须注意培肥土壤和防止冲刷。

2. 赤红壤土类

赤红壤分布于南岭以南、雷州半岛以北的东西狭长地带,包括福建、广东、广西等省(自治区)南部及云南中南部的南部亚热带地区,气候高温多雨。自然植被为季风雨林与常绿阔叶林,生有龙眼、荔枝等。在酸性结晶岩风化物上发育的土壤,一般质地稍轻;而在低丘岗地红色黏土上发育的土壤,质地黏重。土壤呈暗红棕至棕红色,表层疏松,B层黏实紧密。土壤呈酸性,pH 5.0左右。硅铝率为1.7~2.0。黏土矿物主要为高岭石,并有蛭石与赤铁矿。在侵蚀严重的玄武岩台地,常有铁盘或铁壳出露。

赤红壤地区应该因地制宜发展亚热带、热带经济作物与林木。广西龙州在橡胶林中采用树下加草覆盖保水、树行间种植绿肥、深翻压青等措施,不仅橡胶树生长迅速,土壤肥力也不断提高。

3. 红壤土类

红壤是我国中部亚热带湿润气候区生物气候条件下形成的土壤。在长江以南至赤红壤带以北地区广泛分布,包括湖南、浙江大部分,云南、广东、广西、福建、台湾北部,以及贵州、四川、安徽、江苏南部。自然植被为常绿叶林。

红壤分布于低山丘陵和岗地,母质类型多种多样,低丘陵与岗地的红壤多发育于第四纪红色黏土。红壤具有明显的脱硅富铁铝化成土过程。

典型的红壤大多有1 m^2以上的红色黏质土层,剖面发育良好,除表层稍灰暗外,B层以下均为棕红色黏实土层。B层多系棱块状结构,褐色胶膜淀积明显,底部常接黄、白、赭红色相间的网纹红土层。全剖面呈酸性,pH 5.0~6.0。黏土矿物以高岭石为主,并伴有三水铝石和水云母,硅铝率为2.0~2.5,铁的活化度大于10%。不同利用条件下的红壤,其有机质含量明显不同。林地红壤表层有机质含量可达50~60 g/kg,草地红壤为10~20 g/kg,侵蚀性红壤则不足10 g/kg。在侵蚀强烈的地段,红壤的紧实B层(焦斑层)和网纹底土出露地表,土壤肥力急剧下降。

红壤分布地区气候暖湿,自然条件优越,是南方发展多种经营的重要土壤资源。在垦殖利用时,应注意农林牧结合,合理利用土壤,增施有机肥与磷肥。

4. 黄壤土类

黄壤是我国南方山区主要土壤类型之一,广泛分布于亚热带和热带的山地上,以四川、贵州两省为主,在云南、广西、广东、海南、台湾、福建、湖南、湖北、江西、浙江、安徽也有相当面积。黄壤的分布与红壤属同一纬度带,但水湿条件较红壤高,而热量则略低,云雾多,日照少,相对湿度大,冬无严寒,夏无酷暑,干湿季节不明显。黄壤的剖面中,黄色非常鲜明,这是由于氧化铁水化而造成的。黄壤质地较红壤轻,以黏壤土为主。盐基高度不饱和,呈酸性,pH 4.5~5.5。

黄壤的富铝化作用比较弱,硅铝率为2.5左右。黏土矿物以高岭石为主。

黄壤在发展林业和经济作物方面有重要意义。山脊、陡坡地段的黄壤应以护林为主,保持水土,涵养水源,林内可采集和培育药用植物,如当归、五加、天麻、灵芝等。一般山地黄壤以发展林、茶为主,造林植物主要为杉木、毛竹等。低山丘陵坡缓土厚处,可开辟梯田梯地,栽种农作物。

(二)淋溶土土纲

淋溶土土纲是在温带和亚热带气候条件下形成的,诊断层为明显的黏化层或黏盘层,土壤结构面上覆有淀积黏粒的胶膜。淋溶土土纲包含黄棕壤、黄褐土、棕壤、褐土、暗棕壤、白浆土等土类。

1. 黄棕壤土类

黄棕壤是我国北部亚热带湿润地区的土壤，包括陕西南部、河南西南部，江苏、安徽长江两侧及浙江北部的山地丘陵，江西、湖北海拔 1 100～1 800 m 的山地上部，四川、云南、贵州、广西海拔 1 000～2 700 m 的山区。自然植被为落叶阔叶和常绿阔叶混交林。丘陵多为次生草灌和人工松杉林，部分开垦种植旱作物。母质主要为各种岩石风化物。黄棕壤既有黏化过程，又有弱富铝化过程。土壤剖面通常呈黄棕色，B 层为棱柱状结构，结构面上有黏粒胶膜，有的还有铁锰结核。硅铝率 2.4～3.0，土壤呈酸性至微酸性，pH 5.0～6.5。

黄棕壤是我国发展用材林和经济林的重要基地，在湖北神农架等山地还保存有原始森林。当前林业生产上的主要任务是荒山造林，积极发展茶、桑、果树以及做好水土保持工作。

2. 黄褐土土类

黄褐土主要分布于江苏和安徽两省中部，江西、浙江和湖北三省北部及河南南部的低丘岗地。母质主要为晚更新世黄土状沉积物，土层深厚，可达数米。

黄褐土表层呈灰棕、棕或黄棕色，B 层多形成紧实的黏盘层，C 层中有灰白相间的树枝状网纹，有的含石灰结核。

黄褐土与黄棕壤相比，盐基饱和度较高而酸性较弱，pH 5.5～7.5，硅铝率为 2.6～3.3。

黄褐土质地偏黏，中下层具有黏盘，对土壤的通气排水与根系穿插都有很大阻碍。雨季易形成上层滞水带，导致旱作物烂根。保水能力差，土壤有机质含量低，缺磷少氮。

黄褐土在利用改良上可采取以下措施：发展灌溉，注意水土保持，逐年加深耕层，增施有机肥料，种植绿肥，掺砂或施细煤灰渣、糖酒糟等。

黄褐土可辟作农田，发展桑园、桃园，种植木本绿肥紫穗槐，或造林。

3. 棕壤土类

棕壤主要分布于暖温带湿润的低山丘陵区，以辽东半岛、山东半岛、河北东部较为集中。现大部分已垦殖农用或栽果木。

棕壤有明显的黏化层，全剖面没有石灰反应，pH 5.0～7.0，硅铝率为 2.9～3.4。

棕壤多适宜发展林业，土层深厚，质地偏黏，土壤保持水、肥能力强，适宜种植多种旱作物和果树。在利用上应注意发展灌溉，保持水土，培养地力。

4. 褐土土类

褐土主要分布于陕西关中、山西东南部、河北东北部、山东泰山和沂山西北部山前地区、河南西部，属暖温带半湿润半干旱气候区。自然植被为旱生森林，如榆树、柏树等，母质为各种含碳酸盐物质，有石灰反应。地形为低山丘陵。

褐土的剖面通常由腐殖质层、残积和淀积黏化层、钙积层和母质层组成，表层灰棕色，黏化层块状结构，质地较黏，有胶膜淀积，钙积层中有白色石灰斑、假菌丝体和石灰结核。土壤呈中性至微碱性反应，pH 6.5～8.0。

褐土带以林业用地为主，农田比例小，在林业利用上应注意适地适树，防止水蚀和风蚀，耕地褐土含钾丰富，有机质含量低，有效磷易遭固定，速效氮磷比较缺乏，加上水土流失普遍，并常遭干旱威胁，应加强农田基本建设，发展灌溉。增施有机肥料与氮、磷化肥。

（三）雏形土土纲

雏形土（cambisol）的诊断层为雏形层，在风化和成土过程中基本上没有物质淀积，没有明显的黏化层。土壤剖面分化不明显，仅在B层有土壤结构的发育。本纲包含潮土、砂姜黑土、水成土、灌淤土、紫色土等土类。

潮土土类大面积分布在黄淮海平原，在长江中下游平原也有分布。潮土是直接发育在河流冲积物上、受地下水影响、经耕种而成的旱耕地土壤。潮土的天然植被为草甸草本植物，但因频繁耕种，土壤有机质遭强烈分解，因此有机质积累不多，养分含量不高。

潮土在剖面中有明显的沉积母质的层次，块状结构，有锈纹斑，有的全剖面有石灰反应，土壤多呈中性至碱性反应，pH 7.0～8.5。

潮土多为当地粮、棉、油的重要生产基地，在利用时要注意改善水利设施，增强抗洪涝与抗旱的能力，培肥土壤，防治盐渍化，对过砂或过黏的潮土，可采取放淤、深翻、客土或增施有机肥料等方法加以改良。

(四)均腐土土纲

均腐土的诊断层为暗沃表层，诊断特征为均腐殖特征，盐基饱和度大于等于50%，土壤有机质含量高。本纲包含黑土、黑钙土、栗钙土等土类。

1. 黑土土类

黑土集中分布在黑龙江、吉林两省中部的松嫩平原和三江平原，该区域属温带温凉湿润季风性气候，冬季冻层1.5～2 m，在波状起伏的山岗上生长着瑰丽的各种草类，使黄土性母质积累了大量腐殖质，成为深厚肥沃的黑土。

黑土有明显的淋溶过程和腐殖质积累过程。黑土层可达1.5 m，呈粒状和团粒状结构，下部土层中偶见铁锰结核、二氧化硅粉末和锈纹斑，全剖面无石灰反应，土壤呈微酸性反应，pH 5.5～6.5，盐基饱和度高，质地黏重，养分储量丰富。

黑土是我国最肥沃的土壤之一，东北地区因此成为我国最重要的商品粮基地。利用时应注意：实行等高种植，营造农田防护林，防治水土流失和风蚀；增施有机肥料，实施合理轮作；注意抗春旱、排秋涝。

2. 黑钙土土类

黑钙土主要分布在黑龙江和吉林两省西部，并延伸到河北燕山北麓，在内蒙古阴山的垂直带上也有分布。分布地区属半湿润、半干旱的温带大陆性气候，自然植被为杂草类草甸草原，以旱生的禾本科针茅属和菊科的兔毛蒿等草原植物为主，黑钙土具有腐殖质积累过程和碳酸盐的淋溶聚积过程。土壤剖面上部形成了深厚的黑色土层，土壤养分丰富，盐基饱和度高，阳离子代换量高，保肥性能好。与黑土不同的是，黑钙土地区由于降水少，土体中的碳酸盐被淋溶到中下部，在心土层中形成了明显的钙积层，碳酸盐的新生体呈假菌丝状、眼状斑、石灰结核乃至层状，土壤有明显的石灰反应，土壤呈中性至碱性反应，pH 6.5～8.5。黑钙土又称为钙层土。

黑钙土潜在肥力很高，适于农林牧全面发展。除少数低平地区外，多易发生风蚀，夏季多暴雨，水土流失严重，开垦为农田后有机质消减快，在利用上应搞好农田基本建设，平整土地，坡地实行等高种植，修筑梯田，实行深松耕改土，大力营造防护林，防止风蚀和水蚀，采用秸秆还田、绿肥改土、发展灌溉等措施，用地和养地相结合，建设旱涝保收、稳产高产的农田。

(五)人为土土纲

人为土是在自然和人为因素、主要是在人为因素作用下形成的土壤。人为土的诊断层为：

在灌水种稻后产生的水耕表层和水耕氧化还原层;在旱地耕作后产生的肥熟表层、磷质耕作淀积层、灌淤表层或堆垫表层。这类土壤包含水稻土、肥熟土、土娄土、灌淤土、堆垫土等土类。

水稻土土类在我国分布广泛,几乎遍及全国,但主要分布在秦岭-淮河一线以南广大河湖平原、波状平原及山丘沟谷地区。

水稻土是人类长期淹水耕作的产物,它可起源于各种土壤。在长期水耕条件下,通过灌溉、排水、水旱轮作、氧化还原作用,剖面发生明显分异,土壤中进行着有机质的合成与分解、复盐基与盐基淋溶,以及黏粒聚积、淋淀或漂洗等作用,促进了土壤性状的改变,从而形成了水稻土特有的形态、理化性质。

水稻土的发生层有耕作层、渗育层、潴育层、潜育层、漂洗层、脱潜层、母质层等。由于地形不同、地下水位不同、土壤中水分状况的不同,会形成不同的发生层,从而形成淹育型水稻土、渗育型水稻土、潴育型水稻土、脱潜型水稻土、漂洗型水稻土、潜育型水稻土等亚类。

(六)盐成土土纲

盐成土的诊断层是盐积层和碱积层。盐积层为在冷水中的溶解度大于石膏的易溶性盐富集的土层,土层厚至少 15 cm,含盐量 10～20 g/kg。碱积层为交换性钠饱和度(ESP)＞30%的特殊淀积黏化层,其 pH＞9.0,表层土壤含盐量＜5 g/kg。

1. 盐土土类

盐土零星分布于黄淮海平原、松嫩平原、辽河平原、内蒙古高原东部,以及沿海诸省的滨海地带。分布区为半湿润半干旱气候,降水量少,蒸发量大,地势低平,地下水位高,地下水矿化度大,植被覆盖度很小,仅能生长些盐生植物或耐盐性强的植物。盐土常与盐化、碱化草甸土或潮土以及碱土形成复区分布。

盐土根据其盐分的种类不同可划分为:以氯化物为主的结皮盐土,以硫酸钠(芒硝)为主的蓬松盐土,以氯化钙、氯化镁等吸湿性盐类为主的潮湿盐土,以碳酸钠和碳酸氢钠为主的苏打盐土等。

盐土存在的问题是易溶盐含量过高,需要大搞农田基本建设,兴修水利,开沟排水,修建台田、条田,降低地下水位,发展井灌、井排,引淡水灌溉,并配合农业技术措施,如平整土地、增施有机肥料、种植水稻等。

2. 碱土土类

碱土主要分布在松辽平原、内蒙古东部、甘肃、宁夏和新疆。地形特点与盐土相似。

碱土剖面均有脱盐的表土层,含盐量一般不超过 5 g/kg,心土层为高度碱化的碱化层,呈明显的圆柱状结构,物理性质不良,坚硬且通透性差,碱化层下为盐分聚积层。

碱土改良一般需要采取专门的农业化学方法并结合引淡水冲洗,目前多选用石膏、硫酸亚铁或氯化钙,也可用白垩粉、尿素、甲醛树脂、腐殖酸类肥料、煤矸石以及电渗排水等方法,可结合本地区条件,因地制宜,试验采用。

二、我国土壤分布规律

由于生物气候条件的作用,热量带和植被带呈现有规律的更替,土壤类型也发生相应的更替,呈现有规律的分布,这种分布在空间排布形式上可以归纳为土壤的水平分布和垂直分布等。

根据土壤发生分类法，我国东部的土壤水平带由北向南顺次为：漂灰土—暗棕壤—棕壤、褐土—黄棕壤—黄壤、红壤—赤红壤—砖红壤。而按系统分类法，则由北向南依次排列着：灰土—雏形土—淋溶土—富铁土—铁铝土。

根据土壤发生分类法，我国内陆的大气湿度由东向西渐减，干燥度渐增，北部温带的水平土壤带由东向西依次为：暗棕壤—黑土—黑钙土—栗钙土—棕钙土—灰漠土—漠境盐土。而按土壤系统分类法，则由东向西依次排列着：淋溶土—均腐土—干旱土。

【知识拓展】

国际土壤学会

1909 年在匈牙利布达佩斯召开了第一次国际土壤科学工作会议，以后在瑞典(1910 年)、俄国(1914 年)、德国(1913 年)、捷克(1922 年)举行过多次土壤科学研究集会。1924 年国际土壤学会在意大利正式成立，最初其下设置土壤物理、土壤化学、土壤生物、土壤肥力、土壤命名分类和制图(内设欧洲土壤制图与碱土两个组)及农业技术中的土壤科学应用等 6 个委员会，并规定每 4 年举行一次全体会议。自 1927 年第一届全会以来，至 2022 年已举行过 22 届全会。现在，国际土壤学会分设土壤物理，土壤化学，土壤生物，土壤肥力与植物营养，土壤发生、分类与制图，土壤技术，土壤矿物等专业委员会；另外还有盐渍土组、土壤微形态组、土壤保持和环境组等。根据需要，各委员会下可设工作组，如土壤改良剂、土壤胶体表面性质、遥感、古土壤及土壤调查等工作组。在第 12 届全会上，中国正式成为国际土壤学会的理事。

【思政视角】

四十年没“体检”，第三次全国土壤普查“生逢其时”

“耕地是粮食生产的命根子”。我国土壤资源数量和质量均属严重限制型，人地、人粮矛盾极为突出。国家“十四五”规划和 2035 年远景目标明确要求以保障国家粮食安全为底线，坚持最严格的耕地保护制度，深入实施“藏粮于地、藏粮于技”战略。全面开展土壤普查，摸清我国土壤数量和质量安全的家底和基线，夯实国家可持续发展的根基，对于保障粮食安全(吃饱)、食物健康(吃好)、农民增收(收入好)、生态文明(生活好)，促进乡村振兴，支撑我国新时期经济高质量发展具有重要战略意义。

1958—1960 年开展的第一次全国土壤普查和 1979—1984 年开展的第二次全国土壤普查，针对性地解决了特定时期内因地制宜开发利用土地资源、发展农业农村经济的瓶颈问题，有力地支撑了我国近半个世纪的粮食持续增产，有效地保障了国家粮食安全，解决了“谁来养活中国人”的难题。这两次普查构建了我国土壤学科体系，培养了专业的人才队伍，积累了普查工作经验，为土壤科学、植物营养等学科体系建设与农业科研队伍发展奠定了坚实基础。

但是，从第二次全国土壤普查至今已有 40 年，这 40 年恰是我国农业快速发展时期。工业化和城市化迅猛发展，改变了土壤资源利用方式、规模和强度，土壤数量、质量及生态功能均发生了深刻变化。因此，通过实施第三次全国土壤普查，可实现对土壤资源数量、质量和健康变化状况的全面了解和实时把控，总结土壤资源管理和利用的成功经验，打造全国“数字土壤”一张图的土壤数据库，提出面向绿色发展的国家层面土壤质量和健康问题的系统解决方案。摸清我国土壤资源现状、弥补土壤技术数据信息的缺失和断层，既是实施藏粮于地、藏粮于技国家战略的基础，也是实施高标准农田建设、中低产田改良和粮食产能提升的重要前提，对农业高质量发展和绿色转型、促进农业农村现代化具有重大现实意义。

技能训练一　土壤剖面挖掘与观察

一、实训目的

土壤剖面是在五大成土因素的影响下形成的。所谓土壤剖面是指土壤自上而下的垂直切面，是土壤内在特征的外在表现。在土壤形成的不同阶段具有不同的剖面；不同类型土壤具有不同的剖面。因此，通过对剖面的研究，可以了解成土因素对土壤形成过程的影响，以及土壤内部性质怎样反映在土壤外部形态上。研究土壤剖面构造是研究土壤性质的重要方法之一。

土壤剖面形态的鉴别，主要是根据土壤颜色、结构、质地、坚实度、孔隙、湿度、新生体、侵入体、动植物根穴等不同进行判断。

二、剖面点的选择和挖掘

选择有代表性的地点作为土壤剖面点，不要选择在田埂边、山脚边、沟边、路边、粪坑边、坟墓堆边等地方。

土坑的大小一般要求深 1 m、长 1 m、宽 0.8 m。观察面须向阳光，为了工作方便，观察面前方可挖成台阶状，使得上下方便，挖出的表土和心土分别放在坑的两旁，不要堆在观察面上部，以使填坑时不乱土层，人不要站在观察面上部，以保持原有状况(图 2-7)。

图 2-7　土壤剖面挖掘

三、土壤剖面形态特征的观察和记录

(一)剖面层次的划分

剖面挖好后，用土壤小刀边挑边观察剖面的自然状况，根据土壤的颜色、质地、结构、松紧度、干湿度、新生体、侵入体、根系分布特征(表 2-4)，分出土壤的发生层次。自然土壤剖面形态一般可以分为四层，即覆盖层(又称枯枝落叶层)、淋溶层、淀积层(下部会产生还原性的灰泥层或称潜育层)、母质层。

(二)观察记录项目

先用钢卷尺量好各层的厚度，再记录下列各项特征。

(1)颜色　土壤颜色变化很复杂，但以红、黑、白为基础，混合成不同的颜色。

黑色：使土壤带黑色的物质主要是腐殖质，其次是煤及其他黑色矿物。

红色：主要是氧化铁(Fe_2O_3)的颜色。

白色：主要是 SiO_2 的颜色。

黄色：各种含水氧化物。

在观察时，应注意主色和副色的区别，主色在后，副色在前。例如红棕色，表示棕色为主，红色为副色。

(2)质地(机械组成)　在野外常用手测法来判断土壤质地，将土壤质地分为以下几类。

砂土：湿时不能成团。

砂壤土：湿时能搓成小圆球，但不能搓成土条。

轻壤土：湿时能搓成土条，但易断裂。

中壤土：湿时能搓成小条，不易断裂。

黏土：湿时小土条弯曲成环，压扁也无裂痕。

(3)结构　在挖剖面时可见土体按一定方向散碎成大小形状不同的土块或土团，这叫作土壤结构，根据结构单位的形状和肥力的关系，大致可以分以下几种类型。

块状结构：指土粒胶结成不规则的土块，大的直径大于 10 cm，小的直径为 5～10 cm。块状结构在黏重而缺乏腐殖质的土壤中最容易生成，一般在底土层中较多，耕作不良的耕层也常见。块状结构多是耕作质量差和土壤肥力低的一种表现。

核状结构：比块状小，近似核桃形，外部圆而硬，并有较明显棱角，一般以石灰和铁质作为胶结剂，黏重而缺乏有机质的底土中出现较多，核状结构多的土壤通气透水性不良，耕作不便。

柱状结构：单粒胶结成柱状，半干旱地带含粉砂粒较多的底土层常出现，这种结构的土壤通气透水好，但易漏水漏肥。

棱柱状结构：和柱状结构相似，但有较明显的棱角及棱面，常出现在黏重的底土中。

片状结构：形态扁平，由于水的沉积作用或某些机械压力所引起的。在冲积母质中常见大的片状结构。在地下水移动处，也有片状结构产生。犁底层中，常见许多鳞片结构。

团粒状结构：指土壤形成近圆球形的土团，其粒径在 0.25～10 mm，团粒结构多在耕作层中出现。肥沃土壤中数量较多。

(4)干湿度　土壤水分是植物生长必需的土壤肥力因素，根据土壤水分含量，在野外可将土壤湿度分为四个等级：

干：土壤放在手中不感到潮湿。

湿润：土壤放在手中有明显的潮湿感。

潮湿：土壤能搓成团，但无水流出。

湿：用手挤压，土壤有水流出。

(5)松紧度　土壤的松紧度影响土壤的通气性、透水性和保水性，如土壤过紧或过松，会影响水分和空气的储存。土壤松紧度可用土刀插入土壤的情况来判断，一般可分为：

极紧：用很大的力也不容易把土刀插入土体，或只能插入很浅。

紧：用较大的力可把土刀插入土体 1～2 cm。

较紧：稍用刀即可把刀插入土体 1～2 cm。

疏松：土刀极易插入土体。

(6)新生体　在土壤形成过程中新产生的或聚集的物质称为新生体，它们具有一定的外形和界限，一般有铁锰结核、锈斑纹、胶膜斑纹、石灰结核等，按由多至少描述。

(7)侵入体　位于土壤中,但不是土壤形成过程中聚集和产生的物质,如砖头、瓦片、铁器、瓷器、木炭、布屑、金属等,描述其有无、形状大小和具体名称。

(8)根系　观察植物根系生长的深度、粗细和数量。

(9)其他　如动物洞穴、蚯蚓粪便、动植物残体,或肉眼可见的小动物等。

(三)水稻土剖面的观察记录

任何一种自然土壤或熟化旱地土壤,一旦变为水田,在种植水稻过程中,由于人为因素(耕作、施肥、灌水等)、自然因素(地形、母质、水文等)的综合作用,会产生层次分化,出现特有的剖面形态。

(1)耕作层　又叫淹育层,经常受到农具耕耙扰乱,幼根密集,腐殖质含量较高。淹水时矿物质氧化,铁、锰还原或淋失,颜色变浅或变灰,但稻根周围由于水稻通气组织输送的空气,使稻根附近的铁质氧化,而有黄色或棕色氧化铁的聚积,形成锈斑纹。一般耕作时间长,位于门前屋后的高产水稻土(乌泥田)耕作层较厚,疏松、颜色乌黑、结构良好。

(2)犁底层　又叫渗育层,长期受农具镇压、人畜践踏和静水压力的作用所形成,质地较黏,较紧实,主要起托水的作用。

(3)斑纹层　又叫潴育层,受地下水升降或季节积水的影响,有大量的铁锰结核或锈斑等新生体,具棱块或棱柱状结构,结构体表面有多量胶膜,看起来有斑纹。

(4)青泥层　又叫潜育层,终年积水,长期处于嫌气状态,铁质还原,呈青灰色或灰蓝色,土粒分散,无结构,呈整体块状。

(四)自然土壤剖面的观察记录

在成土因素的综合作用下,随着成土过程的发展,土壤层次发生深刻的变化,产生物质的移动,上、下土层在形态上和成分上发生显著的差异,出现土壤发生层次,形成一定的剖面形态。自然土壤剖面形态一般可分以下几层。

(1)覆盖层(O)　又称枯枝落叶层,在木本植物群落下最为明显,这层的上部为尚未分解的疏松落叶层,或叫林木残落物层,其下部的有机残体已被分解,但原型仍然可见,并混有少量土粒。

(2)淋溶层(A)　这层又可分为 A_1、A_2 两层,A_1 层富含腐殖质和矿物质养料,结合紧密,团粒结构良好,土色深;A_2 层为标准淋溶层,由于雨水的淋洗,土层中易溶性盐类及锰、铁、铝的水化物、腐殖质溶胶等都被淋洗,腐殖质及养分含量少,呈灰白色,粉砂质,无结构。

(3)淀积层(B)　由 A 层下淋的物质淀积而成,A 层淋溶越强烈,则淀积层越明显,高度发育时,此层较紧实,水分难以渗透,矿物质养分较丰富。在空气不流通的情况下,B 层的下部产生还原性灰蓝色的灰黏层,或称潜育层(G)。

(4)母质层(C)　位于淀积层下,是未受淋溶和淀积作用,发育程度很低或未发育的岩石风化层。

上述土壤剖面层次是指一般自然土壤剖面形态的共同特征,但并非所有土壤都具有上述剖面的层次。在自然界中,由于土壤发育时间的长短不同,或受冲刷侵蚀及沉积的影响,层次变动很大。例如,第四纪红土母质发育而成的红黏土,剖面层次的发育随冲刷状况而不同:冲刷较轻者,植被覆盖完好,其土壤剖面发育完整。冲刷严重、植被稀疏甚至无植被的地方,土壤剖面层次残缺不全。

表 2-4　土壤剖面记录表

<table>
<tr><td>标准地号数：</td><td>地形：</td><td rowspan="5">剖面地形位置图：</td><td>植被：</td></tr>
<tr><td>剖面号数：</td><td rowspan="2">高度：
（海拔及相对高度）</td><td>母质：</td></tr>
<tr><td>调查日期：</td><td>侵蚀状况：</td></tr>
<tr><td>天气状况：</td><td>坡向：</td><td rowspan="2">利用状况：</td></tr>
<tr><td>剖面地点：</td><td>坡度：</td></tr>
</table>

剖面图	层次及深度	颜色	结构	松紧度	干湿度	质地	新生体	侵入体	pH	石灰反应	植物根系	其他	剖面基本特点

土壤的当地名称及野外定名：　　　　　　　　　　　　调查人：

项目三　土壤的物质组成

土壤是地球表面岩石风化体及其再搬运沉积体在地球表面环境作用下形成的疏松物质。在地球陆地上，从炎热的赤道到严寒的极地，从湿润的沿海到干旱的内陆腹地，土壤像“皮肤”一样覆盖在整个地球陆地表面，维持着地球上各种生命的繁衍生息，支撑着地球的生命活力，使地球成为人类赖以生存的星球。

土壤中的物质很复杂，但可以概括为由固体、液体、气体三相物质所组成。固相物质包括：岩石风化后的产物，即土壤矿物质；土壤中植物和动物残体的分解产物和再合成的物质，以及生活在土壤中的微生物。前者构成土壤的无机体，后两者构成土壤的有机体。固相物质的颗粒之间有大小不同的孔隙，分别充满着土壤空气与土壤溶液。一般情况下，土壤固相部分与孔隙部分约各占土壤总体积的一半。

任务一　土壤的颗粒组成

一、土壤矿物组成

土壤矿物是由岩石经风化而来的，一般占土壤固体部分重量的 95%～98%。矿物直接影响土壤性质，又是植物矿质养分的主要来源，故同土壤肥力有密切关系。土壤矿物可分为原生矿物和次生矿物两大类。

1. 原生矿物

原生矿物是原始成岩矿物，在风化过程中仅受到不同程度的机械破碎，矿物晶格、结构及化学成分没有发生变化。常见原生矿物有以下四大类：①硅酸盐类，包括长石、云母、辉石、角闪石、橄榄石和方解石等；②氧化物类，包括石英、髓石、赤铁矿、磁铁矿和钛铁矿等；③硫化物类，包括黄铁矿等；④磷酸盐类，包括氟磷灰石、氯磷灰石等。原生矿物构成了土壤的骨骼（砂粒和粉粒），为植物提供营养元素。

土壤矿质养分水平与营养元素的有效性和释放速率有关，即与矿物风化阶段和土壤成熟程度有关。年幼土壤易风化的原生矿物多，养分比年老的土壤丰富。表 3-1 列出了土壤原生矿物的相对风化难易和常量、微量元素组成，可以看出，原生矿物可以提供 10 多种常量元素和 20 多种微量元素。

2. 次生矿物

土壤中的次生矿物是岩石原生矿物风化过程中形成的新矿物。土壤颗粒中最细的黏粒大多是次生矿物，是土壤胶体中最重要的组成部分。次生矿物包括次生层状硅酸盐类（如蒙脱石、高岭石等）、晶质和非晶质的含水氧化物类及少量简单盐类（如碳酸盐、重碳酸盐、硫酸盐等）。其中，层状硅酸盐类和含水氧化物类是构成土壤黏粒的主要成分，在土壤学上被称为次生黏粒矿物，是土壤矿物中最活跃的组分。次生黏粒矿物的种类和数量随土壤类型而异。

表 3-1　土壤原生矿物的相对风化难易和常量、微量元素组成

原生矿物	稳定性	常量元素	微量元素
橄榄石	易风化↑	Mg,Fe,Si	Ni,Co,Mn,Li,Zn,Cu,Mo
角闪石		Mg,Fe,Ca,Al,Si	Ni,Co,Mn,Se,Li,V,Zn,Cu,Ga
辉石		Ca,Mg,Fe,Al,Si	Ni,Co,Mn,Se,Li,V,Zn,Pb,Cu,Ga
黑云母		K,Mg,Fe,Al,Si	Rb,Ba,Ni,Co,Se,Li,Mn,V,Zn
中长石		Ca,Mg,Al,Si	Sr,Cu,Ga
奥长石		Na,Ca,Al,Si	Cu,Ga
钠长石		Na,Al,Si	Cu,Ga
石榴石	较稳定	Ca,Mg,Fe,Al,Si	Mn,Cr,Ga
正长石		K,Al,Si	Rb,Ba,Sr,Cu,Ga
白云母		K,Al,Si	F,Rb,Ba,Sr,Ga
钛铁矿		Fe,Ti	Co,Ni,Cr,V
磁铁矿		Fe	Zn,Co,Ni,Cr,V
电气石		Ca,Mg,Fe,Al,Si	Li,F,Ga
锆石		Zr,Si	Hf
石英	极稳定↓	Si	

二、土壤颗粒

土壤颗粒（土粒）(soil particle)是构成土壤固相骨架的基本颗粒，它们的数目众多，大小（粗细）和形状迥异，矿物组成和理化性质变化甚大，尤其是粗土粒与细土粒的成分和性质几乎完全不同。

1. 土壤颗粒的概念

根据土粒的成分，土粒可分为矿质颗粒和有机颗粒两种。在绝大多数土壤中，前者的数目占绝对优势，占土壤固相重量的 95% 以上，而且在土壤中长期稳定地存在，构成土壤固相骨架；后者或者是有机残体的碎屑，极易被小动物吞噬和微生物分解掉，或者是与矿质土粒结合而形成复粒，因而很少单独地存在。所以，通常说的土粒专指矿质土粒。

2. 土壤粒级(粒组)

土粒的大小差别很大，为了便于研究不同大小颗粒的特性，人们将一系列大小不同的土粒，区分为若干组，称为土壤粒级（粒组）。但是，土粒的形状多是不规则的，有的土粒三维方向尺寸相差很大（如片状、棒状），难以直接测量其真实直径。为了按大小进行土粒分级，采用以土粒的当量粒径或有效粒径代替。

如何把土粒按其大小分级，分成多少个粒级（粒组），各粒级间的分界点（当量粒径）定在哪里，至今尚缺公认的标准。在许多国家，各个部门采用的土粒分级制也不同。当前，国内外常见的土壤粒级分级标准列于表 3-2。由此可见，各种粒级制都把大小颗粒分为石砾、砂粒、粉粒和黏粒 4 组。同一粒级的土粒，成分和性质基本一致，粒级间则有明显差别。

表 3-2　常见的土壤粒级制

（徐建明．2019．土壤学）

<table>
<tr><th>当量粒径/mm</th><th>中国制</th><th colspan="3">卡钦斯基制</th><th>美国制</th><th>国际制</th></tr>
<tr><td>3～2</td><td rowspan="2">石砾</td><td colspan="3" rowspan="2">石砾</td><td>石砾</td><td>石砾</td></tr>
<tr><td>2～1</td><td>极粗砂粒</td><td rowspan="3">粗砂粒</td></tr>
<tr><td>1.0～0.5</td><td rowspan="2">粗砂粒</td><td rowspan="7">物理性砂粒</td><td colspan="2">粗砂粒</td><td>粗砂粒</td></tr>
<tr><td>0.50～0.25</td><td colspan="2">中砂粒</td><td>中砂粒</td></tr>
<tr><td>0.25～0.20</td><td rowspan="3">细砂粒</td><td colspan="2" rowspan="3">细砂粒</td><td rowspan="2">细砂粒</td><td rowspan="3">细砂粒</td></tr>
<tr><td>0.2～0.1</td></tr>
<tr><td>0.10～0.05</td><td>极细砂粒</td></tr>
<tr><td>0.05～0.02</td><td rowspan="2">粗粉粒</td><td colspan="2" rowspan="2">粗粉粒</td><td rowspan="3">粉粒</td><td rowspan="3">粉粒</td></tr>
<tr><td>0.02～0.01</td></tr>
<tr><td>0.01～0.005</td><td>中粉粒</td><td rowspan="6">物理性黏粉</td><td colspan="2">中粉粒</td></tr>
<tr><td>0.005～0.002</td><td>细粉粒</td><td colspan="2" rowspan="2">细粉粒</td><td rowspan="5">黏粒</td><td rowspan="5">黏粉</td></tr>
<tr><td>0.002～0.001</td><td>粗黏粒</td></tr>
<tr><td>0.001～0.000 5</td><td rowspan="3">细黏粒</td><td rowspan="3">黏粉</td><td>粗黏粒</td></tr>
<tr><td>0.000 5～0.000 1</td><td>细黏粒</td></tr>
<tr><td><0.000 1</td><td>胶体</td></tr>
</table>

3. 各级土粒的矿物组成和化学组成

因为岩石、母质种类和风化、成土过程的不同，各种土壤及其各粒级土粒的矿物组成会有很大的差异。不过，对于不同的土壤来说，粗、细土粒中矿物组成的分配仍有共同的规律。不同粒级的化学组成、理化性质也可发现相应的变化规律。

（1）土粒的矿物组成　岩石和母质中有许多种类的矿物颗粒，它们的抗风化力有很大的差异，因而在风化和成土过程中破碎和分散的程度不同。在各种原生矿物中，最难风化的是石英，而硅酸盐矿物中的正长石、白云母也较难风化，它们往往构成了砂粒和粗粉粒（物理性砂粒）的主要矿物成分。其他几种硅酸盐矿物如斜长石、辉石、角闪石和黑云母等较易风化，在物理性砂粒中的残留很少，它们的一部分构成中、细粉粒的矿物成分，而相当大部分被化学风化破坏而成为产生次生矿物的材料。图 3-1 是粗、细土粒中矿物分布的示意图，说明其一般性的变化趋势。

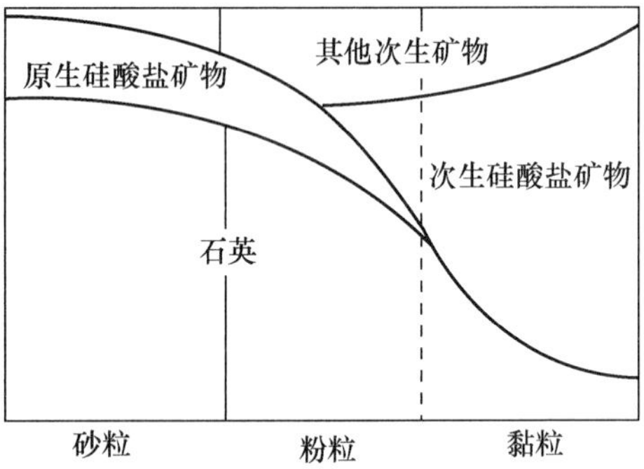

图 3-1　各级土壤颗粒的矿物组成

（徐建明．2019．土壤学）

（2）土粒的化学成分和化学性质　各粒级土粒的矿物组成不同，决定其化学成分存在差异。砂粒和粉粒中 SiO_2 含量高，黏粒中 Fe_2O_3、Al_2O_3、CaO、MgO、P_2O_5 和 K_2O 的含量较多。一般来说，随着土壤单粒由大到小，磷、钾、镁和铁等养分含量也逐渐增加，而 SiO_2 含量逐渐减少。表 3-3 是两种代表性土壤粒级的化学组成资料。

表 3-3　两种代表性土壤各粒级的化学组成

（徐建明 .2019. 土壤学）

	粒级/mm	化学组成（占烘干质量的比例）/%									
		SiO_2	Al_2O_3	Fe_2O_3	TiO_2	MnO	CaO	MgO	K_2O	Na_2O	P_2O_5
灰色森林土	0.1～0.01	89.90	3.90	0.94	0.51	0.06	0.61	0.35	2.21	0.81	0.04
	0.01～0.005	82.63	8.13	2.39	0.97	0.06	0.95	1.94	2.77	1.45	0.14
	0.005～0.001	76.75	11.32	3.95	1.34	0.04	1.00	1.05	3.32	1.30	0.25
	＜0.001	58.03	23.40	10.19	0.73	0.17	0.44	2.40	3.15	0.24	0.46
	全土	85.10	5.96	2.46	0.53	0.12	0.92	0.68	2.38	0.75	0.11
黑钙土	0.1～0.01	88.12	5.75	1.29	0.45	0.04	0.74	0.29	1.99	1.21	0.02
	0.01～0.005	82.17	7.96	2.73	1.00	0.02	0.94	1.19	2.31	1.84	0.12
	0.005～0.001	67.37	17.16	7.51	1.38	0.03	0.75	1.77	3.04	1.38	0.23
	＜0.001	57.47	22.66	11.54	0.66	0.08	0.38	2.48	3.17	0.19	0.39
	全土	71.52	13.74	5.52	0.70	0.18	2.21	1.73	2.67	0.75	0.21

（3）土粒的物理性质　土壤各粒级的形状不一，砂粒和粉粒是不规则的多角形，有的近乎球形，云母颗粒则呈片状，黏粒多为片状和棒状。粗、细土粒的形状、比表面积和矿物组成的不同，造成各项物理性质的差异。一般来说，随着土粒粒径的减小，土粒的吸湿量、最大吸湿量、持水量、毛管持水量不断增加，而土壤中的通气孔隙度、通气和透水速度则不断下降。土壤中的一些力学性质，如黏结力、黏附力、收缩系数、膨胀系数等亦随之变化。

任务二　土壤生物

土壤生物（图 3-2）是土壤具有生命力的重要部分，主要包括土壤动物、土壤微生物及高等植物根系。土壤物质组成和微环境的复杂性造就了土壤丰富的生物多样性。

一、土壤生物的组成

1. 土壤动物

土壤动物按其个体大小，可分为微型动物（如原生动物、线虫等）、中型动物（如螨等）、大型动物（如蚯蚓、蚂蚁等）。虽然土壤动物生物量较少，但其在促进土壤养分循环方面起重要作用。例如，一些线虫和原生动物可以捕食细菌，调节微生物群落结构。同时，土壤动物直接或间接地改变土壤结构。直接影响来自掘穴、残体粉碎与再分配，以及含有未消化残体和矿质土壤粪便的沉积。间接作用是指土壤动物的行为改变土壤孔隙、地表或地下水分的运动、颗粒的形成，以及影响微生物对有机物质的分解速率等。

2. 土壤微生物

土壤微生物包括生活在土壤中的细菌、真菌、放线菌、藻类等。土壤微生物个体小、数量大，在土壤总生物量中占优势。土壤微生物的种类和数量是土壤环境条件的综合反映。通过土壤微生物的代谢活动，转化土壤中各种物质的状态，改变土壤的理化性质，对植物生产的土

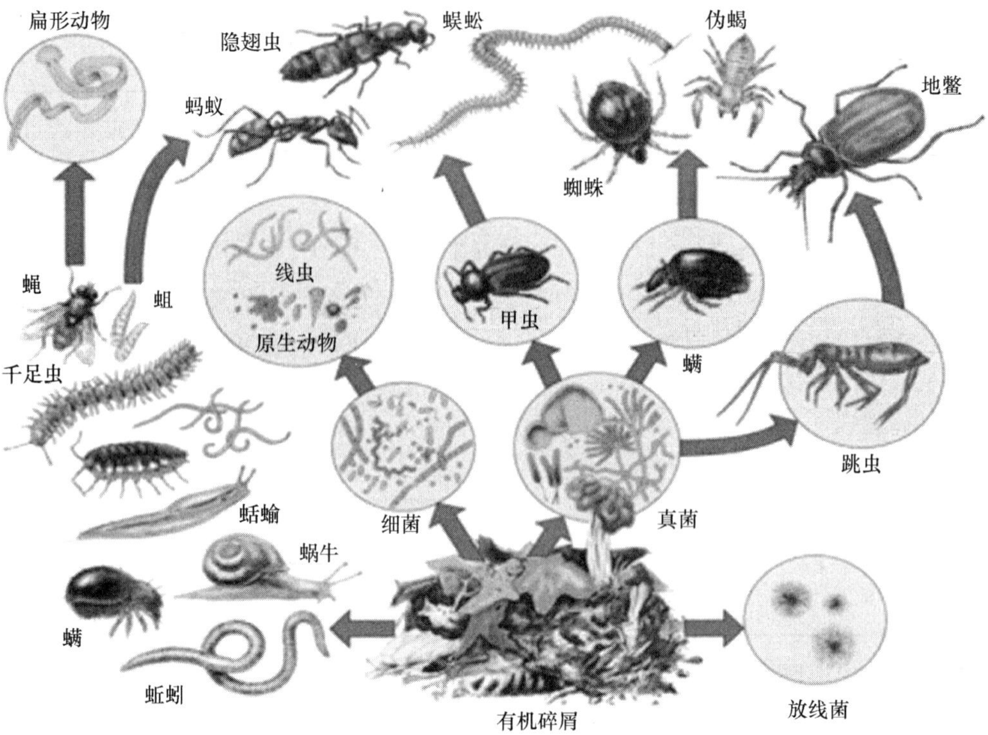

图 3-2　土壤生物群落

壤环境起着重要的调节作用。

土壤微生物分解有机质,使有机态的氮、磷、硫等转化为植物可利用的无机营养元素。微生物通过分解有机残体,合成和分泌有机物质,在土壤腐殖化过程中起主导作用。微生物的分泌物和有机残体分解的中间产物,可作为土壤团聚体形成的胶结物质。真菌还通过菌丝穿插、缠绕作用,促进团聚体的形成。

微生物中的部分细菌和蓝藻,可以进行自生固氮;根瘤菌和豆科植物、蓝藻和蕨类植物、放线菌和某些木本植物可以形成共生体,进行共生固氮。硫细菌、硝化细菌、铁细菌依靠氧化无机矿物质获取能量,起到分解矿物质的作用。

有些土壤微生物,特别是根际微生物能分泌氨基酸、维生素和生长刺激素等物质,促进植物生长。原生动物取食某些致病微生物,放线菌产生抗生素,能消除或抑制土传病害的传播。土壤微生物可以分解残留于土壤中的农药和施入的有机废弃物,从而起到降解有机污染物、净化土壤的作用。

有些土壤微生物也会对植物产生负面作用,大多数的土传植物病害的病原是真菌,有些植物病害由细菌和放线菌引起,它们可以引起植物枯萎病、黄萎病、根腐病等。

3. 植物根系

高等植物根系虽然只占土壤体积的 1%,但其呼吸作用却占土壤的 1/4～1/3。根据尺寸大小,根系可被认为是中型或微型生物。许多植物须根的直径仅 10～50 μm,比一些微型真菌还小。须根是外层细胞突起形成的,其主要作用是将根部固定到土壤中,并增大根部的表面积,使其能从土壤中吸收更多的水分和营养。植物根系的活动能明显影响土壤的化学性质和物理性质；同时，植物根系与其他生物之间也常常存在竞争或协同关系。

二、土壤生物间的相互作用

土壤生物在土壤生态系统中不仅与自然环境发生相互作用，生物群落内部相互之间也彼此联系、相互影响。一般来说，土壤生物间的相互关系主要分为竞争关系、互生关系、共生关系、拮抗关系、捕食关系和寄生关系。

（一）竞争关系

竞争(competition)关系是生物之间存在最广泛的关系，通过对食物、氧气、空间和其他共同要求的物质或条件互相竞争，互相受到不利影响。竞争的胜负取决于它们各自的生理特性及对所处环境的适应性。自然界普遍存在的这种为生存而竞争的关系，是生物进化、发展的推动力。例如，在微生物群落内部，种内和种间微生物都常常存在着对营养和空间的竞争，特别在一些亲缘关系相近的微生物之间。

（二）互生关系

互生(syntrophism)关系是指一种生物的生活(主要是代谢产物)创造或改善另一种生物的生活条件，而另一种生物对这种生物也是有利的。互生关系的微生物是一种松散的联系，对于环境条件亦有一定的要求。

固氮菌与分解纤维素的细菌之间的关系是土壤微生物间互生关系的一个典型例子。固氮菌生活需要一定的有机物质，但它不能利用纤维素。纤维素分解菌分解纤维素产生葡萄糖、醇等，但它的生活需要氮素养分。当纤维素分解菌和固氮菌共生时，则对双方都有利，纤维素分解菌供给固氮菌碳源，固氮菌供给纤维素分解菌氮源。但如果环境中有丰富的氮源化合物和简单的糖类，互生关系就会解除。

根际微生物与高等植物的互生关系广泛存在。植物根系能合成氨基酸和多种维生素，进行着活跃的代谢，并向根外分泌无机物质和有机物质，成为微生物重要的营养和能量来源。死亡的根系和根的脱落物也是微生物的营养源。微生物生活在根系邻近土壤，依赖根系的分泌物、外渗物和脱落细胞而生长。有些根际微生物产生的代谢物，可抑制植物病原菌的生长。

（三）共生关系

共生(symbiosis)关系是指两种生物共同生活在一起时在形态上形成了特殊共生体，在生理上产生了一定的分工，互相有利，甚至互相依存，当种生物脱离了另一种生物时便难以独立生存。共生关系可以认为是互生关系的高度发展。

（四）拮抗关系

拮抗关系是一种生物在其生命活动过程中，产生某种代谢产物或改变其他条件，从而抑制其他生物的生长繁殖，甚至杀死其他生物的现象。

根据拮抗作用的选择性，可将生物间拮抗关系分为非特异性拮抗关系和特异性拮抗关系两类。非特异性拮抗是指某种生物产生的代谢物对其他生物甚至其自身生长都有一定的抑制和毒害作用。例如，在乳酸发酵中，由于乳酸细菌的生命活动产生大量乳酸，有阻碍许多腐败细菌生长的作用。

微生物的拮抗作用有时是特异性的,其代谢产物能选择性抑制或杀灭其他一定类群的生物。为人类战胜疾病做出巨大贡献的抗生素,其原理就是某些微生物产生的抗菌物质对其他种类微生物产生专一性抑制和致死作用。

(五)捕食关系

捕食(predation)关系是指一种生物直接捕食另一种生物的现象。例如,一些个体较大的原生动物能捕食细菌、藻类、真菌和其他较小的原生动物。在土壤中,捕食性真菌被认为是一些由土壤生物引起的植物病害的生物控制剂。线虫和原生动物都可以被真菌的网状菌丝、黏性表面和陷阱所捕捉。这些生物被捕捉后,菌丝侵入其体内,消化和吸收其细胞和养分。

(六)寄生关系

一种生物需要在另一种生物体内生活,从中摄取营养才能得以生长繁殖,这种关系称为寄生(parasitism)关系。寄生者利用宿主的细胞物质或宿主生命过程中合成的产物生长繁殖,而使宿主受害。最典型的是噬菌体与宿主细菌间的寄生关系。噬菌体本身不具有生理代谢功能,当它们侵入宿主细胞后,便将自己的核酸整合在宿主核酸中,并指导合成噬菌体的核酸和蛋白质,从而完成复制周期。

任务三　土壤有机质

土壤有机质是指存在于土壤中含碳的有机物质,包括土壤中的各种动物残体、植物残体、微生物体及其分解、合成的产物。

一、土壤有机质的来源及存在形态

1. 土壤有机质的来源

在风化和土壤形成过程中,最早出现在母质中的有机体是微生物。随着生物的进化及成土过程的发展,动物残体、植物残体及其分泌物就成为土壤有机质的基本来源。在自然土壤中,有机质的主要来源是生长在土壤上的高等绿色植物地上部分的残落物和地下的根系,其次是生活在土壤中的动物和微生物。

农业土壤有机质的主要来源是植物残茬和根系以及根系分泌物,土壤微生物、动物的分泌物及其遗体,以及施入的各种有机肥料等。

2. 土壤有机质的存在形态

通过各种途径进入土壤中的有机质,不断地被土壤动物、微生物分解,所以土壤有机质一般呈三种存在形态。

(1)新鲜的有机物质　指刚进入土壤,基本上未受到微生物的分解作用,仍保持原来生物体解剖学特征的那些动、植物残体。

(2)半腐解的有机物质　指已被微生物分解,已经失去原来生物体解剖学特征,多呈暗褐色的碎屑和小块。

(3)腐殖质　指在微生物作用下,有机残体在腐殖化的过程中形成的一类褐色或暗褐色的高分子有机化合物。腐殖质与土壤矿物质紧密结合,不能用机械方法分离。腐殖质是土壤有机质中最主要的一种形态,占有机质总量的85%～90%,对土壤物理、化学、生物学性质都有良好的作用。

二、土壤有机质对植物生产的作用

(一)提供植物需要的养分

土壤有机质中含有极为丰富的氮、磷、硫等植物营养元素,同时也含有钾、钙、镁、铁等,几乎包括植物和微生物所必需的各种营养元素。它们的有机化合物是植物营养物质在土壤中的主要存在形式,并使植物营养元素在土壤中得以保存和积累。这些营养元素在矿质化过程中被释放出来,供植物、微生物生活之需。

有机质的矿质化过程产生的CO_2是植物碳素营养的重要来源,特别是对棚室园艺植物生产来说,可明显改善植物碳素营养环境。当CO_2溶于水后,可促进矿物的风化。土壤有机质在分解过程中产生的有机酸,可增加某些矿物质的溶解度,从而提高其有效性;土壤腐殖质分子的若干功能团,能提高Zn、Cu、Fe等多价离子的有效性。

土壤有机质富含多种酸类,对矿物质有一定溶解能力,可以促进矿物风化而转化为养料。一些有机酸可络合金属离子,使其保留于土壤溶液中而不致沉淀,增加其有效性。

(二)改善土壤理化性质

有机质在改善土壤物理性质方面具有多种功能。首先,土壤腐殖质是土壤形成良好结构体所必不可少的胶结物质,能促进团粒结构的形成。腐殖质是良好的胶结剂,在有电解质(尤其是钙离子)存在的条件下,腐殖质产生凝聚作用,使分散的矿物质土粒胶结成团聚体,进一步形成良好的水稳性团粒,从而为创造适宜植物生长发育的良好条件奠定基础。

土壤黏性和土壤的黏粒含量密切相关,腐殖质的黏性比黏粒小,腐殖质包被在黏粒的表面,可以减少黏粒间的接触,降低黏粒间的黏结力。

腐殖质的黏性高于砂粒,可以降低砂粒的分散性。土壤腐殖质是亲水胶体,富有小孔隙,吸水性极强,既可缓解沙性土通透性过强的不足,又可增强保蓄水分的能力。

土壤有机质含有大量的潜能,其中大部分易转化成其他形态的能或放出热量。土壤有机质产生的热量能提高地温,有利于保护地蔬菜栽培和早春育秧。同时,腐殖质本身是黑色物质,从而增加了吸收热量的能力。

腐殖质属胶体物质,能吸附土壤溶液中的交换性阳离子,避免其随水流失,又能被其他阳离子交换下来,供植物吸收利用。腐殖质的阳离子代换能力比黏粒矿物胶体大几倍甚至十几倍,可提高土壤保持养分的能力。腐殖质又属两性胶体,具有较强的缓冲作用,可减缓土壤酸碱性变化。

(三)促进植物生长

极低浓度的腐殖质分子溶液,对植物有刺激作用,例如,能改变植物体内糖类的代谢,促进还原糖的积累,提高细胞的渗透压,从而提高植物的抗旱能力;能提高氧化酶的活性,加速种子发芽和对养分的吸收,促进植物生长;还能增强植物的呼吸作用,提高细胞膜的透性,促进对养分的吸收和根系的发育。

(四)促进土壤微生物活动

土壤有机质供应土壤微生物所需的能量和养分,有利于微生物活动。没有土壤有机质的存在就不会有土壤中的所有生物化学过程。

土壤微生物能分解有机质,分解产物作为营养物质被微生物利用,并形成腐殖质,改善土壤的耕性和结构。土壤微生物的存在还能分解矿物质,以利于作物吸收,提高土壤肥力。

有机质还能刺激微生物和动物的活动,进一步增加土壤酶的活性,从而直接影响土壤养分的转化的生物化学过程。

(五)减缓土壤污染

腐殖质能吸附和溶解某些农药,并能与重金属离子形成溶于水的络合物,随水排出土壤,减少其对植物的毒害和对土壤的污染。

三、土壤有机质的转化过程

土壤有机质在微生物的作用下进行着复杂的转化,可概括为矿质化和腐殖化两个过程。这两个过程既相互对立,又相互联系,随着土壤中环境条件的改变而相互转化。两个过程没有截然的界限,矿质化过程的中间产物是合成腐殖质的基本材料,同时腐殖质也可再经矿质化释放出养分(图 3-3)。

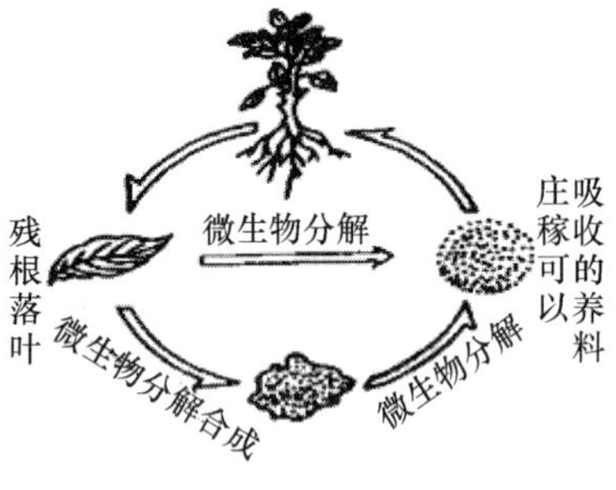

图 3-3 土壤有机质转化示意图

(熊顺贵.2001.基础土壤学)

(一)有机质的矿质化过程

土壤有机质的矿质化过程是指有机质在微生物的作用下分解为简单无机化合物的过程,其最终产物为无机盐、CO_2、H_2O、NH_3 等,同时放出热量。它是释放养分和消耗有机质的过程,可为植物和微生物提供速效养分,为微生物活动提供能源,并为土壤有机质的腐殖质化过程准备基本原料。

多糖类化合物如淀粉、纤维素、半纤维素等在相应水解酶的作用下,降解为单糖,单糖再进一步分解成为更简单的物质。在通气良好的条件下,好气性微生物活动旺盛,葡萄糖迅速分解成 CO_2 和 H_2O,并放出大量的热量。在通气不够充足的条件下,分解较缓慢,往往产生小分子有机酸,如丙酮酸、丁酸、乙酸等。在通气不良导致的缺氧条件下,厌气性微生物占据优势,使分解过程缓慢,最终产物为还原性物质,如 CH_4、H_2 等,对植物产生毒害。

(二)有机质的腐殖化过程

土壤有机质的腐殖化过程是指各种有机化合物通过微生物的合成或原植物组织的聚合,转变为组成和结构比原来有机化合物更为复杂的新的有机化合物。

腐殖化过程基本上可分成两个阶段。第一阶段是有机残体分解形成腐殖分子的基本成分,如多元酚、含氮有机化合物(如氨基酸)等;第二阶段是在细菌、霉菌、链霉菌等各种微生物分泌的酚氧化酶作用下,多元酚被氧化成醌,醌再进一步与含氮有机化合物缩合,其产物是形成腐殖质分子的基础。在不同条件下，这些简单的产物再进一步缩合，形成腐殖质。在农业土壤中，腐殖质分子的大小与熟化程度有关，熟化程度越高，分子越复杂、越大。

（三）影响有机质转化的因素

土壤有机质在不同条件下，转化方向、速度、产物都不一样。土壤有机质的转化过程是在微生物的主导作用下进行的。因此，凡是影响土壤微生物活动的因素都将影响有机质的转化过程。

1. 有机质的碳氮比

碳氮比（C/N）是指有机物中的有机碳和有机氮的质量之比。微生物在分解有机物质时，每分解 25 份 C，需要 1 份 N，以获取组成自身细胞的物质和分解所需要的能量。当土壤有机质中 C/N＜25∶1 时，分解速率较快，也能提供植物所需氮素；当 C/N＞25∶1 时，氮素不足，微生物会被迫从土壤中吸取必需的氮素，出现与植物争夺氮素的现象，而导致植物暂时缺氮。有机质的 C/N 的大小因植物残体的种类、老嫩程度不同而异。通常植物残体的 C/N 为 40∶1，枯老蒿子秆的 C/N 为（65～85）∶1，青草的 C/N 为（25～45）∶1，豆科植物和幼叶的 C/N 为（10～30）∶1。

同时，C/P、C/S 也对有机物质的分解有一定的影响，但其作用小于 C/N。

2. 土壤水、气、热状况

土壤通气良好，氧气充足时，好气性微生物数量增多，活动旺盛，有机质分解较快且彻底，有利于养分的释放。通气不良时，好气性微生物活动受到抑制，而嫌气性微生物占据优势，有机质的矿质化缓慢且不彻底，并可能累积一些有机酸和还原性物质等中间产物，有利于有机质合成和累积。一般认为在好气和嫌气分解交替进行时，有利于土壤腐殖质的形成。

微生物在 0～45 ℃温度范围内，其活动与温度呈正相关，当温度低于 0 ℃或高于 45 ℃时，大多数微生物活动受到抑制或处于休眠状态，一般土温以 25～35 ℃较为适宜。个别微生物如纤维分解细菌的最高忍耐温度可达 60 ℃以上。

土壤水分制约着微生物的活性，大多数微生物抗旱能力较弱，土壤干旱时，大多数细菌、真菌会脱水，处于休眠状态，活性显著降低。土壤温度为 30 ℃左右、土壤含水量为田间持水量的 60%～80%时，微生物活动旺盛，有利于有机质矿质化作用的进行。

3. 土壤酸碱性

一般微生物活动适宜的酸碱度为中性（pH 6.5～7.5）。当土壤 pH＜4.5 或 pH＞8.5 时，多数微生物活动都会受到显著的抑制。细菌在 pH 6～8 时活动旺盛，真菌在极强酸性条件下仍能生长。

4. 灰分营养元素

一般情况下，有机残体所含有的磷、钾、硫、钙、镁以及一些微量元素等灰分元素的种类和数量，能基本满足微生物分解的需求。有些微生物只有在某些灰分元素充足时，活性才增强。多数细菌在交换性钙丰富时活动最旺盛。根瘤菌对磷的要求比较严格，还要求一定数量的钼、铜等微量元素。

任务四　土壤水分和土壤溶液

一、土壤水的基本性质

土壤水是土壤的最重要组成部分之一，它对土壤的形成和发育以及土壤中物质和能量的运移都有重要的影响。土壤水是植物生存和生长的物质基础，是作物水分的最主要来源，它不仅影响林木、大田作物、蔬菜、果树、草类等的产量，还影响陆地表面植物的分布。水是土壤中许多化学、物理和生物学过程的介质。因此，了解土壤水在土壤中的变化、运移机理以及土壤水与土壤的其他组成部分相互关系的规律是认识土壤的重要内容。

1. 土壤水的类型

按水在土壤中存在状态通常可划分为固态水(化学结合水和冰)、液态水和气态水(水汽)。其中最多的是液态水，包括束缚水和自由水，自由水又分为毛管水、重力水和地下水。这里主要介绍液态水。

(1)吸湿水　在室内经过风干的土壤，看起来似乎是干燥了，而实际上还含有水分。如果把这种风干的土壤样品放在烘箱里，在 105 ℃的温度下烘干，或者把它放在带有吸湿剂的干燥器中，每隔一段时间拿出来称重一次，就会发现土壤样品的重量逐次降低，直到称至恒重，这时的土壤才算是实际干燥了，称为烘干土。如果把烘干土重新放在常温、常压的大气中，土壤的重量又逐渐增加，直到与当时空气湿度达到平衡为止，并且随着空气湿度的高低变化而相应增减。上述现象说明土壤有吸收水汽分子的能力。在土壤中以这种方式被吸附的水，称为吸湿水。

(2)膜状水　土粒饱吸了吸湿水之后，还有剩余的吸收力，虽然这种力量已不能够吸附动能较高的水汽分子，但是仍足以吸附一部分液态水，在土粒周围的吸湿水层外围形成薄的水膜，以这种状态存在的水称为膜状水。

(3)毛管水　毛管水就是指在毛管力(弯月面力)作用下保持和移动的水分。它对植物有效而且供应强度较大，是土壤发生发育、土壤肥力以及农业用地水分管理中最重要的土壤水分。土壤中的毛管水主要是悬着毛管水(与地下水无直接联系)和支持毛管水，后者是由地下水通过毛管作用补给的，也称毛管上升水。

(4)重力水和地下水

①重力水：当大气降水或灌溉强度超过土壤吸持水分的能力时，土壤的剩余引力基本上已经饱和，多余的水就由于重力的作用通过大孔隙向下流失，这种形态的水称为重力水，有时因为土壤黏紧，重力水一时不易排出，暂时滞留在土壤的大孔隙中，就称为上层滞水。

②地下水：如果土壤或母质中有不透水层存在，向下渗漏的重力水就会在它上面的土壤孔隙中聚积起来，形成一定厚度的水分饱和层，其中的水可以流动，称为地下水。

2. 土壤水分常数

土壤水分常数(soil water constant)是反映土壤水形态和性质转变点的几个特征性含水量。在生产实践上较普遍应用的水分常数有吸湿系数、凋萎系数、田间持水量、饱和含水量等。

(1)吸湿系数　吸湿系数(hydroscopic coefficient)又称最大吸湿量，是指干土从相对湿度接近饱和的空气中吸收水汽的最大量，即吸湿水的最大量与烘干土重量的百分比。吸湿系数的大小，主要与土壤比表面积及有机质含量有关，砂土的最大吸湿量为 0.05%～1%，砂壤土 1%～1.5%，壤土 2%～5%，黏土 5%～6.5%，泥炭土的最大吸湿量可达 15%～20%。

(2)凋萎系数　凋萎系数(wilting coefficient)是指植物产生永久凋萎时的土壤含水量，它用来表明植物可利用土壤水的下限，土壤含水量低于此值，植物将枯萎死亡。

(3)田间持水量　田间持水量(field capacity)是指降雨或灌溉后，多余的重力水已经排除，渗透水流已降至很低或基本停止时土壤所吸持的水量，也是以重量百分率表示。田间持水量是大多数植物可利用的土壤水上限。

(4)饱和含水量　饱和含水量(saturated water content)指全部土壤孔隙充满水时的含水量，又称最大持水量。如按容积百分比计，饱和含水量则相当于土壤总孔隙度。在地下水面以下的土层、淹水灌溉的耕层等均处于饱和含水量状态。饱和含水量是排水及降低地下水位时计算排水定额的依据。

3. 土壤水的有效性

土壤水的有效性是指土壤水被植物吸收利用的难易程度。不能被植物吸收利用的水称为无效水，能被植物吸收利用的水称为有效水。因其吸收难易程度不同，又可分为速效水(或易效水)和迟效水(或难效水)。土壤水的有效性实际上是用生物学的观点来划分土壤水的类型。

二、土壤含水量的测定

1. 烘干法

这是最常用的测定方法，也是用来校核其他方法测定结果的标准方法。其测定的简要过程是，先在田间地块选择代表性取样点，按所需深度分层取土样，将土样放入铝盒并立即盖好盖(以防水分蒸发影响测定结果)，称重(即湿土加空铝盒质量，记为 m_1)；然后打开盖，置于烘箱，在 105～110 ℃条件下，烘至恒重(需 6～8 h)，再称重(即干土加盒质量，记为 m_2)。若空铝盒重为 m_3，则可以按下式求出该土壤质量含水量(θ_m)。

$$\theta_m = \frac{m_1 - m_2}{m_2 - m_3}$$

一般应取 2～5 次重复，求取平均值。此方法较经典、简便、可靠，但比较费力费时，难以自动记录监测土壤水分的动态变化。

此外，为了缩短烘干和测定的时间，发展了某些快速烘干法，如红外线烘干法、微波炉烘干法、酒精燃烧法等。

2. 中子水分仪法

中子水分仪(neutron scattering probe)的原理是把一个快速中子源和慢中子探测器置于套管中，埋入土内。其中的中子源(如镭、镅、铍)以很高速度放射出中子，当这些快速中子与水中的氢原子碰撞时，就会改变运动的方向，并失去一部分能量而变成慢中子。土壤水越多，氢越多，产生的慢中子也就越多。慢中子被探测器和定标器量出，经过校正可求出土壤水的含量。图 3-4 是中

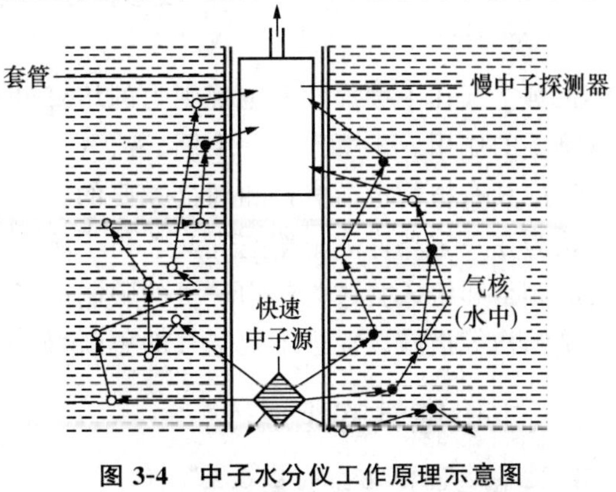

图 3-4　中子水分仪工作原理示意图

(徐建明 .2019. 土壤学)

子水分仪工作原理的示意图。本法测定迅速，不需采土样，无滞后现象，适于野外定点连续观测，可与自动记录仪相连。此法虽较精确，但目前的设备只能测出较深土层中的水，而不能用于土表的薄层土。另外，在有机质多的土壤中，因有机质中的氢也有同样作用而影响水分测定的结果。

3. 时域反射仪法

时域反射仪法(time domain reflectometry，TDR)是20世纪80年代初发展起来的一种测定土壤含水量的方法，具有不破坏土体、快速、易操作等优点。它既可用于土壤含水量的测定，又可用于土壤含盐量的测定。

依据电磁波理论，电磁脉冲在导电介质中传播时，其传播速度与介质的介电常数(dielectric constant)有关。TDR是一项包含高频电子脉冲的技术，通过测定电磁波在混合介质中沿波导棒传播的速度，来确定混合介质的介电常数。在TDR测定频率范围内，土壤水的介电常数是80，固相介电常数是3～4，气相介电常数是1。因此，土壤的介电常数大小主要取决于土壤中水的含量，建立两者之间的关系式，通过测定土壤的表观介电常数(apparent dielectric constant，k_a)可推求土壤的体积含水量。

Topp等(1980)通过大量实验证明，电磁脉冲在土壤中传播时，其介电常数(k_a)与土壤容积含水量(θ_V)有很好的相关性，其经验公式为：

$$\theta_V = -5.3 \times 10^{-2} + 2.92 \times 10^{-2} k_a - 5.5 \times 10^{-4} k_a^2 + 4.3 \times 10^{-6} k_a^3$$

由TDR系统测定电磁脉冲在波导棒中的传播时间，依据介电常数(k_a)即可求得土壤的含水量。由于θ_V与k_a有很好的相关性，且几乎与土壤质地、温度、含盐量无关，所以可以获得较高的测量精度。

4. 电阻块法

电阻块法(electrical resistance block)是利用某些多孔性物质如石膏、尼龙、玻璃纤维等的电阻和它们的含水量有关系这一事实而采用的一种方法。当这些嵌有电极的块状组件埋入土壤中，与土壤水分达到平衡后，测定其电阻值。根据电阻值和土壤含水量的关系，确定土壤含水量。电阻法测定土壤含水量在精度上有一定限制，但可与自动记录仪连接，便于测定田间水分动态变化。

任务五　土壤气体

土壤空气在土壤形成和土壤肥力的培育过程中以及在植物生命活动和微生物活动中都有十分重要的作用。土壤作为一个固、液、气三相体系就已显示出土壤空气的重要性。此外，土壤空气中具有植物生活直接和间接需要的营养物质，如氧气、氮气、二氧化碳和水汽等。因此，可以认为在一定条件下土壤空气起着与土壤固、液两相相同的作用。当土壤通气受阻时，土壤空气的容量和组成会成为作物产量的限制因子。因此，在农业实践中常需通过耕作、排水或改善土壤结构等措施以促进土壤空气的更新，使植物生长发育有一个适宜的通气条件。

一、土壤空气的组成

1. 土壤空气的组成及其特点

土壤空气主要存在于未被水占据的土壤孔隙中。就其含量而言，一定容积的土体内，如孔隙度不变，则含水量增多，空气含量必然减少，反之亦然。对土壤空气的组成而言，它受到土壤通气性的影响。对于通气良好的土壤，其空气组成接近于大气；若通气不良，则土壤空气组成与大气有明显的差异。表 3-4 是大气与土壤空气的组成情况。

表 3-4　土壤空气与近地表大气组成的差异

（徐建明．2019．土壤学）　　体积分数，%

气体位置	O_2 含量	CO_2 含量	N_2 含量	其他气体含量
近地表的大气	20.94	0.03	78.05	0.98
土壤空气	18.00～20.03	0.15～0.65	78.80～80.24	0.98

土壤空气的组成有以下几个特点：

①土壤空气中的二氧化碳含量高于大气。

②土壤空气中的氧气含量低于大气中。

③土壤空气中水汽含量一般高于大气。

④土壤空气中含有较多的还原性气体。

2. 土壤空气组成的影响因素

土壤空气的组成不是固定不变的。影响土壤空气变化的因素很多，如土壤水分、土壤生物活动、土壤深度、土壤温度、pH、季节变化及栽培措施等。土壤空气组成的动态变化有季节性变化，也有昼夜变化。

一般来说，随着土壤深度增加，土壤空气中二氧化碳含量增加，氧气含量减少，其含量是相互消长的，两者之和总维持在 19%～22%。随土壤温度升高，土壤空气中二氧化碳含量增加。从春到夏，土壤空气中二氧化碳逐渐增加，而冬季表土中二氧化碳含量最少。主要原因是土温升高，微生物和根系的呼吸作用加强而释放出更多二氧化碳。地表覆膜的田块中二氧化碳含量明显高于未覆盖的土壤，而氧气则相反。这是由于覆膜阻碍了土壤空气和大气的自由交换。

另外，还有少量的土壤空气溶解于土壤水中和吸附在胶体表面，溶于土壤水中的氧气对土壤的通气有较大的影响，是植物根系和微生物呼吸作用的直接的氧气源。如水稻田中下渗水携带的氧气是水田氧气的主要来源，对改善水田的通气性起重要作用，而溶解在土壤水中氧气的多少，决定土壤的氧化还原电位的高低和氧化还原反应的过程。溶解在水中的二氧化碳也有多方面的重要性，特别是与土壤的 pH 和土壤矿物质的溶解度有关。

二、土壤空气的运动

土壤是一个开放的耗散体系，时时刻刻与外界进行着物质和能量的交换。土壤空气并不是静止的，它在土体内部不停地运动，并不断地与大气进行交换。如果土壤空气和大气不进行交换，土壤空气中的氧气可能会在 12～40 h 消耗殆尽。土壤空气运动的方式有对流和扩散两种。影响土壤空气运动的因素主要有气象因素、土壤性质及农业措施，气象因素主要有气温、气压、风力和降水等。

1. 土壤空气的对流

土壤空气的对流是指土壤与大气间由总压力梯度推动的气体整体流动，也称为质流(mass flow)。土壤与大气间的对流总是由高压区流向低压区。

2. 土壤空气的扩散

在土壤空气的组成中，二氧化碳的浓度高于大气，而氧气的浓度低于大气，这样就分别产生了土壤和大气之间二氧化碳和氧气的分压差。在分压梯度的作用下,二氧化碳气体分子不断从土壤中向大气扩散,同时使氧气分子不断从大气向土壤空气扩散。这种土壤从大气中吸收氧气,同时排出二氧化碳的气体扩散作用,称为土壤呼吸(soil respiration)。一般情况下,扩散作用是土壤与大气交换的主要机制。

三、土壤通气性

1. 土壤通气性的概念

土壤通气性(soil aeration)是指土壤中的空气与大气中的空气相互交换的能力。它对土壤发育和植物生长具有重要作用。土壤通气性的好坏,通过土壤空气组成成分的变化,影响土壤中氧化还原状态和养分的转化以及生物活动的正常进行。因此,肥沃的土壤需要有一个良好的土壤通气性。土壤通气性不良会产生以下三方面的作用:第一,植物根系生长发育受到很大的限制;第二,植物根系的正常呼吸作用受到抑制并难以吸收利用水分和养分;第三,良好的土壤所必需的生物过程受到抑制而不能正常进行。

2. 土壤通气性与植物生长

植物从种子发芽到生长发育成熟都要求有土壤空气(氧气)供应,只是各类植物的要求不同而已。例如,块茎类植物要求土壤的供氧能力高于一般植物;而水生植物的要求就显得微弱多了,但并不是不需要氧气的供应。所以,植物的正常生长发育是离不开土壤空气的。

一般认为,种子正常发芽需要氧的含量必须在10%以上。低于5%,种子的发芽会受到很大的影响,而低于0.5%时则种子不萌发并很快死亡。若二氧化碳的浓度超过30%,种子也很难萌发。因此,要保证种子的正常发芽,土壤必须具有良好的通气性以供给植物充足的氧气。

对大多数植物的根系生长而言,土壤空气中氧的浓度低于10%就有明显影响,如果在3%~5%或以下,绝大部分植物的根系就停止生长发育。一般生长在通气良好土壤中的根系较长、健壮、色浅、根毛多;如果缺氧,表现出根少而弱,根毛特别少,有时根会停止生长发育。土壤通气性不良和土壤过度潮湿常常会降低植物对外界病菌的抵抗力,易于感染病害,或者植物生长受阻,发育不正常。大量观察证明,土壤通气性是限制产量高低的重要因素。

土壤通气性取决于土壤中通气孔隙的大小和多少,这就要求土壤中孔隙的大小分配适当,即能保证土壤有适量的水分,又要有足够数量的空气以保证植物对水分和空气的需求。调节土壤空气的方法主要是改善土壤结构,以改变土壤孔隙大小分配的比例,采用某些措施调节土壤的孔隙状况,如耕作、轮作、排水等。

【复习思考】

名词解释:

土壤水分常数、田间持水量、土壤水的有效性、土壤呼吸、土壤通气性、土壤比热容、土壤有机质、矿质化过程、腐殖化过程、竞争关系、互生关系、共生关系、拮抗关系、捕食关系、寄生关系。

【知识拓展】

坎儿井

坎儿井起源很早,公元前8世纪今伊朗境内已有类似坎儿井的卡斯(Karez)井。公元前6

世纪坎儿井遍及伊朗全境，现代仍有2万多条，灌溉面积占伊朗总灌溉面积的一半。摩洛哥、阿尔及利亚、阿富汗等国都有分布。中国在公元前2世纪修建龙首渠（今陕西省澄城、大荔一带）通过商颜山一段时，改明渠为暗渠，用竖井出渣、出料、通风、采光，开挖暗渠10余里，是中国坎儿井的前身。清道光二十五年（1845年）林则徐谪戍新疆时，大力推广坎儿井，天山南、北麓及昆仑山北麓都有分布。20世纪50年代末，新疆有坎儿井1 600余条，吐鲁番占一半以上，灌溉着盆地内的大部分耕地。

坎儿井一般沿地面坡度布置，由竖井和暗渠两部分组成（图3-5）。竖井垂直于地面，供开挖暗渠时定位、出土、通风、采光及成井后供检查维修使用。竖井深度由潜水深度决定，竖井间距下游15～50 m，上游50～100 m，横断面有矩形、圆形和方形多种。暗渠起截引地下水及输水作用。上段截引地下水部分，需在潜水位以下开挖，其余为输水部分，在潜水位以上开挖。暗渠沿地面坡降布置，同地下潜流流向一致，坡降为0.001～0.008，比地下潜流的坡降平缓，因而暗渠水流经一定距离后，即可接近地面而把水引出。暗渠的出口称为龙口，以下为明渠，暗渠和明渠连接处，有的还设有蓄水池（或称涝坝），用以蓄水和提高水温。

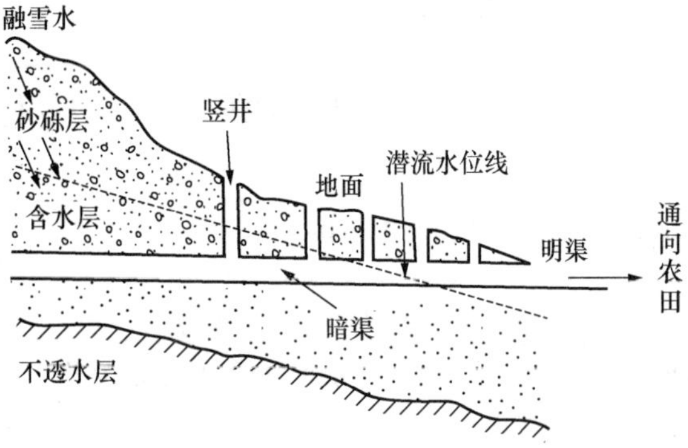

图3-5　坎儿井剖面示意图

坎儿井的优点在于不用提水工具，不耗费能源，就可把地下潜水变成地面水，同时可避免在酷热干旱的气候条件下水的大量蒸发和风沙侵袭。

【思政视角】

我国耕地保护与利用面临诸多挑战

当前，我国耕地保护与利用工作面临诸多挑战。耕地质量平均等级不高，耕地退化加剧，东北黑土有机质下降，南方红黄壤酸化，北方土壤干旱盐渍化，障碍退化耕地面积占比达40%。面对人多地少的国情，长期以来我国采用高投入、高产出模式，加剧了土壤酸化和农业面源污染，迫切需要充分发挥农业科技的作用，推动耕地保护利用与地力提升，保障国家粮食安全和生态安全。

2020年中央经济工作会议提出解决好种子和耕地问题，要求牢牢守住18亿亩耕地红线，加强高标准农田建设，实施国家黑土地保护工程。

“十三五”期间，中国农业科学院坚持以科技前沿和国家战略需求为导向，持续加强基础理论创新、关键技术研发与重大产品研制，在东北黑土地地力提升与可持续利用技术、南方低产水稻土改良与地力提升关键技术、典型红壤区农田酸化特征及防治关键技术构建与应用、主要粮食作物养分资源高效利用关键技术等方面取得较大进展。

其中，中国农科院牵头、全国相关单位联合攻关，明确了东北黑土地过去30年的有机质时空演变特征，定量评估高强度种植的影响，探明了有机物料长期利用效率，实现了土壤有机质定向培育目标的定量化。研究推广黑土地地力提升、水肥资源高效利用及种植制度优化等技术与规范，使东北黑土地有机质提高 12%～16%，玉米平均增产 5%。

“十四五”时期，中国农科院推动全国农田建设综合监测监管系统业务运行，围绕东北黑土、南方红黄壤、北方旱地等“三块地”深入开展科技攻关，开展土壤培肥与地力提升重大科技攻关，为国家耕地保护提供科技支撑。

技能训练二　土壤有机质含量的测定

一、实验目的和说明

有机质是土壤的重要组成部分，其含量虽少，但在土壤肥力上的作用却很大，它不仅含有各种营养元素，还是微生物生命活动的能源。土壤有机质的存在对土壤中水、肥、气、热等各种肥力因素起着重要的调节作用，对土壤结构、耕性也有重要的影响。因此，土壤有机质含量的高低是评价土壤肥力的重要指标之一，是经常需要分析的项目。

测定土壤有机质的方法很多，有重量法、滴定法和比色法等。重量法包括古老的干烧法和湿烧法，此法对于不含碳酸盐的土壤测定结果准确，但由于该方法要求特殊的仪器设备、操作烦琐、费时间，因此一般不作为例行方法来应用。滴定法中最广泛使用的是铬酸氧还滴定法，该法不需要特殊的仪器设备，操作简便、快速、测定不受土壤中碳酸盐的干扰，测定的结果也很准确。

用铬酸氧还滴定法测定土壤有机质，实际上测得的是“可氧化的有机碳”，所以在结果计算时要乘以一个由有机碳换算为有机质的换算因数。换算因数随土壤有机质的含碳率而定。各地土壤有机质的组成不同，含碳率也不一致，如果都用同一换算因数，势必会产生一些误差。但是为了便于各地资料的相互比较和交流，统一使用一个公认的换算因数还是必要的，目前国际上仍然一致沿用传统的 Van Bemmelen 因数即 1.724，这是假设土壤有机质含碳为 58%计算的。

二、实验原理

在一定温度加热的条件下，用一定浓度的重铬酸钾-硫酸溶液，氧化土壤有机质（碳），反应如下：

$$2Cr_2O_7^{2-}+3C+16H^+ = 4Cr^{3+}+3CO_2+8H_2O$$

反应剩余的 $Cr_2O_7^{2-}$，以邻菲罗啉为指示剂，用 Fe^{2+} 标准溶液滴定：

$$Cr_2O_7^{2-}+6Fe^{2+}+14H^+ = 2Cr^{3+}+6Fe^{3+}+7H_2O$$

从重铬酸钾净消耗量计算土壤中有机碳的含量，再换算为有机质的量。由于此法对有机碳氧化还不够完全，所以测得的有机碳需乘以一个氧化校正系数，方能与经典的重量法的结果一致。氧化校正系数则因测定时氧化剂的浓度、消煮的温度与时间、催化剂的存在与否以及样品中有机碳的含量不同而有变化。常用的外热源法（用油浴、石蜡浴或磷酸浴加热），测得的结果与重量法（干烧法）对比，只能氧化 90%左右的有机碳，因此测得的结果应乘以氧化校正系数 1.1。

土壤中如有 Cl^- 和 Fe^{2+} 存在，在测定时也能被重铬酸钾-硫酸溶液氧化而导致结果偏高，须设法消除其干扰。

三、试剂配制

(1)0.4 mol/L(1/6 $K_2Cr_2O_7$-H_2SO_4)溶液　40 g $K_2Cr_2O_7$ 溶于 1 L 水中，缓缓地分次加入相对密度为 1.84 的浓硫酸 1 L，随加随搅拌，防止温度剧烈上升(以不烫手为准)。冷却后充分摇匀。

标定：吸取 10.00 mL 重铬酸钾-硫酸溶液放入 250 mL 三角瓶中，加水 50 mL 及邻菲罗啉指示剂 2 滴，用 0.2 mol/L $FeSO_4$ 标准溶液滴定。计算重铬酸钾-硫酸溶液的浓度 c[mol/L (1/6 $K_2Cr_2O_7$)]。

(2)0.2 mol/L $FeSO_4$　标准溶液 56 g $FeSO_4 \cdot 7H_2O$ 或 80 g$(NH_4)SO_4 \cdot FeSO_4 \cdot 6H_2O$ 溶于 60 mL 3 mol/L H_2SO_4 中，然后加水至 1 L。

标定：准确称取经 130 ℃烘 2～3 h 的重铬酸钾(分析纯)约 1 g，溶于水中，定容至 100 mL。吸取此液 20.00 mL 放入三角瓶中，加入 10 mL 3 mol/L H_2SO_4 及 2 滴邻菲罗啉指示剂，用 $FeSO_4$ 溶液滴定之，计算 $FeSO_4$ 溶液的浓度 c(mol/L $FeSO_4$)。由于 Fe^{2+} 溶液的浓度容易改变，用时必须当天标定。

(3)邻菲罗啉指示剂　1.49 g 邻菲罗啉($C_{12}H_8N_2$)和 0.70 g $FeSO_4 \cdot 7H_2O$[或 1.0 g $(NH)_2SO_4 \cdot FeSO_4 \cdot 7H_2O$]溶于 100 mL 水中，贮于棕色瓶内。

四、操作步骤

准确称取通过 0.25 mm 筛孔的土样 0.2～1.0 g，放在光滑纸条的一端，小心地装入硬质试管(18 mm×180 mm)的底部。准确加 0.4 mol/L(1/6 $K_2Cr_2O_7$-H_2SO_4)溶液 10.00 mL，摇动试管，使土样分散。在试管口上加盖一小漏斗，以冷凝加热时逸出的水气。

将试管放入加热至约 170 ℃的石蜡油浴锅中消煮，此时浴温下降至(162±2) ℃，继续维持此温度，待试管内溶液开始滚动或有较大气泡发生时，开始计算时间，保持沸腾 5 min。取出试管，在空气中放冷后，擦净试管外部油液，浸入冷水中冷却。

将试管内容物倾入 250 mL 三角瓶中，用水洗净试管及小漏斗，洗涤液全部无损地倒入三角瓶，此时三角瓶内溶液的总体积为 60～70 mL，保持混合液中 H_2SO_4 的浓度为 2～3 mol/L (1/2 H_2SO_4)。加入邻菲罗啉指示剂 2 滴，用 0.2 mol/L $FeSO_4$ 标准溶液滴定至终点。每批样品测定的同时，做 2～3 个空白标定，即用纯石英砂或灼烧过的土壤代替土样，其他操作与样品测定相同。

五、结果计算

$$\text{土壤有机质含量} = \frac{(a-b)c \times 0.003 \times 1.724 \times 1.1}{m} \times 100\%$$

式中：a 为空白标定时所消耗 $FeSO_4$ 标准液的体积(mL)；b 为土壤测定时所消耗 $FeSO_4$ 标准液的体积(mL)；c 为 $FeSO_4$ 标准溶液的浓度(mol/L)；0.003 为 1/4 碳原子的摩尔质量(kg/mol)；1.724 为由有机碳换算为有机质的因数；1.1 为氧化校正系数；m 为风干土样质量(g)，如以干基表示应扣除样品中水分的质量。

平行测定结果用算术平均值表示，保留 3 位有效数字。

两次平行测定结果的允许差：土壤有机质含量小于 1%时为 0.05%；1%～4%时为

0.05%～0.10%；4%～7%时为 0.10%～0.30%；大于 7%时为 0.30%～0.50%。

六、思考题

(1)土壤有机质含量不同对土壤肥力有什么影响？
(2)如何消除在测定过程中 Cl^-、Fe^{2+} 的干扰及氧化不完全等问题？
(3)测定时应注意的事项是什么？

技能训练三　靛酚蓝比色法测定土壤脲酶活性

一、实验目的和说明

脲酶一种催化尿素水解成氨和二氧化碳的酶，具有高度专一性，广泛存在于微生物和动植物组织中，是最早得到结晶并被证明是蛋白质的一种酶，一般从刀豆中分离提取，是分析测定尿素时的工具酶。脲酶广泛分布于植物的种子中，但以大豆、刀豆中含量丰富，也存在于动物血液和尿中，某些微生物也能分泌脲酶。

土壤中脲酶活性是通过以尿素为基质经酶促反应后测定生成的氨量而求得，也可以通过测定未水解的尿素量来求得。本技能训练以尿素为基质，根据酶促产物氨与苯酚-次氯酸钠作用生成蓝色的靛酚，来分析脲酶活性。

二、实验用品和仪器

1. 待测样品

果树根际土壤。

2. 主要试剂

以下所有试剂如无特别说明，均为分析纯。实验用水为去离子水或蒸馏水。

(1)10%尿素　称取 10 g 尿素，用蒸馏水溶至 100 mL。

(2)柠檬酸盐缓冲液(pH=6.7)　184 g 柠檬酸和 147.5 g 氢氧化钾溶于蒸馏水。将两溶液合并，用 1 mol/L NaOH 将 pH 调至 6.7，用水稀释至 1 000 mL。

(3)苯酚钠溶液(1.35 mol/L)　62.5 g 苯酚溶于少量无水乙醇，加 2 mL 甲醇和 18.5 mL 丙酮，用无水乙醇稀释至 100 mL(A)，存于冰箱中；27 g NaOH 溶于 100 mL 水(B)。将 A、B 溶液保存在冰箱中。使用前将两溶液各 20 mL 混合，用蒸馏水稀释至 100 mL。

(4)次氯酸钠溶液　用水稀释试剂至活性氯的浓度为 0.9%，此时溶液稳定。

(5)氮的标准溶液(0.1 mg/mL)　精确称取 0.471 7 g 硫酸铵溶于水并稀释至 1 000 mL，得到 1 mL 含有 0.1 mg 氮的标准液。

(6)其他　甲苯。

3. 实验仪器

50 mL 三角瓶若干、100 mL 容量瓶、回旋式振荡器(HY-5A)、万分之一分析天平(0.0001 g)、分光光度计(UV-1800PC)、恒温箱、记号笔等。

三、实验步骤

(1)标准曲线的绘制　吸取 10 mL 氮的标准溶液定容至 100 mL，摇匀。从其中分别吸取

0 mL、1.00 mL、3.00 mL、5.00 mL、7.00 mL、9.00 mL 移至 50 mL 比色管中，加水至 20 mL，再加入 4 mL 苯酚钠的溶液，充分混合。紧接着加入 3 mL 次氯酸钠，随加随摇匀，放置 20 min，用水稀释至刻度。将显色液在可见分光光度计上于 578 nm 处，以 1 cm 比色皿进行比色测定，以试剂空白为参比。以标准溶液氮含量为横坐标，以吸光度值为纵坐标绘制标准曲线。

(2)酶活测定　分别称取适量样品于 50 mL 锥形瓶中，向其中加入 1 mL 甲苯，以使土样全部湿润为宜。放置 15 min 后，加入 10 mL 10%尿素溶液和 20 mL 柠檬酸缓冲液(pH＝6.7)，并摇匀。将锥形瓶放入 37 ℃恒温箱中，培养 24 h。培养结束后，用热至 38 ℃水稀释至刻度，充分摇荡，并将悬液用滤纸过滤到锥形瓶中。设置有土无基质对照，即考察各种溶液和土壤中氨氮存在带来的影响。相当于其他实验中所做的空白对照。分别吸取 1～5 mL 滤液于 50 mL 容量瓶中，加蒸馏水至 20 mL，充分振荡，然后加入 4 mL 苯酚钠，充分混合，再加入 3 mL 次氯酸钠充分摇荡，放置 20 min，用水稀释至刻度，溶液呈现靛酚的蓝色(在 1 h 内保持稳定)。在分光光度计上用 1 cm 比色杯，于 578 nm 处进行比色测定。

(3)无土对照　不加土样，其他与实验同，以检验试剂纯度，整个实验设 1 个。

(4)无基质对照　以等体积水代替基质，其他与实验相同。土壤脲酶活性以 24 h 内 1 g 土壤中产生 NH_3-N 的毫克数表示。

(5)注意事项

①每一个样品应该做一个无基质对照，以等体积的蒸馏水代替基质，其他操作与样品实验相同，以排除土样中原有的氨对实验结果的影响。

②整个实验设置一个无土对照，不加土样，其他操作与样品实验相同，以检验试剂纯度和基质自身分解。

③如果样品吸光值超过标准曲线的最大值，则应该增加分取倍数或减少培养的土样以适应标准曲线线性范围。

四、结果计算

以 24 h 后 1 g 土壤中 NH_3-N 的毫克数表示土壤脲酶活性(Ure)。

$$\text{Ure}=(a_{\text{样品}}-a_{\text{无土}}-a_{\text{无基质}})/M\times V\times n$$

式中：$a_{\text{样品}}$为样品吸光值由标准曲线求得的 NH_3-N 毫克数；$a_{\text{无土}}$为无土对照吸光值由标准曲线求得的 NH_3-N 毫克数；$a_{\text{无基质}}$为无基质对照吸光值由标准曲线求得的 NH_3-N 毫克数；V 为显色液体积；n 为分取倍数，即浸出液体积/吸取滤液体积；M 为烘干土重。

项目四　土壤的物理性质

任务一　土壤质地

一、土壤机械组成

根据土壤机械分析，分别计算各粒级的相对含量，即为机械组成（或称颗粒组成）（soil mechanical composition），并可由此确定土壤质地。除了以列表方式直观地表示土壤机械组成资料，还可用各种图示法表示。图 4-1 分别以累积曲线图、方柱图和圆面积图表示了一种红壤的机械分析结果。

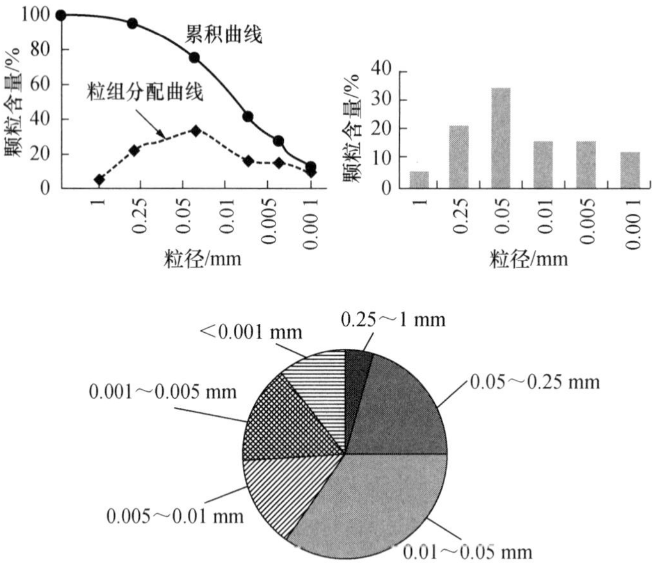

图 4-1　土壤机械组成

（徐建明 . 2019. 土壤学）

二、土壤质地类型

土壤质地（soil texture）是在土壤机械组成基础上的进一步归类，它概括反映土壤内在的肥力特征，因此在说明和鉴定土壤肥力状况时，土壤质地往往是首先考虑的项目之一。

1. 土壤质地的概念

土壤质地是根据机械组成划分的土壤类型。质地是土壤的一种十分稳定的自然属性，反映母质来源及成土过程某些特征，对肥力有很大影响，因而常被用作土壤分类系统中基层分类的依据之一。所以，在制订土壤利用规划、进行土壤改良和管理时必须考虑到其质地特点。

2. 土壤质地分类制

国内外几种使用多年的土壤质地分类制有：国际制、美国制、卡钦斯基制和中国制。它们都是与其粒组分级标准和机械分析前的土壤（复粒）分散方法相互配套的。这里仅介绍中国制。20 世纪 30 年代，熊毅提出一个较完整的土壤质地分类，分为砂土、壤土、黏壤土和黏土 4 组共 22 种质地（表 4-1）。中国制有以下几个特点：①与其配套的粒级制是在卡钦斯基粒级制基础上稍加修改而成的，主要是把黏粒上限从 1 μm 提高至公认的 2 μm，但确定质地仍按照细黏粒（<1 μm）含量。②同国际制和美国制一样，采用三元制（三个粒级含量）的原则，而不是用卡钦斯基制的二元制原则。③在三元制原则中用粗粉粒含量代替国际制中的粉粒含量。我国土壤质地分类标准兼顾了我国南、北方土壤特点。如北方土中含有 1.00～0.05 mm 砂粒较多，因此砂土组将 1.00～0.05 mm 砂粒含量作为划分依据；黏土组主要考虑南方土壤情况，以<0.001 mm 细黏粒含量划分；壤土组的主要划分依据为 0.05～0.01 mm 粗粉粒含量。中国质地制比较符合我国国情，但实际应用中还需进一步补充与完善。

表 4-1　中国土壤质地分类

（徐建明 . 2019. 土壤学）

质地组	质地名称	颗粒组成/%		
		砂粒 （1～0.05 mm）	粗粉粒 （0.05～0.01 mm）	细黏粒 （<0.001 mm）
砂土	极重砂土	>80		<30
	重砂土	70～80		
	中砂土	60～70		
	轻砂土	50～60		
壤土	砂粉土	≥20		
	粉土	<20		
	砂壤土	≥20		
	壤土	<20		
黏土	轻黏土		30～35	
	中黏土		35～40	
	重黏土		40～60	
	极重黏土		>60	

三、不同质地土壤的肥力特点和改良利用

1. 土壤质地和肥力的关系

土壤质地对土壤肥力的影响是多方面的，它常常是决定土壤水、肥、气、热的重要因素。

(1)砂质土　养分少，又因缺少黏粒和有机质而保肥性弱，速效肥料易随雨水和灌溉水流

失。在砂质土上施用速效肥料往往肥效猛而不长久,农民称为“少施肥、一把草,多施肥、立即倒”。所以,砂质土上要强调增施有机肥,适时施追肥,并掌握勤浇薄施的原则。

(2)黏质土　包括黏土和黏壤土(重壤土)等质地黏重的土壤,而其中以重黏土和钠质黏土(碱化黏土、碱土)的黏韧性表现最为明显。黏质土含矿质养分(尤其是钾、钙等盐基离子)丰富,而且有机质含量较高。它们对带正电荷的离子态养分(如 NH_4^+、K^+、Ca^{2+})有强大的吸附能力,使其不致被雨水和灌溉水淋洗损失。

黏质土的孔隙往往被水占据,通气不畅,好气性微生物活动受到抑制,有机质分解缓慢,腐殖质与黏粒结合紧密而难以分解,因而容易积累。所以,黏质土的保肥能力强,氮素等养分含量比砂质土中要多得多,但“死水”(植物不能利用的束缚水)多和难效养分也多。

(3)壤质土　它兼有砂质土和黏质土的优点,是较为理想的土壤,其耕性优良,适种的作物种类多。不过,以粗粉粒占优势(60%～80%)而又缺乏有机质的壤质土的粗粉壤,汀板性强,不利于幼苗扎根和发育。

2. 不同质地土壤的利用和改良

(1)各种作物对土壤质地的要求　各种作物的生物学特性及耕作栽培要求不同,所需的土壤条件也不相同,土壤质地是重要的土壤条件之一。通常生长期短的作物适宜在砂质土上生长,后期不致脱力;耐旱耐瘠的作物(如芝麻、高粱)以及要求早熟的作物也以砂质土为宜。需肥较多的谷类作物适宜在黏壤土至黏土中生长。双季稻需早发速长,宜安排在排水方便的壤土和黏壤上种植。现将各种作物对土壤质地的要求列于表 4-2。

表 4-2　主要作物的适宜土壤质地范围

(徐建明 .2019. 土壤学)

作物种类	土壤质地	作物种类	土壤质地
水稻	黏土、黏壤土	大豆	黏壤土
小麦	黏壤土、壤土	豌豆、蚕豆	黏土、黏壤土
大麦	壤土、黏壤土	油菜	黏壤土
粟	砂壤土	花生	砂壤土
玉米	黏壤土	甘蔗	黏壤土、壤土
黄麻	砂壤土、黏壤土	西瓜	砂土、砂壤土
棉花	砂壤土、壤土	柑橘	砂壤土、黏壤土
烟草	砾质砂壤土	梨	壤土、黏壤土
甘薯、茄子	砂壤土、壤土	枇杷	黏壤土
马铃薯	砂壤土、壤土	葡萄	砂壤土、砾质壤土
萝卜	砂壤土	苹果	壤土、黏壤土
莴苣	砂壤土、黏壤土	桃	砂壤土、黏壤土
甘蓝	砂壤土、黏壤土	茶	砾质黏壤土、壤土
白菜	黏壤土、壤土	桑	壤土、黏壤土

(2)土壤质地改良　据统计,我国现有耕地中耕层土壤质地过砂或过黏而需要改良的土壤面积在 $6.67 \times 10^6\ hm^2$ 以上。其改良措施如下。

①客土法:各地改良低产土壤的经验表明,客土,即通过砂土掺黏土或黏土掺砂土,是一个有效的措施。但是,客土时的土方量和人工量很大,可逐年进行,果、桑、茶园等可先改良树墩

或树行附近的土壤。在有条件的地方，如河流附近，可采用引水淤灌，把富含养分的黏土覆盖在砂土上，通过耕翻拌和之。质地改良一般是就地取材，因地制宜，逐年进行。如我国南方的红土丘陵上，酸性的黏质红壤与石灰质的紫砂土往往相间分布，可就近取紫砂土来改良红壤，改良质地的同时也可调节土壤酸碱度并提供钙质养分。在进行农田基本建设及土地平整工作时，可有计划地搬运土壤，进行客土改良。

②深耕、深翻、人造塥：如果表土是砂土，而心土为黏土，或者相反，则可用深耕深翻的方法，把两层土壤混合，以改良质地。如离地表不深处有黏质紧实硬盘层（如铁盘、砂姜层等），不利于植物根系（尤其是桑、果、茶树）下伸，应深耕深刨以破除之。反之，沙砾底的土壤开辟为水田时，可以移开表土，再铺上一层黄泥加石灰，打实后成为人造塥以防止漏水漏肥，然后再将表土覆回。

质地对于土壤性质和肥力有极为重要的影响，而土壤质地主要是继承母质的性质，很难改变。但是，质地不是决定土壤肥力的唯一因素，因为质地不良的土壤可通过增加土壤腐殖质和改善结构性而得到补救。事实上，单纯依靠土壤质地所体现出来的肥力特征，总是有许多缺点的。例如，不论哪一种质地，都不能完全解决土壤中水分和空气之间的矛盾，也不能完全解决养分的保存与释放的矛盾。

任务二 土壤孔隙性

土壤是一个极其复杂的多孔体系，由固体土粒和粒间孔隙组成。土壤中土粒或团聚体之间以及团聚体内部的空隙称为土壤孔隙。土壤孔隙是容纳水分和空气的空间，是物质和能量交换的场所，也是植物根系伸展和土壤动物、微生物活动的地方。

土壤孔性包括孔隙度（孔隙数量）和孔隙类型（孔隙的大小及其比例），前者决定着土壤气、液两相的总量，后者决定着气、液两相的比例。

一、土壤孔隙度

土壤孔隙的数量一般用土壤孔隙度（soil porosity）表示，即单位容积土壤中孔隙容积占整个土体容积的百分数。它表示土壤中各种大小孔隙度的总和。一般是通过土壤密度和土粒密度来计算，方法如下：

$$土壤孔隙度=(1-土壤密度/土粒密度)\times 100\%$$

1. 土粒密度

土粒密度（soil particle density）是单位容积的固体土粒（不包括粒间孔隙）的质量与 4 ℃时同体积水质量之比，过去曾称为土壤比重或土壤真比重。由于 4 ℃时水的密度为 1 g/cm^3，所以土壤相对密度的数值就等于土粒密度（单位容积土粒的质量）。土壤相对密度无量纲，而土粒密度有量纲。

土粒密度数值的大小，主要决定于组成土壤的各种矿物的相对密度（表 4-3）。大多数土壤矿物的相对密度在 2.6～2.7。因此，土粒密度一般取其平均值为 2.65。土壤有机质的相对密度为 1.25～1.40，表层的土壤有机质含量较多，所以，表层土壤的土粒密度小于心土及底土。

表 4-3 土壤中主要矿物的相对密度

矿物	相对密度	矿物	相对密度
蒙脱石	2.00～2.20	白云母	2.76～3.00
埃洛石(多水高岭石)	2.00～2.20	黑云母	2.76～3.10
正长石	2.54～2.58	白云石	2.80～2.90
高岭石	2.60～2.65	角闪石、辉石	3.00～3.40
石英	2.65～2.66	褐铁矿	3.50～4.00
斜长石	2.67～2.74	磁铁矿	5.16～5.18
方解石	2.71～2.72		

2. 土壤密度

土壤密度(soil density)是指单位容积土体(包括孔隙在内的原状土)的干重。单位为 g/cm^3 或 t/m^3。因为容重包括孔隙,土粒只占其中的一部分,所以,相同体积的土壤密度的数值小于土粒密度。一般旱地土壤密度为 1.00～1.80 g/cm^3,其数值的大小除受土壤内部性状如土粒排列、质地、结构、松紧的影响外,还经常受到外界因素如降水和人为生产活动的影响,尤其是耕层变幅较大。

土壤密度是一个十分重要的基本数据,在土壤工作中用途较广,其重要性表现在以下三个方面。

(1)反映土壤松紧度　在土壤质地相似的条件下,土壤密度的大小可以反映土壤的松紧度。土壤密度小,表示土壤疏松多孔,结构性良好;土壤密度大则表明土壤紧实板硬而缺少结构(表 4-4)。

表 4-4 土壤密度和土壤松紧程度及孔隙度的关系

松紧程度	土壤密度/(g/cm^3)	孔隙度/%
最松	<1.00	>60
松	1.00～1.14	60～56
适宜	1.14～1.26	56～52
稍紧	1.26～1.30	52～50
紧	>1.30	<50

不同作物对土壤松紧度的要求不完全一样。各种大田作物、果树和蔬菜,由于生物学特性不同,对土壤松紧度的适应能力也不同。对于大多数植物来说,土壤密度为 1.14～1.26 g/cm^3 比较适宜,有利于幼苗的出土和根系的正常生长。

(2)计算土壤质量　每公顷耕层土壤的质量,可以根据土壤密度来计算;同样,也可以根据土壤密度计算在一定面积上挖土或填土的质量。

$$m_s = S \cdot h \cdot d$$

式中,m_s 为土壤质量;S 为面积;h 为土层深度;d 为土壤密度。

如已知土壤密度为 1.15 t/m^3,求每公顷耕层 0～20 cm 的土壤质量。

$$m_s = 10^4\ m^2 \times 0.2\ m \times 1.15\ t/m^3 = 2\ 300\ t$$

所以,我们通常按每公顷耕层土壤质量 2 300 t 计算。

(3)计算土壤各种组分的数量　在土壤分析中,要推算出每公顷土壤中水分、有机质、养分和盐分含量等，可以根据土壤密度计算作为灌溉、排水、施肥的依据。例如，已知土壤密度为1.15 t/m，有机质含量为1%，则每公顷耕层土壤有机质含量为：

$$2\ 300\ \mathrm{t} \times 1/100 = 23\ \mathrm{t}$$

3. 土壤孔隙比

土壤孔隙的数量，也可用土壤孔隙比来表示，它是土壤中孔隙容积与土粒容积的比值，结构良好的耕层土壤的孔隙比应大于1。

二、土壤孔隙类型

土壤孔隙度或孔隙比只说明土壤孔隙“量”的问题，并未反映土壤孔隙“质”的差别，即使是两种土壤的孔隙度和孔隙比相同，如果大小孔隙的数量分配不同，则它们的保水、蓄水、通气以及其他性质也会有显著的差别。为此，应把孔隙按其大小和作用分为若干级。

由于土壤是一个复杂的多孔体系，其孔径的大小也千差万别，难以直接测定，土壤学中所谓的土壤孔径，是指与一定的土壤水吸力相当的孔径，称为当量孔径，它与孔隙的形状及其均匀性无关。当量孔径与土壤水吸力成反比，孔隙越小，则土壤水吸力越大。

土壤水吸力与当量孔径的关系式为：

$$d = 3/T$$

式中，d 为孔隙的当量孔径，单位 mm；T 为土壤水吸力，单位 100 Pa。

土壤孔隙的类型有很多种，通常分为以下三类。

(1)非活性孔　又叫无效孔、束缚水孔，这是土中最细微的孔隙，当量孔径一般<0.002 mm，土壤水吸力>1 500 Pa。这种孔隙几乎总是被土粒表面的吸附水所充满，土粒对这些水有强烈吸附作用，故保持在这种孔隙中的水分不易运动，也不能被植物吸收利用。这类孔隙与土粒的大小和分散程度密切相关，即土粒越细或越分散，则非活性孔越多；非活性孔增多，土壤透水通气性差，耕性恶化。

(2)毛管孔隙　当量孔径为0.02～0.002 mm，土壤水吸力为1.5×10^5～1.5×10^6 Pa，具有毛管作用。水分可借助毛管弯月面力贮存在该类孔隙中。植物细根、原生动物和真菌等难以进入毛管孔隙中，但植物根毛和一些细菌可在其中活动，其中贮存的水分可被植物吸收利用。

(3)通气孔隙　当量孔径>0.02 mm，相应的土壤水吸力小于1.5×10^5 Pa，毛管作用明显减弱。这种孔隙中的水分，主要受重力支配而排出，是水分和空气的通道，经常为空气所占据，故又称空气孔隙。通气孔隙又可分为大孔（直径>0.02 mm）和小孔（直径0.02～0.002 mm）。前者排水速度快，作物的根能伸入其中；后者排水速度不如前者，常见作物的根毛和某些真菌的菌丝体能进入其中。从农业生产需要来看，旱作土壤耕层通气孔隙应保持在10%以上，大小孔隙之比为1∶(2～4)较为合适。

三、土壤孔隙状况与土壤肥力、作物生长的关系

1. 土壤孔隙状况与土壤肥力

土壤孔隙大小和数量影响着土壤的松紧状况，而土壤松紧状况的变化又反过来影响土壤孔隙的大小和数量，两者密切相关。土壤孔隙状况密切影响土壤保水通气能力。紧实的土壤蓄水少、渗水慢，在多雨季节易产生地面积水与地表径流。土壤疏松时保水与透水能力强，但

在干旱季节，由于土壤疏松则易通风，不利于水分保蓄，故群众多采用耙、耱与镇压等办法，以保蓄土壤水分。由于松紧和孔隙状况影响水、气含量，也就影响养分的有效性和保肥供肥性能，还影响土壤的增温与稳温，因此，土壤松紧和孔隙状况对土壤肥力的影响是巨大的。

2. 土壤孔隙状况与作物生长

从农业生产需要来看，旱作土壤耕层的土壤总孔隙度为50%～56%，通气孔隙度不低于10%，大小孔隙之比在1∶(2～4)，较为合适。但是，各种作物对土壤松紧和孔隙状况的要求也略有不同，因为各种作物、蔬菜、果树等的生物学特性不同，根系的穿插能力不同。如小麦为须根系，其穿插能力较强，当土壤孔隙度为38.7%，土壤密度为1.63 g/cm³ 时，根系才不易透过；黄瓜的根系穿插力较弱，当土壤密度为1.45 g/cm³，土壤孔隙度为45.5%时，即不易透过；甘薯、马铃薯等作物，在紧实的土壤中根系不易下扎，块根、块茎不易膨大，故在紧实的黏土地上，产量低而品质差；李树对紧实的土壤有较强的忍耐力，故在土壤密度为1.55～1.65 g/cm³的坡地土壤上能正常生长；而苹果与梨树则要求比较疏松的土壤。另外，同一种作物，在不同的地区，由于自然条件的悬殊，故对土壤的松紧和孔隙状况要求也是不同的。据研究，在东北嫩江地区，小麦最适合的土壤密度为1.3 g/cm³，而在河南长葛与北京郊区则为1.141 g/cm³。

任务三　土壤结构和耕性

一、土壤结构的类型

土壤结构主要是根据结构体的大小、外形以及与土壤肥力的关系划分的。常见的土壤结构有以下几种类型(图4-2)。

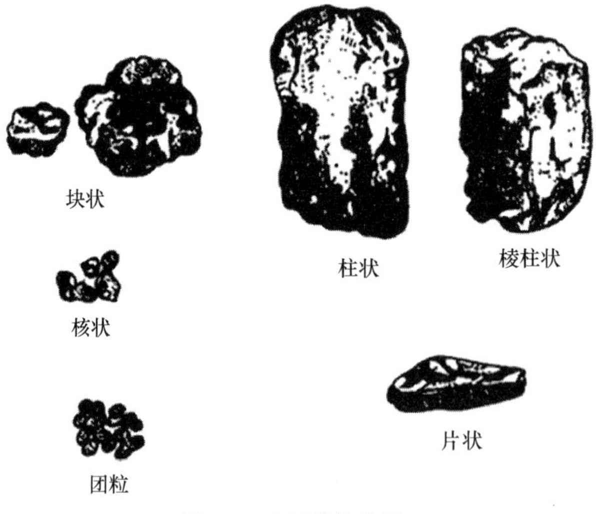

图4-2　土壤结构类型

1. 块状结构(blocky structure)

土粒胶结成块，近立方体形，其长、宽、高三轴大体近似，边面不明显，大的直径大于10 cm，小的直径为5～10 cm，俗称为“坷垃”。直径在5 cm以下时为块状、碎屑状结构。块状结构在土壤质地比较黏重而且缺乏有机质的土壤中容易形成，特别是土壤过湿或过干耕作时，最易形成。

2. 核状结构(subangular structure)

结构体长、宽、高三轴大体近似，边面棱角明显，较块状结构小，大的直径为 10～20 m，小的直径为 5～10 m，俗称为“蒜瓣土”。在结构面上往往有胶膜出现，故常具水稳性，在黏重而缺乏有机质的底土层中较多。

3. 柱状结构(columnar structure)

结构体的垂直轴特别发达，呈立柱状，棱角明显、有定形者称为棱柱状结构，棱角不明显、无定形者称为圆柱状结构。柱状横断面直径从小于 3 cm 到大于 5 cm 不等，一些土壤的底土层中常有柱状结构出现，俗称为“立土”。

4. 片状结构(platy structure)

结构体的水平轴特别发达，即沿长、宽方向发展，呈薄片状，厚度稍薄，结构体间较为弯曲者称为鳞片状结构，片状结构的厚度从小于 1 cm 到大于 5 cm 不等，俗称为“卧土”或“平槎土”，这种结构往往由于流水沉积作用或某些机械压力所造成，在冲积性母质中常有片状结构，在犁底层中常有鳞片状结构出现。

5. 团粒结构(aggregate structure)

团粒结构通常是指土壤中近于圆球状小团聚体，其粒径为 0.25～10 mm，农业生产上最理想的团粒结构粒径为 2～3 mm，俗称为“蚂蚁蛋”“米糁子”等。团粒结构(图 4-3)多在有机质含量高、肥沃的耕层土壤中出现，我国东北地区的黑土，有机质含量达到 100 g/kg，故表土层中具有大量的团粒结构。团粒结构经水浸泡较长时间不松散者，称为水稳性团粒结构，这种结构对调节土壤中水肥矛盾作用较大，一般高产田水稳性团粒结构较多，对土壤的孔隙和松紧状况以及对土壤肥力的调节，也具有相当大的作用。此外，还有许多小于 0.25 mm 的微结构，不仅在调节土壤水肥矛盾上有一定作用，而且也为团粒结构的形成奠定良好的基础。

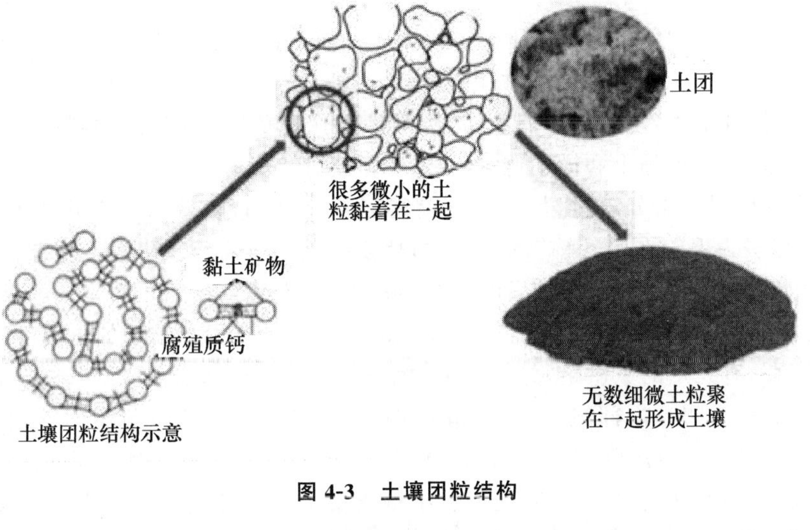

图 4-3　土壤团粒结构

二、土壤团粒结构与土壤肥力的关系

1. 良好团粒结构具备的条件

衡量一种土壤结构的好坏要从两方面考虑：一是从土壤整体来看，如结构体的类型、大小、数量和孔隙状况。二是从结构体本身来看，如结构体的外形、大小、数量及品质（即稳定性及孔性）。生产实践证明，团粒结构在调节土壤肥力的过程中起着良好的作用，但不同品质的团粒其性质又有明显的差别。良好的团粒结构一般应具备以下条件。

（1）有一定的结构形态和大小　旱地一般以直径为 0.25～10 mm、边面不明显的球形较好，其中又以 1～3 mm 的大小较佳，过大或过小对形成适当的孔隙不利。水田由于经常淹水，不易形成大于 0.25 mm 的团粒结构，只有小于 0.25 mm 的微结构，它对水田的透水、通气、保肥、表土层土壤松软有一定的作用。

（2）有多级孔隙　只有当单粒先凝聚成微团粒，再由微团粒胶结成团粒，以及团粒进一步团聚成较大的团粒结构，才含有一定数量和适当比例的大、小孔隙。这样，大孔隙可通气、透水，小孔隙可以保水、蓄水。

（3）有一定的稳定性　即一定的水稳性、机械稳固性和生物稳定性。短时间浸水而不散开叫水稳性。机械稳固性是指在一定外力作用下不被破坏的性质。降水、灌水和农机具的机械作用常是土壤结构破坏的主要原因，没有一定稳定性的团粒易遭破坏，不能继续发挥团粒结构的优越性。

（4）有抵抗微生物分解破碎的能力　由有机质和矿物质土粒互相结合而成的团粒具有不同程度的生物稳定性。通常有机质包被于矿质土粒的表面或黏附在团粒之间，随着有机质被微生物分解，结构体便逐步解体。形成结构体的有机质的种类很多，其抵抗微生物分解的能力各不相同，因而不同的团粒抗拒微生物分解的稳定性便有差异。

2. 团粒结构对土壤肥力的作用

（1）能协调水分和空气的矛盾　具有团粒结构的土壤，由于通气孔隙度的增加，大大改善了土壤透水通气能力，因而可以大量地接纳降水和灌溉水。当下雨或灌溉时，水分很快由这些通气孔隙渗入土壤，在水分经过团粒时，逐渐渗入团粒内部的毛管孔隙中，使团粒内部充满水分，多余的水分继续下渗，湿润下面的土层，从而减轻了土壤地表径流的冲刷侵蚀。所以，具有团粒结构的土壤，既不像黏土那样不透水，也不像砂土那样不保水。

当土中大孔隙里的水分渗过以后，空气就得以补充进去，团粒间的大孔隙即为空气所充满，而团粒内部多为毛管孔隙，其持水力很强，使水分可以保存下来，源源不断地供应作物生长，这样就使水分和空气各得其所，从而有效地解决了水分和空气的矛盾。

（2）能协调土壤有机质中养分的消耗和积累的矛盾　具有团粒结构的土壤，团粒之间的大孔隙有空气存在，有充足的氧供给，好气微生物活动旺盛，有机质分解快，养料转化迅速，可供作物吸收利用。而在团粒内部缺乏空气，进行嫌气性分解，有机质分解缓慢而使养分得以保存。团粒外部好气性分解越强烈，耗氧越多，扩散到团粒内的氧则越少，团粒内部嫌气分解也越强烈，养分释放的速率就更慢。所以，团粒结构土壤中的养分是由外层向内层逐渐释放的，这样一方面能源源不断地供作物吸收，另一方面又保证一定的积累，避免养分的损失，起着“小肥料库”的作用。

（3）能稳定土壤温度，调节土热状况　具有团粒结构的土壤，团粒内部的小孔隙保持的水分较多，温度变化较小，可以起到调节整个土层温度的作用。所以，整个土层的温度白天比砂土低，夜间却比砂土高，土温比较稳定，有利于需要稳温时期作物根系的生长和微生物的活动。

(4)改良耕性和有利于作物根系伸展 有团粒结构的土壤比较疏松，使作物根系穿插容易。而团粒内部又有利于根系的固着和给予较好的支持。另外，具有团粒结构的土壤其黏着性、黏结性都低，从而大大减少耕作阻力，提高了农机具效率和耕作质量。

总之，有团粒结构的土壤，松紧适度，通气、保温、保水、保肥、扎根条件良好，能够从水、肥、气、热、扎根条件等诸肥力因素方面满足作物生长发育的要求，能使作物"吃饱、喝足、住得舒服"，从而获得高产。

三、团粒结构的形成

土壤结构的形成大体上可分为两个阶段。

1. 土粒的黏聚

下面几种作用都可使单粒聚合成复粒，并进一步胶结成较大的结构体(图 4-4)。

(1)胶体的凝聚作用 这是指分散在土壤悬液中的胶粒相互凝聚而沉淀析出的过程，如带负电荷的黏粒与阳离子(如 Ca^{2+})相遇，因电性中和而凝聚。

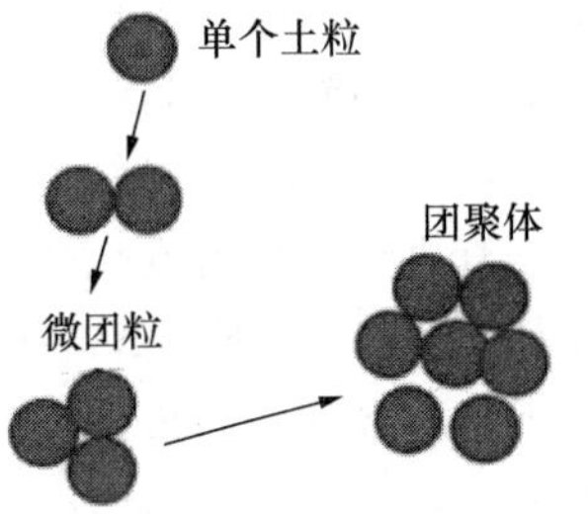

图 4-4 土壤团粒结构的形成

(2)水膜的黏结作用 湿润土壤中的黏粒所带的负电荷，可吸引极性水分子，并使之定向排列，形成了薄层水膜，当黏粒相互靠近时水膜为邻近的黏粒共有，黏粒就通过水膜而连在一起。

(3)胶结作用 土壤中的土粒、复粒通过各种物质的胶结作用进一步形成较大的团聚体，土的胶结物质大体上有以下三类。

①简单的矿质胶体：如含水氧化铁铝、硅酸及氧化锰的水合物。

②黏粒：常见的黏粒矿物有蒙脱石类、水云母类及高岭石类。

③有机质：在有机质的参与下形成的团粒一般具有水稳性和多孔性。具有胶结作用的有机质种类很多，如腐殖质、糖类、木质素、蛋白质等，许多微生物的分泌物和菌丝也具有团聚作用。

2. 成型动力

在土壤黏聚的基础上还需要一定的作用力才能形成稳定的独立结构体。主要的成型动力有以下四点。

(1)生物作用 植物的根系在生长过程中对土壤产生分割和挤压作用。根系越强大，分割挤压的作用越强，特别是禾本科植物，发达密集的须根可以从四面八方穿入土体，对周围土壤产生压力，使根系间的土壤变紧。根系死亡被分解后，造成土壤中不均匀的紧实度。在耕作等外力的作用下，就会散碎成粒状的团粒结构。同时根系不断吸水，造成根系附近土壤局部干燥收缩，也可促使结构的形成。根系死亡后，在微生物作用下，有一部分形成腐殖质，也有利于胶结形成团粒结构。此外，土壤中的蚯蚓、昆虫(蚁类)等对土壤结构的形成也起一定的作用，特别是蚯蚓，吞进大量泥土，经肠液胶结后排出体外，其排泄物也是一种水稳性团粒。

(2)干湿交替作用 土壤具有湿胀干缩的性能。当土壤由湿变干时，土壤各部分胶体脱水程度和速度不同，干缩的程度不一致，就会沿黏结力薄弱的地方裂开成小块；当土壤由干变湿时，各部分吸水程度和速度不同，各部分所受的挤压力也不均匀，会促使土块破碎。当水分迅速进入毛细管时，被封闭在孔隙中的空气便受到压缩，被压缩的空气受一定的压力后便发生爆破，从而使土块破碎。土块越干，破碎得越好。所以，晒垡一定要晒透。降雨或灌水越急，这一效果也越明显。

（3）冻融交替作用　土壤孔隙中的水分冻冰时体积增大，对周围的土体产生压力而使土块崩解，同时，水结冰后引起胶体脱水，土壤溶液中电解质浓度增加，有利于胶体的凝聚作用。秋冬翻起的土垡，经过一冬的冻融交替后，土壤结构状况得到改善。

（4）土壤耕作作用　合理及时的耕作，可促进团粒结构的形成。耕耙把大土块破碎成块状或粒状，中耕松土可把板结的土壤变为细碎疏松的粒状、碎块状结构。当然，不合理的耕作，反而会破坏土壤结构。

四、土壤结构改良

绝大多数农作物的生长、发育、高产和稳产都需要有一个良好的土壤结构状况。大多数农业土壤的团粒结构，因受耕作和施肥等多种因素的影响而极易遭到破坏。因此，必须进行合理的土壤结构管理，以保持和恢复良好的结构状况。其主要途径如下：

1. 增施有机肥料

有机物料除能提供作物多种养分元素外，其分解产物多糖及腐殖质是土壤颗粒的良好团聚剂，能明显改善土壤结构。有机物料改善土壤结构的作用取决于物料的施用量、施用方式以及土壤含水量。一般来说，有机物料用量大的效果较好，秸秆直接回田（配施少量化学氮肥以调节土壤的碳氮比）比沤制后施入田内的效果好。

2. 实行合理轮作

作物本身的根系活动和合理的耕作管理制度，对土壤结构性可以起很好的影响。一般来说，不论是禾本科作物或豆科作物，不论是一年生作物或多年生牧草，只要生长健壮、根系发达，都能促进土壤团粒形成，只是它们的具体作用有相当大的区别。例如，多年生牧草每年供给土壤的蛋白质、碳水化合物及其他胶结物质比一年生作物就要多些，一年生作物的耕作比较频繁，土壤有机物质的消耗快，不利于团粒的保持。在水稻与冬季作物（如紫云英、苜蓿、蚕豆、豌豆、油菜、小麦及大麦）的轮作中，冬季种植一年生豆科绿肥，能增加土壤中有机质含量；其中以紫云英最好，直径为 1～5 mm 的团粒含量有显著增加。冬作禾谷类（小麦、大麦）或油菜对于土壤中 1～5 mm 的团粒均有破坏作用。

3. 合理的耕作、水分管理及施用石灰或石膏

在适耕含水量时进行耕作，避免烂耕烂耙破坏土壤结构，采用留茬覆盖和少（免）耕配套技术。在推行这项措施时必须根据当地的气候、土壤、作物种类以及农作制度的不同而异。合理的水分管理也很重要。尤其在水田地区，采用水旱轮作，减少土壤的淹水时间，能明显改善水稻土结构状况，促进作物增产。此外，酸性土施用石灰，碱土施用石膏，均有改良土壤结构的效果。

4. 土壤结构改良剂的应用

土壤结构改良剂（soil conditioner）是改善和稳定土壤结构的制剂。按其原料的来源，可分成人工合成高分子聚合物制剂、自然有机制剂和无机制剂三类。但通常指的是人工合成聚合物，因它的用量少，只须用土壤重量的千分之几到万分之几，即能快速形成稳定性好的土壤团聚体。它对改善土壤结构、固定沙丘、保护堤坡、防止水土流失、工矿废弃地复垦以及城市绿化地建设具有明显作用。在我国用得较广泛的是胡敏酸、树脂胶、纤维素黏胶、藻醇酸等。但这些用人工合成的结构改良剂价格昂贵，目前还得不到普遍施用和推广，仍处于研究试验阶段。近年来我国广泛开展利用的腐殖酸类肥料，可以在许多地区就地取材，利用当地生产的褐煤、泥炭生产腐殖酸类肥料，它是一种固体凝胶物质，能起到很好的结构改良剂作用。

5. 盐碱土电流改良

电流改良盐碱土和促进盐渍性低洼地排水有明显效果。特别在重黏质盐土通直流电后，由于电极反应和电渗流的作用，胶体吸附的钠离子被代换并淋洗掉，产生碎块状结构，原来不透水的紧实土体变得疏松透水，土壤迅速脱盐。

五、土壤耕性

土壤耕性(soil tilth)是指土壤在耕作时所表现的特性，也是一系列土壤物理性质和物理机械性的综合反映，土壤耕性的好坏，密切影响到土壤耕作质量及土壤肥力。

(一)土壤耕性的含义

土壤耕性的内容一般可归纳为三个方面。

(1)耕作难易程度　农民群众把耕作难易作为判断土壤耕性好坏的首要条件，凡是耕作时省工省劲易耕的土壤，群众称之为“土轻”“口松”“绵软”。而耕作时费工费劲难耕的土壤，群众称之为“土重”“口紧”“僵硬”等，有机质含量少及结构不良的土壤耕作较难，耕作难易不同，直接影响着土壤耕作效率的高低。

(2)耕作质量的好坏　土壤经耕作后所表现出来的耕作质量是不同的，凡是耕后土垡松散，容易耙碎，不成坷垃，土壤松紧孔隙状况适中，有利于种子发芽出土及幼苗生长的，谓之耕作质量好，相反则称为耕作质量差。

(3)宜耕期长短　耕性良好的土壤，适宜耕作时间长，表现为“干好耕，湿好耕，不干不湿更好耕”；而耕性不良的土壤则适耕期短，一般只有 1～2 d，错过适耕期不仅耕作困难、费工费劲，而且耕作质量差，表现为“早上软，晌午硬，到了下午锄不动”，俗称为“时辰土”。适耕期长短与土壤质地及土壤含水量密切相关，砂壤土及砂质土适耕期长，而黏质土块适耕期短。

(二)土壤物理机械性

土壤物理机械性是多项土壤动力学性质的统称，它包括黏结性、黏着性、可塑性、胀缩性以及其他受外力作用后(如农机具的切割、穿透和压板等作用)而发生形变的性质。

1. 黏结性和黏着性

土壤黏结性是土粒与土粒之间由于分子引力而相互黏结在一起的性质。这种性质使土壤具有抵抗外力破碎的能力，也是耕作时产生阻力的主要原因之一。土壤黏结性在干燥时主要由土粒本身的分子引力所引起的；而在湿润时，则土粒间的分子引力要通过粒间水膜的媒介，即水膜的引力作用，所以实际上是土粒与水之间相互吸引而表现的黏结力。土壤黏着性是土壤在一定含水量的情况下，土粒黏着外物表面的性能。土壤过湿时进行耕作，土壤黏着农具，增加土粒与金属的摩擦阻力，使耕作困难。土壤黏着性是由水分子和土粒之间的分子引力，以及水分子和外物接触表面所产生的分子引力所引起的，即土粒-水-外物相互间的分子引力引起的。

影响土壤黏结性和黏着性的因素有以下五点。

(1)土壤质地　土壤越细，接触面越大，黏结性和黏着性越强，所以黏质土壤的黏结性和黏着性都很显著，耕作困难。砂质土则黏结性和黏着性弱，易于耕作。

(2)土壤含水量　水分含量对黏结性有很大影响。含水量越少，土粒距离越近，分子引力越大，黏结性越强，故干燥土块破碎甚为困难。随着水分含量增加，水膜使土粒间的距离加大，分子引力减弱，黏结性减小。

重黏土在干燥时黏结性最强，而纯砂土干燥时无黏结性。但两者在土壤含水量增加到近于饱和状态的瞬间，黏结性都稍增强，尤以砂土为明显。当水分达到饱和后，黏结性就迅速下降达到0。

土壤含水量对黏着性的影响也很大。土壤干燥时无黏着性，随着水分含量的增加，黏着性逐渐增强。因为此时土粒与外物间有水膜生成。但是当水分过多时(一般认为超过土壤饱和持水量的80%)，由于水膜太厚而降低了黏着性，直到土壤开始呈现流体状态时，黏着性逐渐消失。所以黏质土壤在水分较多时进行耕作，常因土壤黏着于农具而感到费力；而土壤在渍水条件下犁耙却很少受黏着性的影响。

(3)土壤结构　团粒结构可使土团接触面减少，因而其黏结性和黏着性降低，土壤疏松易耕。据试验，在相同质地条件下，有团粒结构土壤的黏结性比无团粒结构土壤要小2～6倍。

(4)土壤腐殖质含量　腐殖质含量增加可减弱黏土的黏结性，因为腐殖质在土粒外围形成薄膜，改变了黏粒接触面的性质。据研究，腐殖质能促进良好结构的形成，减少土壤的分散度。腐殖质也可降低黏性土壤的黏着性，腐殖质的黏结性和黏着性都比砂土大，因而腐殖质可以改善砂质土过于松散的缺点。

(5)土壤代换性阳离子的组成　不同的阳离子种类可影响土粒的分散和团聚。钠、钾等一价阳离子可使土粒分散，导致黏结性、黏着性增大。二价钙、镁离子能促使土壤胶体凝聚，土粒间的接触面积减少，从而降低土壤的黏结性和黏着性。

2. 可塑性

土壤在一定含水量范围内，可被外力任意改变成各种形状，当在外力解除和土壤干燥后，仍能保持其变形的性能称为可塑性。土壤产生可塑性的基本原因是因为土壤中的黏粒成薄片状，彼此间的接触面甚大，当土壤含有一定量的水分时，黏粒表面包被一层水膜，若加外力揉搓，使片状黏粒在水膜的湿润下，可将原来杂乱的排列变成相互平等的定向排列，并为水膜拉力所固定，保持新的形状，失水干燥后，由于土粒的黏结性，仍能保持其所改变的形状。这就是可塑性产生的原因，但是，关于可塑性的机制尚未完全搞清楚。

影响土壤可塑性的因素有以下四方面。

(1)水分含量　干土没有可塑性，当水分含量逐渐增加时，土壤才表现可塑性。土壤开始呈现可塑状态时的水分含量称为下塑限(塑限)；土壤失去可塑性而开始流动时的土壤含水量，称为上塑限(流限)。上塑限与下塑限含水量之差称为塑性值，也叫塑性指数。塑性值大，土壤的可塑性强，显然，只有土壤水分含量在可塑性范围内，土壤才有可塑性。上塑限、下塑限和塑性值均以含水量百分比(%)表示。

(2)土壤质地　土壤中黏粒越多，质地越细，塑性越强。上塑限、下塑限和塑性值的数值随着黏粒含量的增加而增大，土按塑性值分类如下：强塑性土(黏土)＞17%，塑性土(填土)7%～17%，弱塑性土(砂壤土)＜7%，无塑性土(砂土)＝0(表4-5)。

表 4-5　土壤质地与可塑性的关系

土壤质地	物理性黏粒/%	下塑限/%	上塑限/%	塑性值
中壤偏重土	>40	16～19	34～40	18～21
中壤土	28～40	18～20	32～34	12～16
轻壤偏中土	24～30	21±	31±	10
轻壤偏砂土	20～25	22±	30±	8
砂壤土	<20	23±	28±	5

在黏粒矿物类型中，蒙脱石类分散度高，吸水性强，塑性值大：高岭石类分散度低，吸水性弱，塑性值小。

(3)交换性阳离子　交换性钠离子因水化度大，土壤分散，因此可塑性增大。相反，钙离子因具有凝聚作用，可减少土壤的可塑性。

交换性阳离子对黏粒矿物的塑性强弱的影响很大，钠离子使蒙脱石类的上下塑限和塑性值大大增加，而对高岭石类的影响较小。

(4)土壤有机质　有机质能提高土壤上、下塑限，但一般不改变其塑性值。这是因为有机质本身缺乏塑性而吸水性强，故有机质含量高的土壤，要等有机质吸足水分以后才开始形成产生塑性的水膜，从而使其上、下塑限提高。土壤在塑性范围内不宜进行耕作，因为不但阻力大，而且耕后形成表面光滑的大土垡，由于塑性的影响，使土壤保持其形状，不易散碎，干后犁垡板结形成硬块，不易耙耢破碎，达不到松土的目的，所以黏性土壤更不宜在过湿状态中耕作。

3. 土壤胀缩性

土壤吸水后体积膨胀，干燥后体积收缩称为土壤胀缩性。土壤胀缩性强，对生产不利。因为土壤膨胀时，对周围土壤产生强大压力，而可能对植物根系发生机械损伤；收缩皲裂时，易拉断植物根系。同时，土壤膨胀会使土壤孔隙变小、透水困难，气体交换和热量状况都受到障碍；若土壤因收缩强烈而引起皲裂，下层水分蒸发加快，导致土层干燥，根群减少，可使作物产生不正常早熟而降低产量。在我国西北地区，常因入冬后土壤干裂，土温下降，对冬小麦越冬不利，造成大片麦苗冻死。

影响土壤胀缩性的主要因素是土壤胶体，而胶体的品质则影响土壤胀缩性的强弱。蒙脱石由于晶层间结合不紧，水分容易进入而使晶层间距拉开，因此，其膨胀性远较晶层结合紧密的高岭石大。在盐碱土区，由于吸收性钠离子增强了水化作用，使土壤胀缩性增大，湿时膨胀黏闭，干后收缩，构成典型的柱状结构的土壤。

要减少土壤的胀缩程度，除了黏重的土壤应改良质地外，还可培育良好的土壤结构，增加土壤有机质含量，使土壤孔度增大，以利于加大土体胀缩时缓冲的余地。此外，还可适时耕锄，使土壤保持疏松状态。

(三)改良土壤耕性

(1)防止压板土壤　耕作土壤在降雨、灌溉、人畜践踏与农机具等作用下由松变紧的过程称为土壤压板过程。随着农业机械化的发展，大型机具逐渐增多，土壤压板问题更加突出。在防止土壤压板方面，除应改进农机具外，应特别注意田间作业。首先，必须避免在土壤过湿时进行耕作；其次，应尽量减少不必要的作业项目或者实行联合作业，以减轻土壤压板，降低生产成本；再者，根据条件，试行免耕或少耕法，减少机械压板，保持土壤疏松状态。

(2)注意土壤的宜耕状态和宜耕期　我国各地农民对掌握土壤宜耕状态和宜耕期有丰富的经验，取一把土握紧，然后放开手，松散时即为宜耕状态；或者把土握成土团，而后松手使土团落地，碎散的即为宜耕状态；或试耕，犁起后的土垡能自然散开，即为宜耕状态。土壤宜耕期是指保持适宜耕作的土壤含水量的时间。宜耕期长，能在雨后及早下地，有利于农事操作的安排，不误农时；宜耕期短则误农时的可能性就大。

(3)改良土壤耕性　影响土壤耕性最主要因素的是土壤质地、土壤水分与土壤有机质含量。土壤质地决定着土壤比表面积的大小，水分决定着土壤一系列物理机械性的强弱，土壤有机质除影响土壤的比表面积外，其本身疏松多孔，又影响土壤物理机械性的变化，所以应当通过增施有机肥、合理排灌、适时耕作等方法改良土壤耕性。

任务四　土壤热力学性质

土壤的热状况对植物的生长和微生物的活动有极其重要的影响。水、肥、气、热共同组成土壤的肥力要素。土壤温度也直接影响土壤中的水、气的保持和运动，土壤温度对土壤中的许多物理和化学过程都到一定的作用，并强烈影响着生物过程，如种子萌发、幼苗出土和生长、根系发育以及微生物活动等。

一、土壤热量来源与平衡

1. 土壤热量的来源

(1)太阳的辐射能　土壤热量的最基本来源是太阳辐射能。农业就是在充分供应水肥的条件下植物对太阳能的利用。当地球与太阳为日地平均距离时，在地球大气圈顶部所测得的太阳辐射的强度(垂直于太阳光下 1 cm^2 的黑体表面在 1 min 内吸收的辐射能)称作太阳常数，一般为 1.9 kJ/(cm^2 · min)。当太阳辐射通过大气层时，其一部分热量被大气吸收散射，一部分被云层和地面反射，土壤吸收其中的一小部分。

(2)生物热　微生物分解有机质的过程是放热的过程。释放的热量，一部分被微生物自身利用，而大部分可用来提高土温。在保护地栽培蔬菜或早春育秧时，施用有机肥，并添加热性物质，如半腐熟的马粪等，就是利用有机质分解释放出的热量以提高土温，促进植物生长或幼苗早发快长。

(3)地球内热　由于地壳的传热能力很差，每平方厘米地面全年从地球内部获得热量不高过 226 J，地热对土壤温度的影响极小，但在地热异常地区，如温泉、火山口附近，这一因素对土壤温度的影响就不可忽略。

2. 土壤表面的辐射平衡及影响因素

(1)地面辐射平衡　太阳的辐射主要是短波辐射，太阳辐射透过大气层时，有相当大一部分被大气中的水汽、云雾、二氧化碳(CO_2)、氧气(O_2)、臭氧(O_3)、尘埃等吸收、散射和反射，直接到达土壤表面的只有一小部分。直接到达地表的太阳能称为太阳直接辐射。被大气散射和云层反射的太阳辐射能，通过多次的散射和反射，又将其中的一部分辐射到地球上，这部分辐射能是太阳的间接辐射能，一般称为天空辐射能，也称大气辐射。太阳直接辐射和间接辐射都是短波辐射。

短波辐射到地面后，一部分被地面反射，地面对辐射能的反射率因地面性质而异。

(2)地面辐射平衡的影响因素　影响地面辐射平衡的因素主要有太阳的总辐射强度、地面的反射率和地面的有效长波辐射。

①太阳的总辐射强度：太阳的总辐射强度主要取决于气候(天气)情况，晴天的辐射强度要明显比阴天大。在天气相同的条件下，地面所接受的太阳辐射能量的多少，主要取决于太阳光在地面的投射角，即日照角。

②地面的反射率：地面对太阳辐射的反射率与太阳的入射角、日照高度、地面的状况有关。太阳的入射角越大，反射率越低，反之越大。土壤的颜色、粗糙程度、含水状况，植被及其他覆盖物等都影响反射率。

③地面有效长波辐射：影响地面有效辐射的因子有以下几类。一是云雾、水汽和风：它们能强烈吸收和反射地面发出的长波辐射，使大气逆辐射增大，因而使地面有效辐射减少。二是海拔高度：空气密度、水汽、尘埃随海拔高度增加而减少，大气逆辐射相应减少，有效辐射增大。三是地表特征：起伏、粗糙的地表比平滑表面辐射面大，有效辐射也大。四是地面覆盖：导热性差的物体如秸秆、草皮、残枝落叶等覆盖地面时，可减少地面的有效辐射。

3. 土壤热量平衡

除了上述的辐射平衡影响土壤热量状况外，土壤的热量平衡(soil heat balance)对土壤热量状况的影响也很显著。当土面所获得的太阳辐射能转换为热能时，这些热能大部分消耗于土壤水分蒸发与大气之间的湍流热交换上，另一小部分被生物活动所消耗，只有很少部分通过热交换传导至土壤下层(图 4-5)。

二、土壤热学性质

进入土壤的热量流动方式(传导的速度、深度等)以及这些热量使土温升高的程度，不仅取决于进入土体的热量，而且与土壤本身的热学性质有关。标志土壤热学性质的物理量主要有土壤比热容、土壤热导率、土壤导温率等。它们决定着土壤热量和温度变化的程度、热量传导的速度和深度。

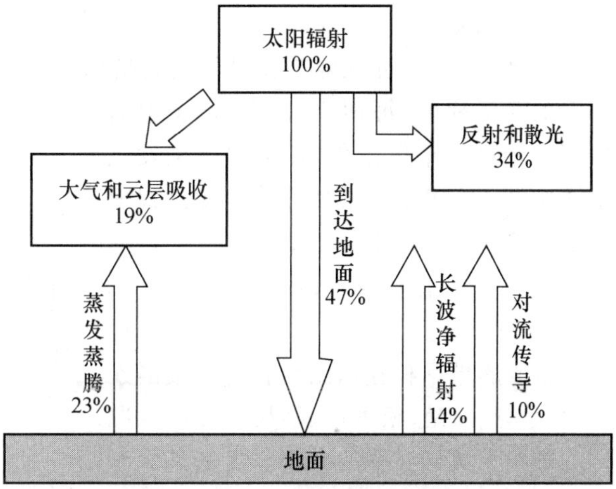

图 4-5　地面的热量平衡

(徐建明.2019.土壤学)

1. 土壤比热容

土壤比热容(soil specific heat)是指单位质量(重量)或容积的土壤每升高(或降低)1 ℃所需要(或放出的)的热量。习惯上以 c 代表质量比热容。

在土壤的三相物质组成中，水的比热容最大，气体比热容最小，矿物质和有机质比热容介于两者之间。在固相组成物质中，腐殖质比热容大于矿物质，而矿物质比热容彼此差异较小。所以土壤比热容的大小主要取决于土壤水分多少和腐殖质含量。当土壤富含腐殖质而又含较多的水分时，比热容增大，但是土壤腐殖质是相对稳定的组分，短期内难以发生重大变化，因而它对土壤比热容的影响也是相对稳定的。

2. 土壤热导率

土壤吸收一定热量后，一部分用于它本身升温，一部分传给邻近土层。土壤具有对所吸收热量传导到邻近土层的性质，称为导热性（thermal conductivity）。导热性大小用热导率表示，定义为在单位厚度（1 cm）土层，温差为 1 ℃，每秒通过单位断面（1 cm^2）的热量（J），其单位是 J/（cm^2·s·℃）。热量的传导方向是由高温处到低温处。

土壤不同组分的热导率是不同的，固体部分热导率最大，为 $8.4\times10^{-3}\sim2.5\times10^{-2}$ J/（cm^2·s·℃），不同固体物质热导率还有差异（表 4-6）。空气热导率最小，水的热导率大于空气。由此可见，土壤空气热导率最小，固体物质中矿物质热导率最大，水介于两者之间。土壤固相物质，尤其是矿物质，虽然热导率最大，但它是相对稳定而不易变化的。空气虽然热导率小，但在土壤中总是含有一定水分，土壤中的水、气总是处于变动状态。因此，土壤热导率的大小主要取决于土壤孔隙的多少和含水量的多少。当土壤干燥缺水时，土粒间的土壤孔隙被空气占领，热导率就小；当土壤湿润时，土粒间的孔隙被水分占领，热导率增大。

表 4-6　土壤不同组分的热导率

（徐建明．2019．土壤学）

土壤组分	热导率/[J/(cm^2·s·℃)]	土壤组分	热导率/[J/(cm^2·s·℃)]
石　英	4.427×10^{-2}	腐殖质	1.255×10^{-2}
湿砂粒	1.674×10^{-2}	土壤水	5.021×10^{-3}
干砂粒	1.674×10^{-2}	土壤空气	2.092×10^{-4}
泥　炭	6.276×10^{-2}		

3. 土壤导温率

土壤导温率是衡量土壤导温性强弱的指标。其含义是，在土层垂直方向上，每厘米距离内有 1 ℃的温度梯度，每秒流入 1 cm^2 土壤断面面积的热量使单位体积（1 cm^3）土壤发生的温度变化。它表示土壤加热或冷却过程中温度平衡的速度，在数值上等于土壤导热率除以土壤容积热容量：$\lambda=kC_V$，单位为平方厘米/秒或 cm^2/s。

凡影响热导率和容积比热容的土壤因素（如土壤水分、质地、松紧度、结构及孔隙状况等），均影响土壤导温率的大小。尤其是含水量对导温率有明显影响。增加土壤湿度，导温率就随之增大。但与土壤含水量的关系不是简单的线性关系（图 4-6），当土壤含水量增大到一定数值以后，由于容积比热容比热导率增加快，使土壤导温率反而下降。由此可见，适当灌水或有毛管上升水的浸润，在增温时可加速土温的升高。但如水量过多，则又造成“冷浆”现象，即土温上升极慢。

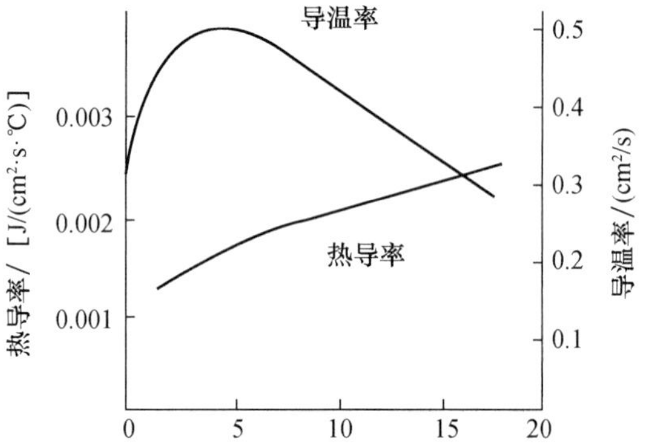

图 4-6　土壤热导率、导温率随含水量的变化

（徐建明．2019．土壤学）

三、土壤温度

土壤温度是太阳辐射平衡、土壤热量平衡和土壤热学性质共同作用的结果，是决定土壤物理过程以及土壤与大气间的能量和物质交换速率和方向的重要因素。不同地区（生物气候带)、不同时间(季节变化等)和土壤不同组成、性质及利用状况,都不同程度地影响土壤热量的收支平衡。因此,土壤温度具有明显的时、空特点。这里讨论的是土壤温度变化的一般规律。

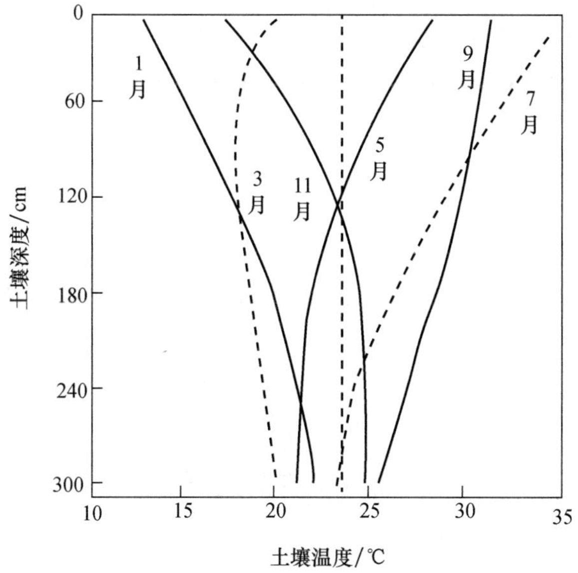

图 4-7　土壤温度随季节和土层深度的变化

(Brady 和 Weil. 2018)

1. 土壤温度变化规律

随着太阳辐射的季节变化,地表温度有着周期性变化。在一个温度变化的周期里,各出现一次最高温和最低温。以北京地区土温变化为例,地表最高温度出现于 7 月,最低温度出现于 1 月。随着土壤深度增加,最高(最低)温度出现的时间逐渐落后,到 12 m 处,出现最高温度的时间已是第二年的 7 月。从一些地区土温观察资料来看,深度每增加 1 m,最高(最低)温度土温出现时间推迟 20～30 d。随着土壤深度的增加,土温年变化将迅速变小。在土壤某一深度,土温的年变化消失,即达到常(恒)温层。该层深度在低纬度地区仅 5～10 m,中纬度地区 15～20 m,高纬度地区 20 m 左右。图 4-7 是土壤温度随季节和土层深度的变化情况。

土壤温度的日变化也具有与土温年变化相类似的特点,随着深度增加,下层土壤温度变化滞后于表层土壤温度越明显,而且其温度振幅也减弱。一般地表最高温度出现于 13:00 左右,而 20 cm 处则在 19:00 左右。通常每加深 10 cm,最高(低)温度出现时间滞后 2.5～3.5 h。一般土壤中,一天内土温影响深度很少超过 1 m。

2. 影响土壤温度变化的因素

影响土壤温度变化的因素是十分复杂的,它们大体上可以分为 4 个方面。①气象因素:与地面太阳辐射量有关的纬度,季节及昼夜交替,人气组成、密度及混浊度,云层的高度、厚度及数量,以及与蒸发有关的风速、气压、相对湿度等。②土壤组成和性质:与土壤导热性、导温性、热容量等特性有关的土壤质地、土壤水分、土壤结构、土壤有机质等。③土地位置:海拔高度、坡度、坡向等。④土面覆盖状况:地表植被或积雪被覆状况,土壤颜色、平坦度等。

3. 土壤温度的调节

调节土壤温度的一般措施有以下几种。①耕作:采用垄作、中耕、深翻、镇压、培土等措施,以改变太阳入射角或土壤孔隙度、土壤水分状况等。②以水调温：水分具有大的热容量、热导率和蒸发潜热，土壤含水量还影响土壤反射率。因此，调节土壤水分含量对土壤热状况有较大影响。③覆盖：调节土壤温度最常用的手段之一，如农作物秸秆、塑料薄膜、化学制剂等材料。④设置风障、营建防护林等：如在寒冷地区，风障能起到降低风速、减少地面乱流和蒸发耗热的作用，可以有效提高地温。采用塑料大棚、温房、玻璃暖房等设施可控制蔬菜、花卉等生产中的土壤温度状况。

【复习思考】

名词解释：

土壤密度、土壤容重、土壤机械组成、土壤质地、土壤结构、土壤黏结性、土壤黏着性、土壤抗剪强度、土壤的压缩性。

【知识拓展】

土壤团粒结构的主要作用

团粒结构是土壤最理想的结构，由若干土壤单粒黏结在一起形成团聚体的一种土壤结构，其多少是土壤肥沃的重要标志。土壤团粒结构的主要功能和作用如下。

（1）团粒结构是土壤的“小水库”　把团粒结构比喻成土壤的“小水库”，是因为团粒结构有着良好的协调水分和空气的能力。

（2）团粒结构是土壤的“小肥料库”　“小肥料库”的作用就是既能够贮存养分，又能够或快速或长效地释放养分。团粒结构可以很好地协调土壤养分的消耗和积累之间的矛盾。

（3）团粒结构有着对温度及酸碱度的缓冲性能　团粒结构内部水分保持得好，干湿度变化稳定，土壤的温度变化小，所以团粒结构多的土壤的温度变化范围比不保水的砂土小；团粒结构中包含一定量的有机弱酸，它们可以平衡酸碱度。

（4）团粒结构可使土质疏松、耕性良好　团粒结构的土壤土质疏松，易于耕作，宜耕期长，耕作质量好，种子易于发芽出土，根系易于伸展，出苗整齐。

（5）团粒结构能维持较高的土壤生物多样性　由于团粒结构的土壤大小孔隙同时存在，且比例适当，水、气环境多元，物质能量供应多元，这为不同体型大小、好氧或厌氧生活习性的动物、微生物提供了良好的生存空间。

总而言之，具有团粒结构的土壤能协调水、气、养分供应与积累，耕性良好，有利于植物根系生长，这些特性是农业丰产稳产的重要保障。

【思政视角】

严守18亿亩耕地保护红线，保障粮食安全

第三次全国国土调查结果显示，2019年末全国耕地近19.18亿亩。自然资源部表示，将以第三次全国国土调查（“三调”）结果为基数、底图，按照应保尽保原则，合理确定各地耕地保有量目标，牢牢守住18亿亩耕地红线。

根据此次公布的“三调”结果，过去10年的地类转换中，既有耕地流向林地、园地的情况，

也有林地、园地流向耕地的情况，耕地净流向林地 1.12 亿亩，净流向园地 0.63 亿亩。耕地转换为园地等农用地时，有的破坏了耕作层，有的没有破坏，“三调”专门对此进行了调查标注。

全国一共有 8 700 多万亩即可恢复为耕地的农用地，还有 1.66 亿亩可以通过工程措施恢复为耕地的农用地，如果需要，这部分农用地可通过相应措施恢复为耕地，但是要付出经济和社会成本。只要统筹安排，严格管控，完全可以守住 18 亿亩耕地红线。但绝不能掉以轻心，必须坚持最严格的耕地保护制度，牢牢守住红线。

要建立健全耕地保护目标责任考核机制，压实地方各级党委和政府耕地保护目标责任。对耕地特别是永久基本农田实行特殊保护。耕地主要用于粮食和棉、油、糖、蔬菜等农产品生产，永久基本农田按粮田管理。严格用途管制，坚决遏制耕地“非农化”，严格管控耕地“非粮化”。

技能训练四 土壤质地和颗粒组成测定

一、实验目的和说明

简易比重计测定土壤质地的原理是：土样经物理化学方法分散为单粒后，将其制成一定容积的悬浊液，使分散的土粒在悬浊液中自由沉降。悬浊液中粒径愈大的颗粒、温度越高时，自由沉降的速率越快。根据司笃克斯定律，计算在一定温度下某一粒级土粒下沉所需时间。经过沉降时间后，可用特制的甲种比重计测得土壤悬液中所含小于某一粒级土粒的质量，经换算后可得出该粒级土粒在土壤中的质量百分数，然后查表确定质地名称。

二、实验器具和试剂

量筒（1 000 mL、100 mL）、特制搅拌棒、甲种比重计（鲍氏比重计）、温度计（100 ℃）、带橡皮头玻璃棒、烧杯（50 mL）、天平（感量 0.01 g）、角匙、称样纸、500 mL 三角瓶、电热板、滴管、表面皿等。

砂土、壤土、黏土等已知质地名称土壤样本和待测土壤样本。

提前进行下列试剂配制。

①0.5 mol/L 氢氧化钠溶液：称取 20 g 化学纯氢氧化钠，加蒸馏水溶解后，定容至 1 000 mL，摇匀。

②0.25 mol/L 草酸钠溶液：称取 33.5 g 化学纯草酸钠，加蒸馏水溶解后，定容到 1 000 mL，摇匀。

③0.5 mol/L 六偏磷酸钠溶液：称取 51 g 化学纯六偏磷酸钠，加蒸馏水溶解后，定容到 1 000 mL，摇匀。

④2%碳酸钠溶液：称取 20 g 化学纯碳酸钠溶于 1 000 mL 的蒸馏水中。

⑤异戊醇：化学纯。

⑥软水的制备：将 200 mL 2%碳酸钠溶液加入 15 000 mL 自来水中，静置过夜，上清液即为软水。

三、测定方法

(一)简易比重计法

选择所提供的土壤分析样品,进行下列全部或部分内容(表 4-7)。

表 4-7 简易比重计法测定土壤质地

工作环节	操作规程	质量要求
称样	称取通过 1 mm 筛孔的风干土样 50 g(砂质土称 100 g),置于 500 mL 三角瓶,供分散处理用	样品称量精确到 0.01 g
样品分散	根据土壤 pH 选择加入相应的分散剂(石灰性土壤加 0.5 mol/L 六偏磷酸钠 60 mL;中性土壤加 0.25 mol/L 草酸钠 20 mL,酸性土壤加 0.5 mol/L 氢氧化钠 40 mL)。再加入 100～150 mL 软水,用带橡皮头的玻璃棒充分搅拌 5 min 以上,再静置 0.5 h 以上	样品分散,除研磨法外,也可使用煮沸法、振荡法处理。但一定要分散彻底
悬液制备	将分散后的土壤悬浊液用软水无损地洗入 1 000 mL 量筒中至刻度,该量筒作为沉降筒之用	应少量多次无损洗至 800～900 mL,再定容
测量悬液温度	将温度计插入待测量沉降筒的悬浊液中,记录悬液温度	应注意手持温度计进行测量,防止损坏
自由沉降	用搅拌棒在沉降筒内沿上下方向充分搅拌土壤悬浊液 1 min 以上。结束后计时,让土粒在沉降筒内自由沉降	约上、下各 30 次,搅拌棒的多孔片不要提出液面
测悬液比重	根据悬浊液温度查到待测土粒所需的沉降时间(表 4-7、表 4-8),提前半分钟小心将甲种比重计放入沉降筒内,如沉降筒内泡沫较多,可加入几滴异戊醇消泡。沉降时间到则读数,并记下读数。然后小心取出比重计,让土粒继续自由沉降,供下一级别粒级测定用	每次读数应以弯月面上缘为准,取出的比重计应放在清水中洗净备用
结果计算	(1)将风干土样重换算成烘干土样重 烘干土重=风干土重×水分系数 (2)比重计读数的校正 校正值=分散剂校正值+温度校正值 校正后读数=比重计读数-校正值 分散剂校正值=分散剂毫升数×分散剂摩尔浓度×分散剂相对分子质量 (3)土粒含量的计算 小于某粒径土粒含量=(校正后读数/烘干土重)×100% (4)查卡钦斯基质地分类标准得到所测土样的质地名称	计算正确,查表得到所测土样的质地名称

表 4-8 小于某粒径土粒的沉降时间

温度/℃	<0.05 mm			<0.01 mm			<0.005 mm			<0.001 mm		
	时	分	秒	时	分	秒	时	分	秒	时	分	秒
7		1	23		38		2	45		48		
8		1	20		37		2	40		48		
9		1	18		36		2	30		48		
10		1	18		35		2	25		48		
11		1	15		34		2	25	1	48		

续表 4-8

温度/℃	<0.05 mm			<0.01 mm			<0.005 mm			<0.001 mm		
	时	分	秒	时	分	秒	时	分	秒	时	分	秒
12		1	12		33		2	20	1	48		
13		1	10		32		2	15	1	48		
14		1	10		31		2	15	1	48		
15		1	8		30		2	15	1	48		
16		1	6		29		2	5	1	48		
17		1	5		28		2	0	1	48		
18		1	2		27	30	1	55	1	48		
19		1	0		27		1	55	1	48		
20			58		26		1	50	1	48		
21			56		26		1	50	1	48		
22			55		25		1	50	1	48		
23			54		24	30	1	45	1	48		
24			54		24		1	45	1	48		
25			53		23	30	1	40	1	48		
26			51		23		1	35	1	48		
27			50		22		1	30	1	48		
28			48		21	30	1	30	1	48		
29			46		21		1	30	1	48		
30			45		20		1	28	1	48		
31			45		19	30	1	25	1	48		
32			45		19		1	25	1	48		
33			44		19		1	20	1	48		
34			44		18	30	1	20	1	48		
35			42		18		1	20	1	48		

表 4-9　甲种比重计温度校正值

温度/℃	校正值	温度/℃	校正值	温度/℃	校正值
6.0～8.5	−2.2	18.5	−0.4	26.5	+2.2
9.0～9.5	−2.1	19.0	−0.3	27.0	+2.5
10.0～10.5	−2.0	19.5	−0.1	27.5	+2.6
11.0	−1.9	20.0	0	28.0	+2.9
11.5～12.0	−1.8	20.5	+0.15	28.5	+3.1
12.5	−1.7	21.0	+0.3	29.0	+3.3
13.0	−1.6	21.5	+0.45	29.5	+3.5
13.5	−1.5	22.0	+0.6	30.0	+3.7
14.0～14.5	−1.4	22.5	+0.8	30.5	+3.8
15.0	−1.2	23.0	+0.9	31.0	+4.0
15.5	−1.1	23.5	+1.1	31.5	+4.2
16.0	−1.0	24.0	+1.3	32.0	+4.6
16.5	−0.9	24.5	+1.5	32.5	+4.9
17.0	−0.8	25.0	+1.7	33.0	+5.2
17.5	−0.7	25.5	+1.9	33.5	+5.5
18.0	−0.5	26.0	+2.1	34.0	+5.8

简易比重计法测定质地时，应注意：样品中需去除有机质，有机质多的土样在加分散剂之前，应缓缓加入5%的过氧化铁，使有机质分解。分散应充分，悬浊液搅拌用力及速度应均匀，搅拌器向下达底部，向上至液面3～5 cm处，避免将气泡带入悬浊液影响沉降。土壤中含有较多的难溶性盐如碳酸钙、碳酸镁时，先用0.2 mol/L盐酸溶液淋洗，至所有碳酸盐全部溶解，并将淋洗损失的质量换算成干土重的百分数，即盐酸的洗失量。沉降开始后应保持静置，避免光直接照射，最好能保持沉降环境温度相对稳定。

(二)手测法

手测法分成干测法和湿测法两种，无论是何种方法，均为经验方法。选择所提供的土壤分析样品，进行下列全部或部分内容(表4-10)。

表4-10　手测法测定土壤质地

工作环节	操作规程	质量要求
干测法	取玉米粒大小的干土块，放在拇指与食指间使之破碎，并在手指间摩擦，根据指压时间大小和摩擦时感觉来判断(表4-10)	应抖掉土样中的植物根、结核体(如石灰结核)、侵入体等
湿测法	取一小块土，放在手中捏碎，加少许水，以土粒充分浸润为度(水分过多过少均不适宜)，根据能否搓成球、条及弯曲时断裂等情况加以判断(表4-11)	
结果判断	(1)按照先摸后看、先砂后黏、先干后湿的顺序，对已知质地的土壤进行手摸测定其质地 (2)先摸后看就是首先目测，观察有无土块、土块多少和硬软程度。质地粗的土壤一般无土块，质地越细土块越多越硬。砂质土壤比较粗糙无滑感，黏重的土壤正好相反	加的水分必须适当，不黏手为最佳，随后按照搓成球状、条状、环形的顺序进行，最后压成片状，观察指纹是否明显

表4-11　土壤质地手测法判断标准(干测法)

质地名称	干燥状态下在手指间挤压或摩擦的感觉	在湿润条件下揉搓塑型时的表现
砂土	几乎由砂粒组成，感觉粗糙，研磨时沙沙作响	不能成球形，用手捏成团，但一触即散，不能成片
砂壤土	砂粒为主，混有少量黏粒，很粗糙，研磨时有响声，干土块用小力即可捏碎	勉强可成厚而极短的片状，能搓成表面不光滑的小球，不能搓成条
轻壤土	干土块稍用力挤压即碎，手捻有粗糙感	片长不超过1 cm，片面较平整，可成直径约3 mm的土条，但提起后易断裂
中壤土	干土块用较大力才能挤碎，为粗细不一的粉末，砂粒和黏粒的含量大致相同，稍感粗糙	可成较长的薄片，片面平整，但无反光，可以搓成直径约3 mm的小土条，弯成圆形时会断裂
重壤土	干土块用大力才能破碎成为粗细不一的粉末，黏粒的含量较多，略有粗糙感	可成较长的薄片，片面光滑，有弱反光，可以搓成直径约2 mm的小土条，能弯成圆形，压扁时有裂缝
黏土	干土块很硬，用力不能压碎，细而均一，有滑腻感	可成较长的薄片，片面光滑，有强反光，可以搓成直径约2 mm的细条，能弯成圆形，且压扁时无裂缝

表 4-12　土壤质地野外手感鉴定分级标准(湿测法)

质地名称		手捏	手刮	手挤
卡钦斯基制	国际制			
砂土	砂土	不管含水量为多少,都不能搓成球	不能成薄片,刮面全部为粗砂粒	不能挤成扁条
壤砂土	砂壤土	能搓成不稳定的土球,但搓不成条	不能成薄片,刮面留下很多细砂粒	不能挤成扁条
轻壤土	壤土	能搓成直径 3～5 mm 粗的小土条,拿起时摇动即断	较难成薄片,刮面粗糙似鱼鳞状	能勉强挤成扁条,但边缘缺裂大,易断
中壤土	黏壤土	小土条弯曲成圆环时有裂痕	能成薄片,刮面稍粗糙,边缘有少量裂痕	能挤成扁条,摇动易断
重壤土	壤质黏土	小土条弯曲成圆环时无裂痕,压扁时产生裂痕	能成薄片,刮面较细腻,边缘有少量裂痕,刮面有弱反光	能挤成扁条,摇动不易断
黏土	黏土	小土条弯曲成圆环时无裂痕,压扁时也无裂痕	能成薄片,刮面细腻平滑,无裂痕,发光亮	能挤成卷曲扁条,摇动不易断

手测法是以手指对土壤的感觉为主,根据各粒级颗粒具有不同的可塑性和黏结性估测,结合视觉和听觉来确定土壤质地名称,方法简便易行,熟悉后也较为准确,适合于田间土壤质地的鉴别。手测法又有干测法和湿测法,可以相互补充,一般以湿测为主。砂粒粗糙,无黏结性和可塑性;粉粒光滑如粉,黏结性与可塑性微弱;黏粒细腻,表现较强的黏结性和可塑性。不同质地的土壤,各粒级颗粒的含量不同,表现出粗细程度与黏结性和可塑性的差异。

技能训练五　土壤容重的测定

一、实验目的和说明

土壤容重(又称为假比重)是用来表示单位体积原状土壤固体的质量,是衡量土壤松紧状况的指标。容重大小是土壤质地、结构、孔隙等物理性状的综合反映,容重与土壤松紧度及孔隙度的关系见表 4-13。

表 4-13　土壤松紧度与容重、孔隙度的关系

松紧度	容重/(g/mL)	孔隙度/%
最松	<1.00	>60
松	1.00～1.14	60～56
合适	1.14～1.26	56～52
稍紧	1.26～1.30	52～50
紧	>1.30	<50

土壤过松、过紧均不适宜作物生长发育的要求。过松则跑墒,作物根扎不牢;过紧则透水透气不良。土壤容重不是固定不变的,尤其是土壤表层常常因自然条件和人为措施而改变。

测定容重不仅能反映土壤或土层之间物理性状的差异，而且是计算土壤孔隙度、土壤容积含水量和一定体积内土壤重量等不可缺少的基本参数。

二、实验仪器和工具

容重采土器、折尺、剖面刀、铁锹、小木槌、小木板、烘箱、台秤。

三、实验原理

容重是在田间自然状态下，单位容积土壤的干重，单位为 kg/L 或 g/mL。测定时将一定容积的采土器（金属圆筒）插入土壤中采取土样，经烘干（105～110 ℃，6～8 h）后求出干土重，由采土器的容积算出单位容积的干土重量。

四、实验步骤

将采样点的表土铲平，在土壤的垂直剖面上，分层平稳地打入采土器（可在套环上垫一木板，直接敲击木板），切勿左右摇晃和倾斜，以免改变土壤的原来状况，待采土器全部进入土壤后，用铁铲挖去采土器四周的土壤，取出采土器，小心脱出采土器后端的安全钢环（不可搅动采土器内的土壤）。然后用小刀削平采土器两端的土壤，使土壤容积一定。在整个操作中，如发现环刀内土壤亏缺或松动，应弃掉重取。将土壤全部转入已知重量的铝盒中，放入 105 ℃烘箱中烘至恒重，重复 3～5 次，取平均值（如果兼测土壤含水量，则烘前应称湿土重）。

五、结果计算

$$d_a = s/v = s/100$$

式中，d_a 为容重（g/mL）；s 为干土重（g）；v 为采土器的容积，通常为 100 mL。

六、思考题

（1）假设一土壤相对密度为 2.65，用你所测的土壤容重值计算出土壤孔隙度。

（2）在田间用容重采土器取样过程中应注意哪些问题？

（3）简述测定土壤容重的意义。

技能训练六　土壤结构观察

一、实验目的和说明

土壤颗粒往往不是分散单独存在，而是以不同原因相互团聚成大小、形状和性质不同的土团、土块或土片，称为土壤结构。土壤结构影响土壤孔性，从而影响土壤水、气、肥状况和土壤耕性。因此鉴定土壤结构是观察土壤剖面的一个重要项目，也是分析土壤肥力的方法之一。本次实验观察土壤结构标本，为野外土壤剖面观察记载打好基础。土壤结构类型的划分见表 4-14。

表 4-14　土壤结构类型及大小的区分

类型	形状	结构单位	大小
结构体沿长、宽、高三轴平衡发育	块状：形状不规则，界面与棱角不明显	大块状结构 小块状结构	直径＞100 mm 直径 100～50 mm
	团块状：棱面不明显，形状不规则，略呈圆形，表面不平	大团块结构 团块状结构 小团块结构	直径 50～30 mm 直径 30～10 mm 直径＜10 mm
	核状：形状大致规则，有时呈圆形	大核状结构 核状结构 小核状结构	直径＞10 mm 直径 10～7 mm 直径 7～5 mm
	粒状：形状大致规则，有时呈圆形	大粒状结构 粒状结构 小粒状结构	直径 5～3 mm 直径 3～1 mm 直径＜1 mm
结构体沿垂直轴发育	柱状：形状规则，明显的光滑垂直侧面，横断面形状不规则	大柱状结构 柱状结构 小柱状结构	横断面直径＞50 mm 横断面直径 50～30 mm 横断面直径＜30 mm
	棱柱状：表面平整光滑，棱角尖锐，横断面略呈三角形	大棱柱状结构 棱柱状结构 小柱棱状结构	横断面直径＞50 mm 横断面直径 50～30 mm 横断面直径＜30 mm
结构体沿水平轴发育	片状：有水平发育的节理平面	板状结构 片状结构	厚度＞3 mm 厚度＜3 mm
	鳞片状：结构体小，局部有弯曲的节理平面	鳞片状结构	
	透镜状：结构上、下部均为球面	透镜状结构	

二、实验仪器和工具

1 mm 网筛，平行往返荡机，塑料瓶、量筒。

三、观察方法

在野外观察土壤结构时，必须挖出一大块土体，用手顺其结构之间的裂隙轻轻掰开，或轻轻摔于地上，使结构体自然散开，然后观察结构体的形状、大小，与表 4-14 对照，确定结构体类型。再用放大镜观察结构体表面有无黏粒或铁锰淀积形成的胶膜，并观察结构体的聚集形态和孔隙状况。观察完后用手指轻压结构体，看其散开后的内部形状或压碎的难易，也可将结构体浸泡于水中，观察其散碎的难易和散碎的时间，以了解结构体的水稳性。

四、思考题

在观察土壤结构时，能否强行用力将大土块分开？

项目五　土壤的化学性质

土壤是地球表面岩石风化体及其再搬运沉积体在地球表面环境作用下形成的疏松物质。从炎热的赤道到严寒的极地，从湿润的沿海到干旱的内陆腹地，土壤像“皮肤”一样覆盖在整个地球陆地表面，维持着地球上各种生命的繁衍生息，支撑着地球的生命活力，使地球成为人类赖以生存的星球。

任务一　土壤吸附性

土壤胶体表面化学主要研究土壤胶体的表面结构、表面性质和表面上发生的化学及物理化学反应，是土壤学中的微观研究领域。土壤黏粒的巨大表面使土壤具有高的表面活性，其表面所带的电荷则是土壤具有一系列化学性质的根本原因，也是土壤与纯砂粒主要不同之处。土壤化学的核心内容是土壤胶体的表面化学。

一、土壤胶体的表面类型

胶体一般指分散质粒子直径在 1～100 nm 的分散系。土壤中的胶体一般都带有电荷，界面电荷的存在影响着溶液中离子的分布，带相反电荷的离子被吸引到胶体表面，带相同电荷的离子则被胶体表面排斥。由于离子的热运动，离子会在胶体表面形成有一定分布规律的双电层。因此，对土壤中的任何一种胶体颗粒而言，其基本的构造是胶核和双电层（图 5-1）。双电层包括决定电位离子层和补偿离子层，后者由非活性离子补偿层和扩散层构成。

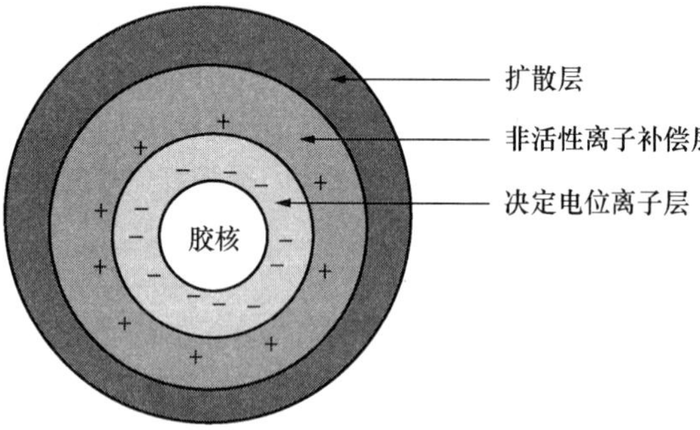

图 5-1　土壤胶体的基本构造

（徐建明．2019．土壤学）

土壤胶体种类繁多，有生物胶体和非生物胶体，非生物胶体中又有无机和有机胶体之分，无机胶体包括层状硅酸盐黏粒矿物和氧化物等。在土壤中，各种胶体并不是孤立存在的，它们还可形成各种复合胶体，即有机无机复合体。土壤中各种类型胶体的表面性质、反应活性与能量等都显著不同。根据表面结构的特点，大致可将土壤胶体分为硅氧烷型表面、水合氧化物型表面和有机物型表面 3 种类型。

二、土壤胶体表面性质

土壤胶体是土壤中颗粒最细小的固相组分，其活跃的表面特性影响着土壤中的一系列物理和化学性质，在土壤胶体表面性质中最为重要的是其表面积和带电性。

1. 土壤胶体表面积

土壤胶体的表面可分为内表面和外表面。内表面一般指膨胀性黏土矿物的晶层表面和腐殖质分子聚集体内部的表面。外表面指黏土矿物、氧化物和腐殖质分子暴露在外的表面。一般外表面产生的吸附反应是很迅速的，而内表面的吸附反应则往往是一个缓慢的渗入过程。

土壤胶体的表面积大小通常以比表面来表示，它可作为评价土壤胶体表面活性的一项重要指标。比表面是个"工作概念"，它是用一定实验技术测得的单位质量土壤胶体的表面积，单位为 m^2/kg 或 m^2/g。

2. 土壤胶体表面电荷

与一般的胶体类似，土壤胶体也带有电荷。土壤胶体吸附什么离子主要受胶体表面电荷符号的控制；吸附离子的多少取决于土壤胶体所带电荷的数量；而离子被吸附的牢固程度则与土壤胶体的电荷密度有关。此外，离子在土壤中的移动和扩散，土壤有机无机复合体的形成以及土壤的分散、絮凝和膨胀、收缩等性质，也都受胶体表面电荷的影响。

根据表面电荷的性质和起源，可将土壤胶体电荷分为永久电荷和可变电荷。永久电荷起源于矿物晶格内部离子的同晶置换。测定土壤电荷量时，常发现有部分电荷是随 pH 的变化而变化的，这种电荷称为可变电荷。

三、土壤胶体对阳离子的吸附与交换

1. 离子吸附的概念

根据物理化学的定义，溶质在溶剂中呈不均一的分布状态，界面层中的浓度与溶液内部不同的现象称为吸附作用。凡使界面层中溶质的浓度大于液体内部浓度的作用称为正吸附，反之则称为负吸附。在土壤学中主要是根据土壤胶体颗粒与液相界面附近所发生的相互作用来解释土壤胶体体系中离子分布的不均一性。如果土壤胶体表面或表面附近的某种离子的浓度高于或低于扩散层之外的自由溶液中该离子的浓度，则认为土壤胶体对该离子发生了吸附作用。所以，一般所说的吸附现象是指包括整个扩散层在内的部分与自由溶液中的离子浓度的差异。

2. 阳离子静电吸附

自然条件下，土壤胶体一般带负电荷。因此，胶体表面通常吸附着多种带正电荷的阳离子，这种吸附所涉及的作用力主要是土壤的表面负电荷与阳离子之间的静电作用力(或库仑力)。被吸附的阳离子处于胶体表面双电层扩散层的扩散离子群中，成为扩散层中的离子组成部分。对胶体表面而言，这些吸附阳离子是完全离解的；对土壤溶液而言，它们是可以自由移动的。

3. 阳离子交换作用

在土壤中，被胶体静电吸附的阳离子，一般都可以被其他类型的阳离子交换而从胶体表面解吸。这种能相互交换吸附的阳离子称为交换性阳离子，把交换性阳离子发生交换吸附的反应称为阳离子交换作用。例如，某种土壤原来吸附的阳离子有 H^+、K^+、Na^+、NH_4^+、Mg^{2+} 等，

当施用含 Ca^{2+} 的肥料后，会产生阳离子交换作用，Ca^{2+} 可把原来胶体表面吸附的部分离子交换出来。

阳离子交换作用有 3 个主要特点：①阳离子交换是可逆反应；②阳离子交换遵循等价交换的原则；③阳离子交换符合质量作用定律。

4. 阳离子交换量

土壤阳离子交换量(CEC)是指土壤所能吸附和交换的阳离子的容量，用每千克土壤吸附的一价离子的物质的量表示，即 cmol(+)/kg。阳离子交换量与土壤胶体的比表面和表面电荷有关。但实际上，土壤阳离子交换量是通过用已知的阳离子置换土壤吸附的全部阳离子，再测定该已知阳离子吸附量的方法获得的。也可直接测定土壤中各种交换性阳离子的吸附量，再将它们的加和作为土壤的阳离子交换量。

不同的土壤，其阳离子交换量是不同的。决定土壤阳离子交换量大小的实际上是土壤所带的负电荷的数量。影响土壤负电荷量的因素主要有 3 个方面：①胶体的类型；②胶体的数量；③土壤 pH。

四、土壤胶体对阴离子的吸附与交换

土壤对阴离子的吸附既有与阳离子吸附相似的地方，又有不同之处。如土壤胶体对阴离子也有静电吸附和专性吸附作用，但我们知道土壤胶体多数是带负电荷的，因此在很多情况下，阴离子还可出现负吸附。虽然，从数量上讲，大多数土壤对阴离子的吸附量比对阳离子的吸附量少，但由于许多阴离子在植物营养、环境保护，甚至矿物形成、演变等方面具有相当重要的作用，因此土壤的阴离子吸附一直是土壤化学研究中相当活跃的领域，积累了很多的成果。

任务二　土壤酸碱性

土壤酸碱性是指土壤溶液呈酸性、中性或碱性的相对程度，取决于土壤溶液中 H^+ 浓度或其与 OH^- 浓度的比例。土壤胶体吸附交换性阳离子的种类和数量是决定土壤酸碱性的主要因素。各种植物都有其适宜生长的土壤酸碱度范围，土壤微生物的活动也受土壤酸碱反应的调控。

一、酸性土壤

1. 土壤酸化过程

土壤酸化过程需要两个前提条件：① H^+ 的加入；②盐基离子的缺失。土壤中 H^+ 的来源有水的解离、碳酸的解离(植物、微生物呼吸产生的 CO_2)、有机酸的解离、人类活动影响下的酸雨、生理酸性肥料的施入等。外源 H^+ 进入土壤后，由于土壤胶体对 H^+ 的吸附能力强于盐基离子，H^+ 将逐渐在土壤胶体表面累积，当土壤黏土矿物吸附的 H^+ 超过一定浓度后，其晶体结构就会遭到破坏，释放出活性铝离子，其被吸附在黏粒表面而转变成交换性铝离子，交换性铝离子的出现标志着土壤酸性的形成。在高温多雨地区，矿物风化和成土过程强烈，水的解离产生的 H^+ 取代岩石原生矿物中 K^+、Na^+、Ca^{2+}、Mg^{2+} 等盐基离子而促进土壤酸化。

2. 土壤酸的类型

土壤酸可分为活性酸和潜性酸。活性酸是指与土壤固相处于平衡状态的土壤溶液中的 H^+ 所表现出来的酸度。潜性酸是指被吸附在土壤胶体表面的交换性 H^+ 和 Al^{3+} 所表现出来的酸度。土壤酸的主体是潜性酸，而交换性 Al^{3+} 是潜性酸的主体，占95%以上。潜性酸是活性酸的来源和后备，两者处于动态平衡之中。

3. 土壤酸度指标

通常情况下，可用不同溶液来提取土壤活性酸和潜性酸，以表示土壤酸度。通常用一定比例的水来提取、测定活性酸度，它是土壤酸度的强度指标。按 pH 高低可分为：强酸性（<5.0）、酸性（5.0～6.5）、中性（6.5～7.5）、碱性（7.5～8.5）、强碱性（>8.5）。我国土壤 pH 多为 4.5～8.5，呈南酸北碱的地理分布规律。潜性酸用一定浓度的盐溶液提取后测定。按照所用盐溶液种类的不同，可分为交换性酸或水解性酸，是土壤酸度的数量指标。

二、碱性土壤

1. 土壤碱性的形成

土壤碱性主要来源于土壤中交换性钠等碱性物质水解所产生的 OH^- 及弱酸强碱盐类（如 Na_2CO_3 和 $NaHCO_3$）的水解。

2. 土壤碱性指标

除 pH 外，土壤碱性指标还常用总碱度和碱化度来表示。总碱度是指土壤溶液中碳酸根和重碳酸根离子的总浓度。我国碱化土壤的总碱度占阴离子总量的50%以上，高的可达90%。碱化度是指土壤胶体吸附的钠离子占阳离子交换量的百分率。通常土壤碱化度在5%～10%为轻度碱化土壤，10%～15%为中度碱化土壤，>15%为强度碱化土壤。碱化层的碱化度>30%、表土层含盐量<0.5%和 pH>9.0 的土壤称为碱土。盐土胶体表面也有一定数量的交换性钠，但盐土溶液中可溶性盐浓度较高，阻止了交换性钠的水解，因而盐土的 pH 一般小于 8.5。

三、土壤酸碱性对作物生长和土壤肥力的影响

（一）土壤酸碱性对植物生长发育的影响

植物在长期自然选择过程中，形成了各自对土壤酸碱性特定的要求（表 5-1），其中有的植物能在较宽的 pH 范围内生长，对土壤反应非常迟钝。有的植物对土壤反应却非常敏感，它们只能在某一特定的酸碱范围内生长，这类植物可以为土壤酸碱度起指示作用，习惯上被称为指示植物。大多数植物都不能在 pH 低于 3.5 和高于 9 的情况下生长，但各种树种都有它适合的 pH 范围。由于不同植物对土壤的酸碱性要求不同，在植树造林时，一定要考虑各造林树种最适合的土壤 pH 范围，做到因地制宜，适地适树，合理利用土壤资源。

喜酸植物：杜鹃属、越橘属、茶花属、杉木、松树、橡胶树、帚石南。

喜钙植物：紫花苜蓿、草木樨、南天竹、柏属、椴树、榆树等。

喜盐碱植物：柽柳、沙枣、枸杞等。

表 5-1　不同作物对土壤酸碱性的要求

大田作物		园艺作物		林业作物	
名称	pH	名称	pH	名称	pH
水稻	6.0～7.0	豌豆	6.0～8.0	槐	6.0～7.0
小麦	6.0～7.0	甘蓝	6.0～7.0	松	5.0～6.0
大麦	6.0～7.0	胡萝卜	5.3～6.0	杨	6.0～8.0
大豆	6.0～7.0	番茄	6.0～7.0	洋槐	6.0～8.0
玉米	6.0～7.0	西瓜	6.0～7.0	白杨	6.0～8.0
棉花	6.0～8.0	南瓜	6.0～8.0	栎	5.0～8.0
马铃薯	4.8～5.4	黄瓜	6.0～8.0	柽柳	6.0～8.0
向日葵	6.0～8.0	柑橘	5.0～7.0	桦	5.0～6.0
甘蔗	6.0～8.0	杏	6.0～8.0	泡桐	6.0～8.0
甜菜	6.0～8.0	苹果	6.0～8.0	油桐	6.0～8.0
甘薯	5.0～6.0	桃、梨	6.0～8.0	榆	6.0～8.0
花生	5.0～6.0	栗	5.0～6.0		
烟草	5.0～6.0	核桃	6.0～8.0		
紫云英、苕子	6.0～7.0	茶	5.0～5.5		
紫花苜蓿	7.0～8.0	桑	6.0～8.0		

常见的指示植物如下。

1. 酸性土的指示植物

铁芒萁(*Dicranopteris linearis*),生在华南酸性土上。

扁枝石松(*Lycopodium complanatum*),生在海拔较高的冷湿地区。

垂穗石松(*Lycopodium cernuum*),生在亚热带的潮湿地区。

另外,石松、山茶、映山红等也是酸性土壤上生长的指示植物。

2. 钙质土的指示植物

铁线蕨(*Adiantum capillus-veneris* L.),分布在华南和西南的石灰岩地区。

鞭叶铁线蕨(*Adiantum caudatum* L.),生长在华南。

3. 盐土的指示植物

盐角草(*Salicornia europaea* L.),分布在河北和辽东沿海的盐土上。

细枝盐爪爪(*Kalidium gracile*),分布在内陆盐土上。

4. 盐碱土的指示植物

盐地碱蓬(*Suaeda ussuriensis*),分布在华北和东北 的盐土、碱土和盐碱土上。

三棱草(*Scirpus maritimus*),生长在排水不良的盐土、碱土和盐碱土上。

柽柳(*Tamarix chinensis*),分布在渤海边和内蒙古黄河沿岸的盐土区。

碱性土壤的指示植物还有柏木、甘草、花椒、蒺藜等,若这些植物长得又多又好,则这里的土壤就是碱性土。

(二)土壤酸碱性对土壤养分有效性的影响

植物对土壤酸碱性敏感的原因,是由于土壤 pH 影响土壤溶液中各种离子的浓度,影响各种元素对植物的有效性。

不同营养元素呈最大有效性时的土壤 pH 范围不同,但大部分营养元素在接近中性时有效性最高。

1. 氮

在 pH 6～8 时氮元素有效性较高。pH 小于 6 时,固氮菌活动降低;而大于 8 时,硝化作用受到抑制。这与土壤微生物活动的适宜酸碱范围一致。

2. 磷

在 pH 6.5～7.5 时磷元素有效性较高。pH 小于 6.5 时,易形成磷酸铁、磷酸铝,有效性降低;在高于 7.5 时,则易形成磷酸二氢钙;随着 pH 的升高,磷的有效性降低,但当 pH 大于 8.5 时,由于钠的存在形成可溶性碱金属的磷酸盐,其溶解度增大,有效性也增高,但植物根系却可能受强碱腐蚀毒害,而不能正常吸收磷。

3. 钾

在土壤 pH≤5 时,钾的淋失而可能使土壤缺钾。当土壤 pH 增高时,土壤含盐基亦高,钾的有效性增高。实际上,pH 大于 6 以及在中性和碱性范围中,钾的有效性一直是良好的。

4. 钙、镁

在 pH 6～8 时,土壤钠离子增加,钙、镁离子被取代形成碳酸盐沉淀,因此钙、镁的有效性在 pH 6～8 时最好;在酸性条件下它们的盐为可溶性,淋溶作用强烈,呈有效态,但易被淋失,导致这些元素缺乏。

5. 铁、锰、铜、锌、钴

铁、锰、铜、锌、钴等微量元素,在中性、碱性条件下溶解度降低,造成这些微量元素缺乏;而在强酸性土壤中,其溶解度增大,有利于植物吸收,但若过多,又会对植物造成毒害。

6. 钼

在强酸性土壤中钼变为无效,当 pH 升高到 6 或 6 以上时,它的有效性随之而增加。

7. 硼

硼的有效性以 pH 5～7 范围内为最高,在强酸性土壤中硼易被淋失,而在 pH 8.5 时溶解度降低,所以施用石灰过量时也可导致硼素的缺乏。

(三)土壤酸碱性影响植物病虫害的发生

土壤的酸碱性对植物病虫害常常有很大影响,其中,地下害虫和某些病原菌的生长要求一定范围内的 pH 条件。例如竹蝗喜酸,金龟子喜碱,而猝倒病往往在碱性和中性土壤上发生。

(四)土壤酸碱性与土壤活性铝

土壤中的活性铝是土壤胶体上吸附的交换性铝和土壤溶液中的铝离子,它是一个重要的生态因了,对白然植被的分布、生长和演替有重大影响。强酸性土壤中含铝多,生活在这类土壤上的植物往往耐铝甚至喜铝(帚石南、茶树)。但对于一些植物来说,铝是有毒性的,如三叶草、紫花苜蓿,土壤中富铝时生长受抑制;研究表明铝中毒是人工林地力衰退的一个重要原因。

(五)土壤酸碱性对土壤微生物的影响

土壤酸碱性直接影响土壤微生物的分布和它们的活性。过酸或过碱都不利于有益微生物活动，从而影响养分的转化。如在酸性土壤中固氮细菌、硝化细菌等活动大大减弱，影响氮、硫、磷等养分的转化。

四、土壤的缓冲性

土壤缓和酸碱度变化的能力称为土壤的酸碱缓冲性。缓冲能力能使土壤 pH 保持在一个较为稳定的范围内，对于植物根系的正常生长和微生物的生命活动具有重要意义。

1. 土壤具有酸碱缓冲性的机制

①土壤溶液中弱酸及其盐类的作用。

②土壤胶体的阳离子交换作用：盐基离子能缓冲酸，而致酸离子能缓冲碱。

③土壤中两性物质的缓冲作用：主要是土壤中的有机质，包括蛋白质、氨基酸、腐殖酸等，有些官能团能中和酸，而有些官能团能中和碱。此外，酸性土壤中的铝离子对碱也有明显的缓冲作用，但在 pH＞5.0 时生成 $Al(OH)_3$ 沉淀而失去缓冲作用。

2. 影响土壤酸碱缓冲性的因素

影响土壤酸碱缓冲性的因素主要包括土壤质地、土壤胶体类型和有机质含量。质地越黏重，所含胶体越多，阳离子交换量越大，缓冲能力越强。不同胶体类型的阳离子交换量可影响其缓冲性，土壤中常见无机胶体的缓冲能力大小顺序为：蒙脱石＞伊利石＞高岭石＞含水氧化物。土壤腐殖质含有大量负电荷，同时又是两性胶体，所以有机质含量高的土壤缓冲性能强。

任务三　土壤氧化还原性

土壤中存在许多可变价态的元素，在土壤环境变化下，尤其是土壤水分的动态变化下，它们可在土壤微生物的作用下发生一系列复杂的氧化还原反应，从而深刻影响土壤中物质的迁移转化、土壤微生物活性、土壤肥力、土壤污染物形态和毒性等。

一、土壤氧化还原体系及其指标

1. 土壤氧化还原体系

土壤中的氧化还原体系主要包括氧体系、锰体系、铁体系、氮体系、硫体系、氢体系和有机碳体系（表 5-2）。一般情况下，氧体系和有机碳体系是决定土壤氧化还原性的最为关键的体系。

2. 土壤氧化还原性指标

土壤氧化还原电位（Eh）是衡量土壤氧化还原状况的最常用指标，由土壤中氧化态物质和还原态物质的相对比例决定。土壤 Eh 的范围一般为－300～700 mV，其值越低，表示土壤还原性越强，其中以 300 mV 作为氧化环境和还原环境的分界点。依据 Eh 值，可分为氧化（＞400 mV）、弱度还原（200～400 mV）、中度还原（－100～200 mV）、强度还原（＜－100 mV）环境。旱地土壤在田间持水量下，其 Eh 在 200 mV 以上，多变化于 300～700 mV。

表 5-2 土壤中主要的氧化还原体系

体系	氧化态	还原态
氧体系	O_2	O^{2-}
有机碳体系	CO_2	CO、CH_4、还原性有机物
氮体系	NO_3^-	NO_2^-、NO、N_2O、N_2、NH_3、NH_4^+
硫体系	SO_4^{2-}	S、S^{2-}、H_2S
铁体系	Fe^{3+}、$Fe(OH)_3$、Fe_2O_3	Fe^{2+}、$Fe(OH)_2$
锰体系	MnO_2、Mn_2O_3、Mn^{4+}	Mn^{2+}、$Mn(OH)_2$
氢体系	H^+	H_2

不同氧化还原体系的标准氧化还原电位不一样。如在中性条件下，锰体系为 420 mV，硝酸盐体系为 410 mV，铁体系为－110 mV，硫体系为－200 mV。当 Eh 降至 410 mV 时，大量 NO_2^- 及 Mn^{2+} 同时出现；随着 Eh 继续下降，Fe^{3+} 迅速还原成 Fe^{2+}，当 Eh 降至－100 mV 时，Fe^{2+} 浓度超过 Fe^{3+}，将使植物中毒。硫体系的标准氧化还原电位为负值，只有在极度恶劣的积水土壤中才有可能产生足够浓度的 H_2S。当土壤中的氧气被完全消耗后，土壤中的 Mn^{4+}、NO_3^-、Fe^{3+}、SO_4^{2-} 将依次作为电子受体而被还原。

二、影响土壤氧化还原状况的因素

1. 土壤通气性

氧气是土壤中最主要的氧化物，主要由大气补充。通气性良好的土壤中氧气浓度高，土壤的氧化性强。土壤渍水或通气不良时，土壤 Eh 下降，还原性增强。

2. 易分解有机质的含量

土壤有机质是最主要的还原物，易分解的有机质在分解过程中消耗氧气，降低土壤 Eh。

3. 微生物活动

土壤微生物在分解有机质的过程中大多要消耗氧气，如果土壤通气性不良，得不到足够的氧气补充，旺盛的微生物活动将导致还原态物质增加而降低土壤的 Eh。

4. 土壤 pH

还原反应一般要消耗 H^+，而氧化反应产生 H^+，土壤中 H^+ 消耗得越多，氧化物消耗得也越多，相应的还原物积累得就越多，降低土壤的 Eh。

5. 植物根系的代谢作用

由于植物根系呼吸消耗氧气，同时植物根系分泌物或脱落物会激发微生物活性，所以根际土壤的 Eh 一般比非根际低。由于水生植物（如水稻）根系具有分泌氧气的作用，根际土壤 Eh 则高于非根际。

三、土壤氧化还原性对土壤性质的影响

土壤氧化还原性对土壤微生物活性、养分有效性、土壤有毒物质积累、植物生长等具有重要影响。

1. 对微生物活性的影响

当土壤 Eh 大于 700 mV 时，土壤处于完全好气状况，含水量较低，微生物活动因湿度的不足而常到抑制，影响有机质矿化和养分转化；当土壤 Eh 太低时，土壤通气不良，微生物活性也会受阻。

2. 对养分有效性的影响

土壤氧化还原性明显影响各种养分的有效性。例如，在土壤 Eh＞480 mV 时，无机氮以硝态氮的形态存在，适合喜硝作物吸收；而当 Eh＜220 mV 时，则以铵态氮为主，适合喜铵作物吸收。在氧化条件下(酸性土壤 Eh＞620 mV 时)，铁、锰呈高价，难溶解，植物不易吸收；在还原条件下，它们可被还原成亚铁、亚锰，有效性增加；但在极端还原条件下，亚铁与 SO_4^{2-} 发生还原反应，生成 FeS 沉淀，不仅降低了铁的有效性，还产生 S^{2-} 的毒害。还原条件下高价铁的还原，还能促进被氧化铁所固定的磷的释放，提高其有效性，所以淹水土壤中磷的有效性高。

3. 对土壤有毒物质积累的影响

在还原性强的土壤中，可能存在高浓度的亚铁、亚锰、H_2S、丁酸等有毒物质积累。当 Eh＜－200 mV 时就可以产生 H_2S、丁酸的过量累积，对水稻的含铁氧化物还原酶产生抑制，影响水稻呼吸，减弱根系吸收养分的能力。土壤氧化还原电位还会影响土壤中重金属的价态及复合形态，进而影响重金属的有效性及形态转化。淹水条件下，随着淹水时间的延长，土壤还原性增强，生成的还原性物质可降低重金属的有效性；而氧化条件下则有利于有机质的降解，起到土壤自净的作用。

总体而言，无论是从植物根系呼吸的需要，还是从土壤微生物活性、养分有效性或有毒物质积累方面考量，土壤 Eh 应维持在适当的水平。

【复习思考】

1. 土壤酸碱性对作物生长和土壤肥力有什么影响？
2. 什么是土壤胶体？
3. 土壤氧化还原性对土壤性质有什么影响？

【知识拓展】

土壤改良剂

土壤是人类生活和农业生产的必要条件。土壤盐碱化严重危害农作物和植被生长，恶化生态环境，影响农业生产和生活居住环境。随着我国人口的日益增长，土地利用和农业生产必须要满足人口的需求。我国广大面积的盐碱土亟待开发利用。

用于改良碱化土壤理化性质的物质可分为化学改良剂和有机物料改良剂两大类，前者如石膏、磷石膏、氯化钙、亚硫酸钙、黑矾、硫酸等；后者包括各种农作物秸秆、绿肥、人畜粪、风化煤、糠醛渣及各种腐殖酸类。用于碱土改良的化学改良剂可分两类：①含钙物质，主要是利用其钙离子交换土壤胶体吸附的钠离子，消除苏打，从而改善碱化土壤不良的理化性状。碱土改良剂中最常用的有石膏和磷石膏。②酸性物质，如硫黄粉、硫酸、二氧化硫、硫酸铝、硫酸亚铁等。主要是利用它们反应产生的酸来中和土壤碱度，并溶解土壤中的碳酸钙，使钙离子交换胶体表面的钠离子，降低土壤碱化度，从而改善土壤的理化性质。现在能用于土壤改良的硫酸亚铁，有明显的改土增产效果。

【思政视角】

酸化土壤的改良

人口的快速增长和对自然资源的过度开发与索取，带来耕地面积缩减、土地肥力降低、土壤酸化等一系列土壤环境问题。其中土壤酸化是指土壤无机碱性组分与无机强酸组分差值的减少，即酸中和容量减少导致的酸度上升。我国土壤酸化面积达 2.04×10^{8} hm^2，约占全国土地总面积的22.7%，酸化率从2.6 keq/(hm^2·年)(以 H^+ 计)增至7.6 kcq/(hm^2·年)。大气酸沉降过程和化肥过量施用是造成土壤酸化的主要成因。随着土壤酸化问题越来越受到重视，现行的《土壤污染防治行动计划》明确指出，可通过减少化肥使用量的方式减缓土壤酸化。但受到可变电荷土壤特性的影响，江西、福建、重庆、广西、湖南、浙江等省(自治区、直辖市)土壤酸化严重，以1∶1型高岭石为代表的矿物含量高，2∶1型黏土矿物含量少，导致土壤酸缓冲能力差、易酸化。土壤酸化影响土壤物理、化学和生物性质，降低土壤质量，抑制作物生长，降低作物产量。因此，改善我国土壤酸化现状具有重要现实意义。

添加土壤改良剂是缓解土壤酸化的有效措施之一。土壤改良剂指的是能改善土壤物理、化学和生物特性的一类化合物，如石灰类、矿物和工业副产品、有机物料和生物质炭等，具有提升土壤pH、改善土壤结构、减少养分流失、优化微生物种群结构等功能，并且有助于构建适宜植物生长的微环境。同时土壤改良剂的制备促进工农业废物的资源化利用，助推绿色生态农业高质量发展。

技能训练七　土壤酸碱性测定

一、实验目的和说明

pH的化学定义是溶液中 H^+ 离子活度的负对数。土壤pH是土壤酸碱度的强度指标，是土壤的基本性质和肥力的重要影响因素之一。它直接影响土壤养分的存在状态、转化和有效性，从而影响植物的生长发育。土壤pH易于测定，常用作土壤分类、利用、管理和改良的重要参考。同时在土壤理化分析中，土壤pH与很多项目的分析方法和分析结果有密切关系，因而是审查其他项目结果的一个依据。

土壤pH分水浸pH和盐浸pH，前者是用蒸馏水浸提土壤测定的pH，代表土壤的活性酸度(碱度)，后者是用某种盐溶液浸提测定的pH，大体上反映土壤的潜在酸。盐浸提液常用1 mol/L KCl溶液或用0.5 mol/L $CaCl_2$ 溶液，在浸提土壤时，其中的 K^+ 或 Ca^{2+} 即与胶体表面吸附的 Al^{3+} 和 H^+ 发生交换，使其相当部分被交换进入溶液，故盐浸pH较水浸pH低。土壤pH的测定方法包括比色法和电位法。电位法的精确度较高，pH误差约为0.02，现已成为室内测定的常规方法。野外速测常用混合指示剂比色法，其精确度较差，pH误差在0.5左右。

二、测定方法

(一)混合指示剂比色法

1. 方法原理

指示剂在不同pH的溶液中显示不同的颜色，故根据其颜色变化即可确定溶液的pH。混合指示剂是几种酸碱指示剂的混合液，能在一个较广的pH范围内，显示出与一系列不同pH相对应的颜色，据此测定该范围内的各种土壤pH。

2. 操作步骤

在比色瓷盘孔内(室内要保持清洁干燥，野外可用待测土壤擦拭)，放入黄豆大小的待测土壤，滴入混合指示剂8滴，轻轻摇动使土粒与指示剂充分接触，约1 min后将比色盘稍加倾斜，用盘孔边缘显示的颜色与pH比色卡比较，以估读土壤的pH。

3. pH 4～11 混合指示剂的配制

称0.2 g甲基红，0.4 g溴百里酚蓝，0.8 g酚酞，在玛瑙研钵中混合研匀，溶于400 mL 95%酒精中，加蒸馏水580 mL，再用0.1 mol/L NaOH调至pH 7(草绿色)，用pH计或标准溶液校正，最后定容至1 000 mL，其变色范围见表5-3。

表5-3 混合指示剂的变色范围

pH	4	5	6	7	8	9	10	11
颜色	红	橙	黄(稍带绿)	草绿	绿	暗蓝	紫蓝	紫

(二)电位法

1. 方法原理

以电位法测定土壤悬液pH，通用pH玻璃电极为指示电极，甘汞电极为参比电极。两电极插入待测液时构成一电池反应，其间产生一电位差，因参比电极的电位是固定的，故此电位差之大小取决于待测液的H^+离子活度或其负对数pH。因此，可用电位计测定电动势。再换算成pH，一般用酸度计可直接测读pH。

2. 试剂

(1)pH 4.003标准缓冲液　称取在105 ℃烘干的苯二甲酸氢钾10.21 g，用蒸馏水溶解后稀释至1 000 mL。

(2)pH 6.86标准缓冲液　称取在45 ℃烘干的磷酸二氢钾3.39 g和无水磷酸氢二钠3.53 g(或用带12个结晶水的磷酸氢二钠于干燥器中放置2周，使其成为带2个结晶水的磷酸氢二钠，再经过130 ℃烘干成无水磷酸氢二钠备用)，溶解在蒸馏水中，定容至1 000 mL。

(3)pH 9.18标准缓冲液　称3.80 g硼砂($Na_2B_4O_7 \cdot 10H_2O$)溶于蒸馏水中，定容至1 000 mL。此缓冲液易变化，应注意保存。

(4)1 mol KCl溶液　称取KCl 74.6 g溶于400 mL蒸馏水中，用10% KOH或HCl调节至pH 5.6～6.0，然后稀释至1 000 mL。

3. 操作步骤

称取通过1 mm筛孔的风干土5 g两份，各放在50 mL的烧杯中，一份加无CO_2蒸馏水，另一份加 1 mol/L KCl 溶液各 25 mL(此时土水比为 1∶5),用搅拌器搅拌 1 min,放置 30 min 后用酸度计测定。

三、注意事项

①一般土壤悬液愈稀,测得的 pH 愈高,尤以碱性土的稀释效应较大。为了便于比较,测定 pH 的土水比应当固定。经试验,采用 1∶1 的土水比,碱性土和酸性土均能得到较好的结果,酸性土采用 1∶5 和 1∶1 的土水比所测得的结果基本相似,故建议碱性土采用 1∶1 或 1∶5 土水比进行测定。

②蒸馏水中 CO_2 会使测得的土壤 pH 偏低,故应尽量除去,以避免其干扰。

③待测土样不宜磨得过细,宜用通过 1 mm 筛孔的土样测定。

④玻璃电极不测油液,在使用前应在 0.1 mol/L NaCl 溶液或蒸馏水中浸泡 24 h 以上。

⑤甘汞电极一般为 KCl 饱和溶液灌注,如果发现电极内已无 KCl 结晶,应从侧面投入一些 KCl 结晶体,以保持溶液的饱和状态。不使用时,电极可放在 KCl 饱和溶液或纸盒中保存。

项目六　土壤资源利用与管理

土壤资源是指具有农、林、牧生产性能的土壤类型的总称，是人类生产和生活最基本、最广泛、最重要的自然资源。土壤资源具有一定的生产力。不同种类和性质的土壤对农、林、牧具有不同的适应性。

任务一　我国土壤资源利用现状

一、我国土壤资源的特点

（1）土壤资源丰富、类型多样　我国的土壤资源极为丰富，类型多样，有 14 个土纲 141 个土类。不但具有世界上主要的森林土壤，而且具有肥沃的黑土、黑钙土以及其他草原土壤，同时还具有世界上特有的青藏高原土壤，因此对发展农、林、牧生产具有广泛的应用价值。

（2）山地面积多，平原面积少　我国是一个多山的国家，平原面积少，平原盆地只占国土面积的 26%，丘陵占 10%，山地占 64%，而且许多海拔在 2 000 m 以上。寒漠、冰川有 2×10^4 km^2；沙漠、戈壁约 1.1×10^6 km^2；石质山面积约 4.3×10^5 km^2。所以我国土地面积中有 20%在开发利用上是有困难的，但从另一个角度来看，广阔的丘陵、山地，复杂而多变的山地气候，也为我国发展多种经济林木以及开发牧场提供了场所。

（3）耕地面积少、分布不平衡　据统计，全国耕地面积约 1×10^6 km^2，只占全国总土地面积的 10.41%，只占世界同类耕地的 7%。同时在分布上又很不平衡，大部分分布在温带、暖温带和亚热带的湿润、半湿润地区。总的来说，我国人均耕地不仅少，而且分布过于集中。

二、我国土壤资源存在的问题

（1）耕地逐年减少，人地矛盾突出　耕地面积减少是一个世界性的问题。我国人地矛盾更突出，从 20 世纪 50 年代初期至 80 年代不到 30 年期间，人均占有耕地少了 677 m^2。生存空间越来越小，严重危害中华民族的生存和发展。

（2）土壤侵蚀严重，危害巨大　由于植被破坏，利用不当，土壤侵蚀现象越来越严重。我国 20 世纪 50 年代初，水土流失面积为 1.16×10^6 km^2，目前扩大到 1.9×10^6 km^2，增长了 64%。水土流失涉及全国 1 000 个县，占国土面积约 20%。

（3）土壤资源退化，肥力下降　由于土壤侵蚀和耕植利用不合理，土壤退化，生产力下降。

由于人类在最近50年内对土壤的影响，现在的年均腐殖质损失量比农业文明以来平均年均腐殖质损失量高约24.3倍。

(4)土壤盐碱化、沙化加剧 我国盐碱土主要在黄淮平原、东北地区西部、河套地区、西北内陆干旱半干旱地区以及滨海地带，估计总面积 2×10^5 km^2 以上。我国是世界上沙漠化最严重的国家之一，北方地区沙漠、戈壁、沙漠化地区的面积已经达到 1.49×10^6 km^2，占国土面积的15.5%，其中沙漠化土地面积为 3.34×10^5 km^2，涉及212个旗县。

(5)土壤污染日益严重，农田生态破坏 工业废弃物以及农药化肥的大量使用，加上管理不善，进入土壤的有机物质逐年增多，达到危害植物正常生长发育的程度，并通过食物链的传递，影响到人类的健康。

任务二 土壤质量与土壤健康管理

面对人口、资源、环境、粮食的尖锐矛盾，农业的可持续发展正在受到越来越广泛的重视。而土壤质量不仅关系粮食安全，而且影响生态环境的持续发展，土壤质量已日益成为世界范围内共同关注的重大课题。

一、土壤质量与土壤健康质量

土壤质量是指土壤在生态系统中保持生物的生产力，维持环境质量，促进动物、植物及人类健康的能力，包括土壤肥力质量、土壤环境质量和土壤健康质量。土壤肥力质量是指土壤提供植物养分和生产生物物质的能力；土壤环境质量是指土壤容纳、吸收和降解各种环境污染物的能力；土壤健康质量是指土壤影响或促进人类和动物、植物健康的能力。土壤质量的定义超越了土壤肥力以及土壤环境质量的概念。

广义的土壤健康质量通常是指土壤发挥生态系统各种功能的综合能力，可以通过物理属性、化学属性和生物学属性给予适当描述。与土壤健康质量有关的物理属性主要有：土壤质地、土体构型、可耕性、渗透性或导水率、孔隙度、单位体积质量、根系深度、土壤颜色、土壤含水量、土壤温度、田间持水量等。化学属性主要有：土壤有机质含量、营养物质含量、盐度、离子交换性能、pH、氧化还原电位、碳酸钙含量、石膏含量等。生物学属性主要有：土壤微生物量、潜在可矿化氮含量、土壤呼吸量、呼吸量/生物量等。

二、影响土壤质量的因素

影响土壤质量的因素很多，包括土壤特性、社会经济、生态系统等综合因素，其中人为因素最为重要。

(1)土壤耕作 合理的土壤耕作可改善土壤水、肥、气、热状况，实现增产增收；不合理的土壤耕作会加速土壤退化，导致土壤质量下降。如坡耕地采取坡改梯，可有效防止水土流失。

(2)灌溉 不合理灌溉将会造成水资源浪费、土壤盐渍化、重金属污染。

(3)施肥 化肥的不合理施用会造成农产品质量下降、地下水污染、水体富营养化、温室气体释放等。

(4)农药 不合理施用农药，在杀死有害生物的同时，也易杀死土壤有益微生物，还会造成土壤残留，降低土壤生产力和农产品质量。

(5)地膜　农业生产上使用的地膜基本上不可降解,其覆盖面广、厚度过薄、易破碎、残留量大,在土壤中不易腐烂,污染范围大。

任务三　土壤污染与土壤自净

一、土壤污染相关概念

1. 土壤背景值

土壤背景值在理论上应该是土壤在自然成土过程中,构成土壤自身的化学元素的组成和含量,即未受人类活动影响的土壤本身的化学元素组成和含量。土壤是一个复杂的开放体系,它一直处在不断的发展和演变中,由于人类对土壤需求的日益扩展,地球上的土壤几乎不同程度地受到人类活动直接或间接的影响,土壤背景值只是代表土壤某一发展演变阶段的一个相对意义上的数值,即严格按照土壤背景值研究方法所获得的尽可能不受或少受人类活动影响的土壤化学元素的原始含量。

2. 污染物

自然界中凡是妨碍土壤正常功能,或降低农作物产量和质量,可通过粮食、蔬菜、水果等农产品间接影响人类健康的物质均被称为土壤污染物。近年来,由于人口急剧增长,工业迅猛发展,固体废弃物不断向土壤表面堆放和倾倒,有害废水不断向土壤中渗透,工业废气和汽车尾气等有害气体及飘尘不断随雨水降落在土壤中。农业化学水平的提高,使大量化学肥料及农药散落到环境中,导致土壤遭受非点源污染的机会越来越多,其程度也越来越严重,在水土流失和风蚀作用等的影响下,污染面积不断扩大。

3. 土壤自净能力

土壤自净能力是指进入土壤的污染物,在土壤矿物质、有机质和土壤微生物的作用下,经过一系列的物理、化学及生物化学反应过程,降低其浓度或改变其形态,从而降低甚至消除毒性的现象。土壤的自净作用对维持土壤生态平衡起重要作用。正是由于土壤具有这种特殊功能,少量有机污染物进入土壤后,经生物化学降解可降低其活性变为无毒物质;进入土壤的重金属元素通过吸附、沉淀、配合、氧化还原等化学作用可变为不溶性化合物,使一部分重金属元素暂时降低毒性而退出生物循环,脱离食物链。

4. 土壤环境容量

土壤环境容量是指土壤环境单元一定时限内遵循环境质量标准,既保证农产品产量和生物学质量,又不污染环境时,土壤能允许容纳污染物的最大数量或负荷值。在地球表层系统中,土壤作为多种化学元素的载体,具有储存各种化学元素的功能,起着“仓库”的作用。对于土壤植物营养元素来说,“仓库”越大,表示土壤的潜在肥力越大。对于土壤污染元素来说,“仓库”越大,则表示土壤对污染物缓冲能力越大,在某种意义上也表示土壤自净作用的大小。土壤环境容量实际上是土壤污染物的起始值和最大负荷值之差,可以作为评定土壤污染物积累程度的量化指标。从环境保护和农产品质量安全角度看,进入土壤的污染物不能超过“仓库”最大容量,否则人类的生存环境和自然生态系统就会受到危害或破坏。

5. 土壤污染

土壤污染是指人类活动或自然因素产生的污染物进入土壤,超过土壤的自净能力,引起土壤的组成、结构和功能发生变化，微生物活动受到抑制，有害物质或其分解产物在土壤中逐渐积累到一定程度，土壤质量恶化，正常功能丧失或某些功能丧失的现象。

二、土壤污染源及危害

1. 工业废弃物对土壤的污染

采矿、冶炼、机械制造、建筑材料、化工等生产企业或单位排出的污染物中以无机污染物为主，如各种有毒金属及其氧化物、酸、碱、盐类、硫化物和卤化物等，主要是汞、镉、铅、铬、镍、砷及其化合物、二氧化硫、氮氧化物、氨类、亚硝酸盐类、无机氰化物、氟和氯等。工业固体废弃物向土壤直接倾倒，由于日晒、雨淋、水洗，重金属极易移动，以辐射状、漏斗状向周围土壤扩散；过量集中输入农田，也会导致有毒物质积累和重金属超标。有机污染物如多氯联苯(PCBs)、多元酚类多存在于洗涤剂、油墨、塑料添加剂等。《关于持久性有机污染物的斯德哥尔摩公约》列入首批受控名单中的持久性有机污染物如六氯苯、多环芳烃、二噁英等主要是来源于工业化学品和副产物。

2. 城市垃圾、污泥和污水对土壤的污染

城市垃圾，特别是人畜粪、医疗单位的废弃物中，含有大量病原体，它们若不经过无害化处理，必然会导致对土壤严重污染。据有关资料表明：有些病原菌在土壤中能存活相当长的时间，对植物的危害最大。如痢疾杆菌可存活 22～142 d，沙门氏菌生存 35～70 d，结核杆菌在一年左右，蛔虫卵为 315～420 d。城市垃圾污泥作为肥料施用(主要是施入土壤中的有机物)，常使土壤受到重金属、无机盐、有机物和病原体的污染。生物污染是不容忽视的环境污染源，国内外因之而暴发的流行病年年皆有发生。近年来，城市垃圾中聚乙烯薄膜袋、破碎塑料等数量日益增加，而未经清理的碎玻璃、塑料制品、废旧金属片、煤渣等物料会使土壤渣砾化，降低土壤的保水、保肥能力，有机污染物累积。城市垃圾来源广泛，成分极为复杂多变，含有重金属及其他有害元素，如未经适当处理，长期施用必将导致农田土壤重金属的积累，或残留在农产品中，特别是城郊菜地蔬菜重金属超标(表 6-1)。

表 6-1　施用垃圾肥对土壤、稻谷中金属含量的影响

(陈怀满，2013)　　mg/kg

处理	镉	汞	铬	铅	钠	铜	锌
施垃圾肥土壤	1.5	0.07	12.0	82	—	—	92
对照土壤	0.6	0.05	12.0	24	—	—	20
施垃圾肥稻谷	0.033	<0.008	<0.01	0.27	6.27	3.0	16.2
对照稻谷	0.007	<0.008	<0.001	0.18	0.18	2.7	19.0

大型畜禽加工厂、造纸厂、制革厂的废水，均含有某些污染化学成分，如重金属镉、汞、铬、铅等。未经处理或未达到排放标准的工业污水中含有重金属、酚、氰化物等许多有毒有害的物质，会将污水中有毒有害的物质带至农田，在灌溉渠两侧形成污染带(表 6-2)。

生活污水和工业废水中，含有氮、磷、钾等许多植物所需要的养分，所以合理地使用污水灌溉农田，有增产效果。

禽畜饲养场的厩肥和屠宰场的废弃物作为肥料时，如果不进行物理和生化处理，则其中的寄生虫、病原菌、病毒和抗生素等可引起土壤和水域污染。

表 6-2　我国城市污泥重金属含量特征

（郭广慧等，2013）

重金属	样本数	含量范围/(mg/kg)	平均值/(mg/kg)	国家标准(pH≥6.5)/(mg/kg)	超标率/%	国家标准(pH<6.5)/(mg/kg)	超标率/%
铜	84	55.7～2 867.4	283.5	1 500	2.3	800	7.1
铅	78	9.3～370.0	78.0	1 000	0	300	1.3
锌	84	42.1～3 568.3	925.7	3 000	5.9	2 000	10.3
镉	73	0.4～39.9	5.8	20	5.5	5	27.4
汞	35	0.4～39.9	2.8	15	2.9	5	20.0
砷	42	0.9～61.8	15.7	75	0	75	0
铬	64	10.6～639.0	136.9	1 000	0	600	1.6
镍	58	13.1～495.3	63.6	200	3.5	100	12.1

3. 农药残留对土壤的污染

农药种类繁多，性质各异，对土壤的污染程度也不一样。一般情况下，农药对土壤的污染程度取决于农药的毒性、使用次数、用量和农药化学性质的稳定性。农药的毒性大、稳定性高、用药量大、在土壤中残留时间长，对土壤的污染就严重；用药量小、稳定性差的农药对土壤的污染就轻。直接进入土壤的农药大部分可被土壤吸附，残留于土壤中的农药，由于生物和非生物的作用，形成具有不同稳定性的中间产物或最终产物无机物。喷施于植物体上的农药，除部分被植物吸收或逸入大气外，约有 1/2 散落于农田，又与直接施用于田间的农药构成农田土壤中农药的基本来源。一些难降解的杀菌剂、除草剂、杀虫剂等在环境中蓄积循环，污染土壤，破坏生态平衡。

4. 大气污染对土壤的污染

大气中的二氧化硫、氮氧化物和灰尘颗粒等物质，在大气中发生反应形成酸雨，通过沉降和降水而降落到地面，引起土壤酸化；冶金工业排放的金属氧化物粉尘，则在重力作用下以降尘形式进入土壤，形成以排污工厂为中心、半径为 2～3 km 的点状污染；汽油中添加的防爆剂四乙基铅随废气排出，污染土壤，使行车频率高的公路两侧常形成明显的铅污染带。

5. 农膜残留对土壤的污染

农膜材料的主要成分是高分子化合物，在自然条件下，这些高聚物难以分解，若长期滞留在地里，会影响土壤的透气性，阻碍土壤水肥的运移，影响土壤微生物活动和正常土壤结构形成，降低土壤肥力水平，影响农作物根系的生长发育，导致作物死亡、减产。在连续使用塑料薄膜的地区，土壤中大量残留的塑料碎片，使土壤水分运动受阻，作物根系生长不良，土壤肥力下降；塑料制品中所含邻苯二甲酸酯和联苯酚 A，则常因塑料大棚、农田中的废弃塑料薄膜经日晒雨淋、高温高湿或其他条件溶解出来，污染土壤。

6. 过量施用化肥对土壤的污染

化学肥料过量施用，未被植物吸收利用和根层土壤吸附固定的养分，会在根层以下积累或转入地下。残留在土壤中的氮、磷化合物，一部分成为下季作物的营养供给源，但在发生地面径流或土壤风蚀时，也会向其他地方转移。长期大量施用氮素化肥，会缩小土壤有机质的碳氮比，使有机质分解加快、土壤密度增加、土壤的物理性质变差，破坏了土壤的团粒结构，导致土壤板结。氮素化肥施入农田，其利用率一般为40%左右，其余通过氨的挥发、淋失和地表径流而损失。由农田中淋洗流失的硝态氮进入江河湖泊或地下水中污染水体，长期积累，当浓度超过一定量时就会使水体富营养化，导致水中溶解氧缺乏。目前，有些地方的地下水中检出的硝酸盐量、污染的范围和程度有不断增加的趋势。

7. 放射性物质对土壤的污染

土壤辐射污染的来源有铀矿和钍矿开采、铀矿浓缩、核废料处理、核武器爆炸、核试验、燃煤发电厂、磷酸盐矿开采加工等。大气层核试验的散落物可造成土壤的放射性污染，放射性散落物中^{90}Sr、^{137}Cs的半衰期较长，易被土壤吸附，滞留时间也较长。放射性污染物能引发人畜放射病，能致畸、致突变、致癌。随着原子能工业的发展，核技术在工业、农业、医学中的广泛应用，核泄漏甚至核战争的潜在威胁，放射性污染物对土壤环境的污染日益受到人们的关注。

三、土壤污染预防与治理

1. 土壤污染特性

土壤污染具有长期的隐蔽性、滞后性、积累性、非可逆性，并呈现出多样性、复合性、区域性等特征。

土壤是一个复杂的三相共存体系，各种有害物质在土壤中总是与土壤相结合，或为土壤生物所分解或吸收，从而改变其本来面目而被隐藏在土体里，或自土体排出且不被发现。当土壤将有害物质输送给作物，再通过食物链损害人畜健康时，土壤本身可能还继续保持其生产能力而经久不衰，这就体现了土壤污染的隐蔽性和潜伏性。这使认识土壤环境污染问题的难度增加了，以致污染危害持续发展。污染物质在土壤中的迁移速度较慢，因此容易在土壤中不断积累，并具有地域性。污染物进入土壤环境后，便与复杂的土壤组成物质发生一系列迁移转化作用。多数无机污染物，特别是重金属和微量元素，与土壤有机质或矿物质相结合，并长久地保存在土壤中，很难使其重新离开土壤。

土壤受到污染后，含重金属浓度较高的污染土壤容易在风力和水力作用下分别进入大气和水体中，导致大气污染、地表水污染、地下水污染和生态系统退化等其他次生生态环境问题。

积累在污染土壤中的难降解污染物很难靠稀释作用和自净作用来消除，许多有机化学污染物需要较长的时间才能被降解，而重金属的污染几乎是不可逆的过程。因此，土壤一旦被污染后很难修复，且治理需要的成本高、周期长。

土壤是否受到污染，不但要看污染物含量是否增加，还要看其后果，即加入土壤的物质给土壤生态系统造成了危害，才能称为污染。到目前为止，国内外尚未制定出类似于水和大气污染的土壤污染判定标准。因为土壤中污染物的含量与农作物生长发育之间的因果关系十分复杂，有时污染物的含量超过土壤背景值很高，并且影响植物的正常生长；有时植物生长已受影响，但植物内未见污染物的积累。因此，判断土壤是否污染时，不仅要考虑土壤的背景值，还要考虑植物中有害物质的含量、生物反应和对人体健康的影响。

2. 土壤污染预防

土壤污染预防是土壤质量管理的首要任务，政府应依法管理有害物质排放，保护未污染的土壤。

依法管理有害物质排放是土壤污染预防的先决条件。没有排放，就没有污染。禁止在农用地排放重金属、有机污染物等含量超标的污水、污泥、清淤底泥、尾矿(渣)等;禁止在农用地施用重金属、持久性有机污染物等有毒有害物质含量超标的畜禽粪便、污水、沼渣、沼液等;禁止将重金属或者其他有毒有害物质超标的工业固体废弃物、生活垃圾或者污染土壤用于土地复垦等。以上项目已经列入《中华人民共和国土壤污染防治法》中,管理和预防土壤污染已有法可依。

控制和消除污染源,保护未污染的耕地、林地、园地、草地和饮用水水源地等土壤,农业生产者应采取符合生态农业要求的安全的土壤改良措施:①使用符合标准的有机肥、化肥、高效复合肥;②使用低毒、低残留农药、兽药;③采用精准高效施肥技术、生物防治等病虫害绿色防控技术;④使用生物可降解农膜;⑤综合利用秸秆或者移出富集了污染物的农作物秸秆;⑥及时回收农用薄膜和农药、肥料等的包装废弃物,并将农药包装废弃物交由专门的机构或者组织进行无害化处理;⑦新建可能造成土壤污染的建设项目应远离永久基本农田集中区域。

对开发建设过程中剥离的表层土壤,应当单独收集和存放,符合安全利用条件的应当优先用于土地复垦、土壤改良、造地和绿化等。

3. 土壤污染治理

对土壤污染状况调查结果认定土壤污染物含量超过土壤污染风险管控标准的污染地块,土壤污染责任人应当按照国务院环境保护主管部门的有关规定进行土壤污染风险评估,编写土壤污染风险评估报告,并报当地人民政府环境保护主管部门备案。《中华人民共和国土壤污染防治法》中规定:对于污染严重的区域,采取调整种植结构、轮作休耕、退耕还林还草、退耕还湿、禁牧休牧等措施,政府给予相应的政策引导;土壤修复过程中产生的废水、废气和固体废弃物,应当依照国家和地方有关规定进行处理、处置,并达到国家或者地方规定的环境保护标准;实施修复活动不得对被修复土壤和周边环境造成新的污染。

四、污染土壤修复技术

污染土壤修复是指通过物理、化学和生物等方法阻隔、转移、吸收、降解和转化土壤中的污染物,使其浓度降低到可接受水平,或将有毒有害的污染物转化为无害的物质,一般包括生物修复、物理修复和化学修复等方法。由于土壤污染的复杂性,有时需要采用多种技术。

1. 固化-稳定化技术

固化技术是将污染物封入惰性基材中,或在污染物外面加上低渗透性材料,通过减少污染物暴露的淋洗面积达到限制污染物迁移的目的;稳定化是指通过形态转化,将污染物转化为不易溶解、迁移能力或毒性更小的形式来实现无害化,以降低其对生态系统的危害。固化-稳定化技术是将污染物在介质中固定,使其处于长期稳定状态,是较普遍应用于土壤重金属污染的快速控制修复方法,对同时处理多种重金属复合污染土壤具有明显的优势。中国冶炼企业在处理被重金属污染的土壤时多采用这种技术。水泥和石灰的水化作用是其凝固和硬化的必要条件,而针对不同重金属污染土壤选择性采用不同类别的稳定剂。CCT01 是一种适用于绝大部分重金属(Cu、Zn、Pb、Cd、Ni、Ag、Hg、Mn、Fe 等)的稳定剂,CCT02 是一种适用于三价砷等需氧化后处理的重金属稳定剂,而 CCT03 是一种适用于六价铬等需还原后处理的重金属稳定剂。

2. 淋洗技术

土壤淋洗修复技术是将水或含有冲洗助剂的水溶液、酸碱溶液、络合剂或表面活性剂等淋洗剂注入污染土壤或沉积物中,洗脱和清洗土壤中的污染物的过程。淋洗的废水经处理后达标排放,处理后的土壤可以再安全利用。这种离位修复技术在多个国家已被应用于修复重金属污染或多种污染物混合污染。由于该技术需要用水,所以修复场地要求靠近水源,同时因需要处理废水而增加成本。研发高效、专性的表面增溶剂,提高修复效率,降低设备与污水处理费用,防止二次污染等,依然是重要的研究课题。

3. 氧化还原技术

土壤化学氧化还原技术是通过向土壤中投加氧化剂(Fenton 试剂、臭氧、过氧化氢、高锰酸钾等)或还原剂(SO_2、FeO、气态 H_2S 等),使其与污染物发生化学反应来实现净化土壤的目的。通常,氧化法适用于土壤和地下水同时被有机物污染的修复;还原法适用于修复对还原作用敏感的有机污染物。

4. 光催化降解技术

土壤光催化降解(光解)技术是一项新兴的深度土壤氧化修复技术,可应用于农药等污染土壤的修复。土壤质地、粒径、氧化铁含量、土壤水分、土壤 pH 和土壤厚度等对光解反应有明显的影响。高孔隙度的土壤中污染物迁移速率快,黏粒含量越低,光解越快;自然土中氧化铁对有机物光解起着重要调控作用;有机质可以作为一种光稳定剂;土壤水分能调解吸收光;土壤厚度影响滤光率。

5. 电动力学修复

电动力学修复(简称电动修复)是通过电化学和电动力学的复合作用(电渗、电迁移和电泳等)驱动污染物富集到电极区,进行集中处理或分离的过程。电动修复技术已进入实际应用。近年来,中国开展了铜和铬等重金属污染土壤、菲和五氯酚等有机物污染土壤的电动修复技术研究。电动力学修复速度较快、成本较低,特别适用于小范围的黏质的多种重金属污染土壤和可溶性有机物污染土壤的修复;对于不溶性有机污染物,需要化学增溶,易产生二次污染。发展电动强化的复合污染土壤联合修复技术将是值得研究的课题。

6. 热脱附技术

热脱附是利用直接或间接的热交换,加热土壤中有机污染组分到足够高的温度,使其蒸发并与土壤介质相分离的过程。热脱附技术具有污染物处理范围宽、设备可移动、修复后土壤可再利用等优点,特别对多氯联苯(PCBs)这类含氯有机物,非氧化燃烧的处理方式可以显著减少二噁英生成。目前,欧美国家已将土壤热脱附技术工程化,广泛应用于重污染地区的有机物污染土壤的离位或原位修复。

7. 蒸汽浸提技术

土壤蒸汽浸提(简称 SVE)技术是去除土壤中挥发性有机物(VOCs)的一种原位修复技术。它将新鲜空气通过注射井注入污染区域,利用真空泵产生负压,空气流经污染区域时,解吸并夹带土壤孔隙中的 VOCs 经由抽取井流回地上;抽取出的气体在地上经过活性炭吸附法以及生物处理法等净化处理,可排放到大气中,或重新注入地下循环使用。苯系物等轻组分石油烃类污染物的去除率可达 90%。

8. 植物修复技术

植物修复技术(图 6-1)包括利用植物积累功能的植物吸取修复、利用植物根系控制污染扩散的植物稳定修复、利用植物代谢功能的植物降解修复、利用植物转化功能的植物挥发修复、利用植物根系吸附污染物的植物过滤修复等技术。可被植物修复的污染物有重金属、农药、石油和持久性有机污染物、炸药、放射性核素等。优点是不破坏土壤有机质，不对土壤结构产生大的扰动，成本低；缺点是修复周期长，通常不适宜对重度污染土壤进行修复。植物修复技术的关键在于筛选高去污能力的植物，摸清植物对土壤条件和生态环境的适应性。植物修复技术不仅应用于农田土壤中污染物的去除，而且应用于人工湿地建设、填埋场表层覆盖与生态恢复、生物栖息地重建等。近年来，植物修复技术被认为是一种易被接受、大范围应用并利于矿区边际土壤生态恢复的植物技术，也被视为一种植物固碳技术和生物质能源生产技术；为寻找多种污染物复合或混合污染土壤的净化方案，分子生物学和基因工程技术应用于发展植物杂交修复技术。利用植物的根圈阻隔作用和作物低积累作用，发展能降低农田土壤污染导致的食物链风险的植物修复技术正在研究。利用紫花苜蓿、黑麦草等植物修复多环芳烃、多氯联苯和石油烃的研究工作已见到效果，但是有机污染土壤的植物修复技术的田间研究还很少。对炸药、放射性核素污染土壤的植物修复研究则更少。

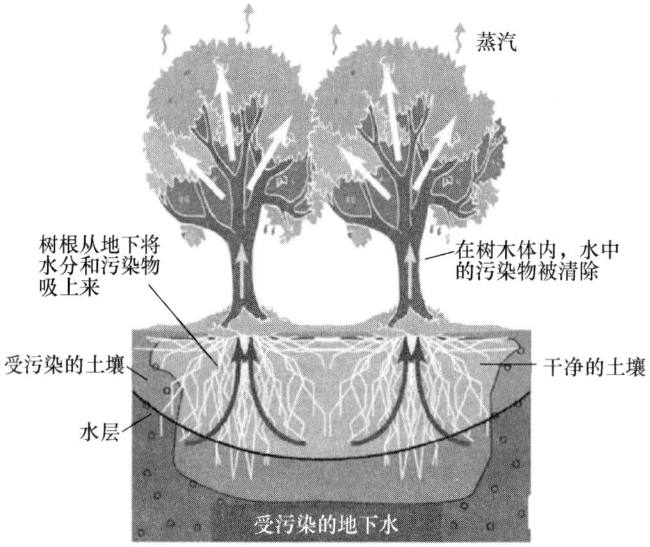

图 6-1　污染地下水的植物修复技术

9. 微生物修复技术

微生物能以有机污染物为唯一碳源和能源或者与其他有机质进行共代谢而降解有机污染物。利用微生物降解作用发展的微生物修复技术是农田土壤污染修复中常见的一种技术，已在农药或石油污染土壤中得到应用。生物修复预制床和生物泥浆反应器、石油烃降解菌的筛选、多种微生物修复菌剂的生产、农药高效降解菌筛选技术、微生物修复剂制备技术和农药残留微生物降解田间应用技术已被广泛应用，因地制宜地选用微生物修复技术是轻度污染土壤修复的重要途径。通过添加菌剂和优化作用条件发展起来的污染土壤原位、异位微生物修复技术有：生物堆沤技术、生物预制床技术、生物通风技术和生物耕作技术等。运用连续式或非连续式生物反应器、添加生物表面活性剂和优化环境条件等可提高微生物修复过程的可控性和高效性。目前，正在发展微生物修复与其他现场修复工程的嫁接和移植技术，以及针对性强、高效快捷、成本低廉的微生物修复设备，以实现微生物修复技术的工程化应用。

10. 微生物-动物-植物联合修复技术

微生物(细菌、真菌)-动物(蚯蚓)-植物联合修复是土壤生物修复技术研究的新内容。筛选有较强降解能力的菌根真菌和适宜的共生植物是菌根生物修复的关键。种植紫花苜蓿可以大幅度降低土壤中多氯联苯浓度。根瘤菌和菌根真菌双接种能强化紫花苜蓿对多氯联苯的修复作用。利用能促进植物生长的根际细菌或真菌,发展植物、降解菌群协同修复,动物、微生物协同修复及其根际强化技术,促进有机污染物的吸收、代谢和降解,将是生物修复技术新的研究方向(图 6-2)。

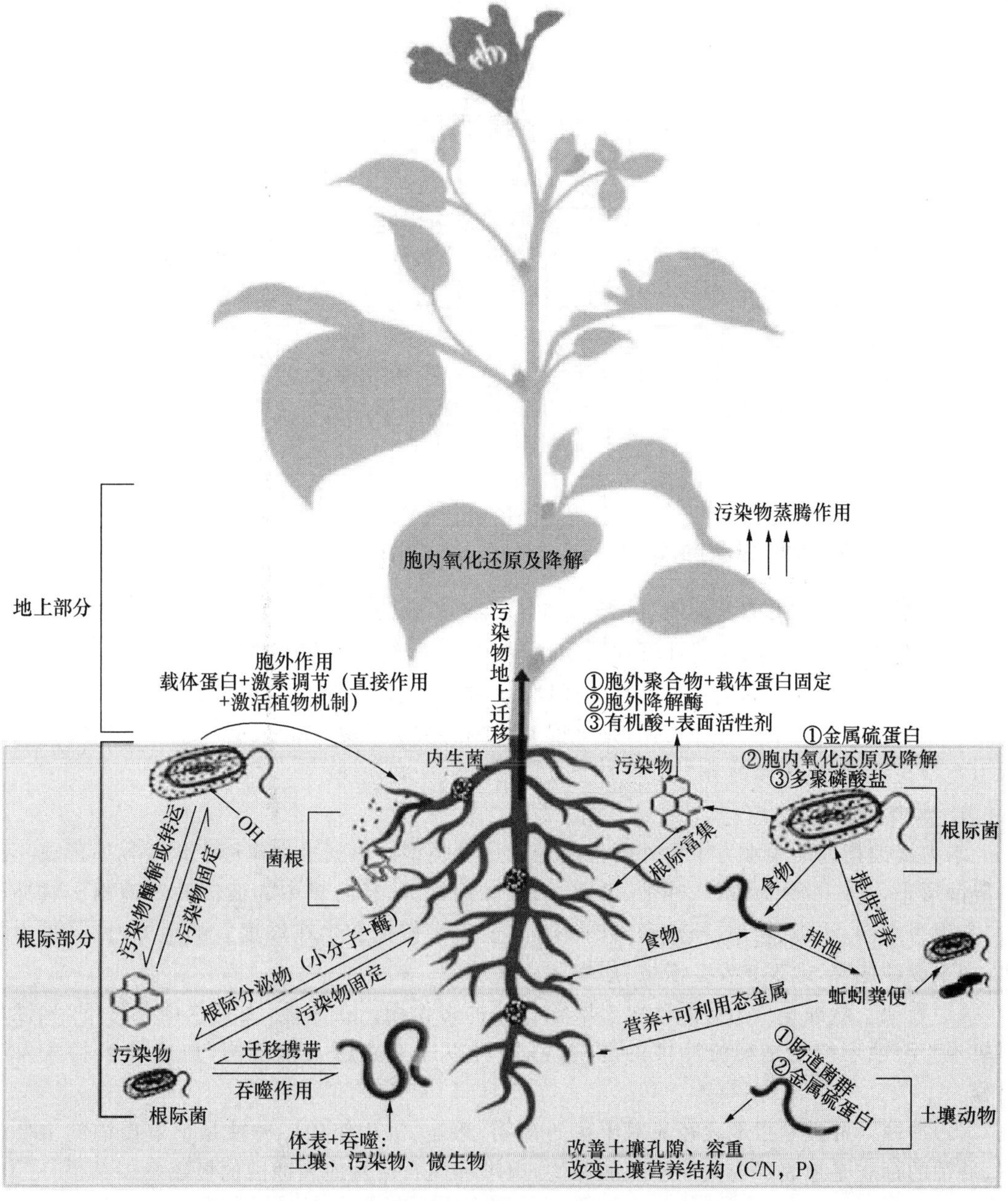

图 6-2　污染土壤的生物联合修复技术

11. 化学-物化-生物联合修复技术

发挥化学或物理化学修复的快速优势，结合非破坏性的生物修复，发展联合修复技术。化学淋洗、生物联合修复是基于化学淋溶剂作用，通过增加污染物的生物可利用性而提高生物修复效率。利用有机络合剂的配位溶出，增加土壤溶液中重金属浓度，提高生物有效性，从而诱导植物吸取修复。化学预氧化-生物降解和臭氧氧化-生物降解联合技术已经应用于污染土壤中多环芳烃的修复。电动力学-微生物修复技术可以克服单独的电动修复技术或生物修复技术的缺点，在不破坏土壤肥力的前提下，加快土壤修复进程，例如，硫氧化细菌与电动修复技术结合，用于污染土壤中铜的去除。应用光降解-生物联合修复技术，开辟了土壤污染治理的新途径。

任务四　土壤退化与修复

土壤退化是指土壤在不利的自然条件和人类对土壤的不合理耕作、利用等因素的影响下，其物理、化学和生物学性质发生变化及生产力的下降过程，即土壤质量可持续性下降，甚至完全丧失其物理、化学和生物学特征的过程。土壤退化造成表土层变薄或消失、土壤结构遭到破坏、土体板结、有机质含量下降、营养元素减少、植物多样性下降、土壤中动物多样性下降、土壤中微生物多样性下降。土壤退化的表现形式有土壤侵蚀、土壤沙化、土壤盐渍化、土壤碱化和酸化、土壤潜育化等，其后果是农田土壤肥力降低和土壤生产力下降。

一、土壤侵蚀

(一)土壤侵蚀的概念和类型

土壤侵蚀是陆地表面在水力、风力、冻融和重力等外营力作用下，土壤、土壤母质和其他地面组成物质被破坏、剥蚀、转运和沉积的全过程，也称土壤流失。土壤侵蚀在自然界广泛存在，在自然因素作用下发生的侵蚀称为自然侵蚀；盲目砍伐森林、降低植被覆盖率，以及不合理农业开发会加速自然因素的侵蚀作用，是土壤退化的主要方式之一。依据起主导作用的侵蚀外营力类型与性质，土壤侵蚀分为水力侵蚀、风力侵蚀、冻融侵蚀。

1. 水力侵蚀

水力侵蚀指以地表水为主要外营力的土壤侵蚀类型。根据水力作用于地表物质形成不同的侵蚀形态，进一步分为溅蚀、冲蚀、沟蚀、潜蚀和面蚀等，径流集中为股流而对地面土壤冲刷时，表现为细沟、浅沟、切沟、冲沟和河沟等形式。流水侵蚀发生在坡度大的地方时，受重力作用，加重侵蚀危害，地表易发生滑坡、崩塌和山剥皮等。

(1)溅蚀　溅蚀是指雨滴溅落对土壤颗粒的冲击作用。在坡地，大到暴雨条件下，溅蚀作用较强。溅蚀还往往是径流冲蚀的前奏，溅蚀可以改变表层土壤结构，加速地表径流发生过程。

(2)冲蚀　冲蚀是指地表径流对土壤的冲刷、搬运、沉积作用。冲蚀是土壤侵蚀的主要过程，冲蚀的标志是地表形成大小不等的冲沟，山洪和泥石流是地表冲蚀的极端发展结果。

(3)沟蚀　沟蚀是集中的线状水流对地表进行的侵蚀，流水切入地面形成侵蚀沟的一种水土流失形式。按其发育的阶段和形态特征又可细分为细沟、浅沟、切沟侵蚀。由于侵蚀沟不断扩展，坡地上的耕地面积随之缩小，曾经大片的土地被切割得支离破碎。

(4)潜蚀　潜蚀是地表径流集中渗入土层内部进行机械侵蚀和溶蚀作用，喀斯特岩溶地貌就是潜蚀作用造成的，另外在黄土地区也普遍发生。

(5)面蚀(或片蚀)　面蚀是片状水流或雨滴对地表进行的一种比较均匀的侵蚀，它主要发生在没有植被或没有采取可靠的水土保持措施的坡耕地或荒坡上。面蚀又依其外部表现形式划分为层状、结构状、沙砾化和鳞片状面蚀等。面蚀所引起的地表变化是渐进的，涉及面积广，不易被察觉，危害作用大。面蚀发展成沟蚀，形成侵蚀沟，土地即遭到彻底破坏。

2. 风力侵蚀

风力侵蚀是指以风为主要外营力的土壤侵蚀类型，包括在气流冲击作用下，土粒、砂粒或岩石碎屑脱离地表，被搬运和堆积的过程。由于风速和地表组成物质的大小及质量不同，风力对土、沙、石粒的吹移搬运表现为扬失、跃移和滚动三种运动形式。

3. 冻融侵蚀

在高寒区由于寒冻和热融作用交替进行，地表土体和松散物质发生蠕动、滑塌和泥流等现象，这些由于地表温度变化而冻融交替所产生的土壤侵蚀过程即冻融侵蚀。

(二)土壤侵蚀的主要成因

土壤侵蚀发生、发展的先决条件是土壤坡度大，植被覆盖率低，土壤质地轻。受流水和重力的双重作用，坡度大、植被覆盖率低、表土疏松易剥蚀的坡地土壤上易发生侵蚀作用。忽视土地资源保护的人为活动如滥垦、滥伐、滥牧和陡坡开荒、顺坡耕作、过度放牧，或开矿、修路前未采取必要的预防措施等，都会加剧水土流失。一般坡度越陡，地表径流流速越大，水土流失越严重；植被覆盖率越低，表土越疏松，水土流失越严重。而大雨或暴雨集中，是发生坡地土壤流失的重要气候因素。在中国北方土石山区、西南喀斯特岩溶石漠化区，坡地土壤存在着不同程度的水土流失问题，成为土壤资源利用的障碍因素，在不同程度上分别有旱、薄、粗、酸等不良性状。

在中国西北、华北和东北的沙漠、沙丘和丘陵沙地，因土壤质地轻，植被稀疏，气候干旱，多发生风力吹蚀作用。严重的风蚀作用也是异地土壤沙化的主导因素，随风飘移的砂粒在异地堆置和覆盖，成为异地土壤的沙源，造成新的土壤退化问题。

在中国北方的高寒地区和青藏高原的雪线区域，由于温度的剧烈变化，土体或岩石中的水分发生相变，加上不同矿物的热膨胀系数不同，造成土体或岩石的机械破碎，为重力、风力水蚀提供前提条件，易发生土壤和母质流失移位。在一些松散堆积物组成的坡面上，土壤含水量大或有地下水渗出情况下，冬季冻结，春季表层首先融化，而下部仍然冻结，形成了隔水层，上部被水浸润的土体成流塑状态，顺坡向下流动、蠕动或滑塌，形成泥流坡面或泥流沟。此种形式的土壤侵蚀主要发生在一些土壤水分较多的地段，尤其是阴坡。如春末夏初在青海东部一些高寒山坡可见到舌状泥流，但一般范围不大。

土地资源利用开发方式不合理也会导致对土壤的侵蚀。一是过度砍伐树木、破坏植被。植被破坏使得土壤失去天然保护屏障，成为加速土壤流失的先导因子。例如，原中国科学院华南植物研究所在 400 hm^2 强侵蚀丘陵地上进行的试验表明：泥沙年流失量光板地为 26 901 kg/hm^2，桉林地为 6 210 kg/hm^2，而阔叶混交林地仅为 3 kg/hm^2，土壤流失与植被覆盖率呈密切正相关。二是坡地垦殖。坡地垦殖使土壤暴露，产生水力冲刷，是土壤流失的推动因子，土壤流失量与坡度呈指数关系。随着人均占有土地面积越来越少，丘陵地区农业活动势必由平地向坡地推进。

坡地土壤是中国主要农业资源，是发展农、林、牧、副多种经营的基地。但是由于忽视土地资源的保护，坡地土壤存在着不同程度的水土流失问题，成为农业生产中的低产土壤，在不同程度上分别有旱、薄、粗、酸等低产性状。

(三)土壤侵蚀防治途径

防治土壤侵蚀，应根据土壤侵蚀的运动规律及其条件，采取必要的具体措施。但采取任何单一防治措施，很难获得理想的效果，必须根据不同措施的用途和特点，遵循治山与治水相结合，治沟与治坡相结合，工程措施与生物措施相结合，田间工程与蓄水保土耕作措施相结合，治理与利用相结合，当前利益与长远利益相结合的综合治理原则。实行以小流域为单元，坡沟兼治、治坡为主，生物措施、工程措施、耕作措施相结合的集中综合治理，才可收到持久稳定的效果。

1. 生物措施

生物措施是指通过植树造林、种植保肥牧草等，起到保持水分、涵养水源、固土的作用。在坡地治理植树造林中，因作用不同，可将防护林分为分水岭防护林、护坡林、沟谷防护林等。沟谷造林中又可分为沟头造林、沟坡造林与沟底造林等。应根据区域自然条件、防护林种类、用途等选择适宜本地区的树种，在不同地区营造适宜当地生态环境的生物防护体系。对于已有遍地残林的山丘坡地，应通过封山育林，使其植被自然恢复，根据具体情况可以采取“全封”或“轮封”。此外，在坡地亦可采取果树上山的办法，变荒坡为果园、茶园以及其他经济林木的栽培地。但在水土流失严重的坡地，应在造林前半年或一年进行整地，修筑梯田或大型鱼鳞坑，蓄水保墒。在土石山区，应抽石换土，以保证果树或其他林木的成活与健康生长。

坡地种植绿肥、牧草可以保土和提高土壤肥力。绿肥和牧草在坡地改良中有以下三种种植方式：一是荒坡(沟)种草。在不宜耕种的荒坡(沟)上种植牧草，作为割草地或放牧地。荒坡牧草宜选择根系发达、生长迅速、茎叶茂密、耐旱耐寒、耐瘠薄、易于繁殖、富有营养价值的种类。中国西北地区的适宜种类除紫花苜蓿、草木樨外，还有豆科的葛藤、野豌豆，禾本科的苏丹草、燕麦草；南方地区有葛藤、胡枝子、黑麦等。这些草种在人少荒地多的地区行之有效，一般三年后可以基本避免水土流失的发生。二是草田带状间作。草田带状间作是农作物与牧草在坡地上沿等高线种植，作物与牧草呈带状相间。这种种植形式运用于较陡的坡耕地。一般坡愈陡，作物带愈窄，牧草带相应加宽。作物带与牧草带实行轮作。三是隔带种草。在荒坡地每隔一定距离沿等高线种植一年生或多年生牧草带，用以拦截坡面径流，截短坡长，减少侵蚀，增加土壤水分和渗透能力，有着良好的保土效果。

2. 工程措施

因地制宜修筑梯田、坊、坝、水库、水窖等工程措施，是防治侵蚀，实现坡地水利化、机械化、建设持续高产田的重要途径。

(1)水平梯田　在坡地上沿着等高线修成台阶式田块，修成的田面达到水平。石质坡地需要里切外垫，抽石留土，生土垫底，熟土铺面，地垒石堰；土质坡地在地边修土埂，夯实养护。梯田面的宽度以及灌水、排水沟渠的设置，应根据地形和坡度而定。

坡度较缓的梯田面适当加宽，便于机械化作业；坡度陡的适当窄些，以免搬土(石)方过多。

15°左右的坡，田面宽 5～10 m；20°～25°的坡，田面宽 3～5 m。修筑梯田要与改土相结合。整地改土的标准：梯田田面要平，地面稍向里倾斜，比降适宜，以灌水不冲不淤为度。土层深厚，保持在 0～80 cm，土质砂黏适中，能灌能排，埂、堰坚固结实。治理顺序自上而下，沟坡兼治，沟坡地先治支沟、后治主沟。

新修的水平梯田，活土层薄，土性冷，要增施有机肥料和氮、磷化肥，改善土壤结构，促进土壤熟化，为作物生长创造良好的条件。水平梯田适宜在坡度 15°～25°、土层较厚的地坡上修筑。

(2)坡式梯田　在坡面上每隔一定的距离，沿等高线开沟筑埂，把坡面分割成若干个等高带，修成的梯田还保留着一定的斜度，除开沟筑埂部分改变了地形外，坡面其他部分还保持原状，故称为坡式梯田。它可截短坡长，拦蓄部分地表径流，减轻土壤冲刷。坡式梯田以种植果树和其他林木为主。

(3)隔坡沟状梯田(水平阶)　隔坡沟状梯田是水平梯田与坡式梯田的复合式，是在两个一次修成的水平台阶之间，隔着一个原封不动的斜坡。隔坡沟状梯田运用了“聚集径流理论”和“隔坡机制”，增加了土壤水分来源，充分利用降雨。

隔坡沟状梯田将隔坡上的表土也填在沟内，加厚了活土层，使梯田可存蓄水量增加，抗旱能力增加，同时还增加了果树、林木等的营养空间。

隔坡梯田适宜在坡度 23°～25°、土层较厚的坡地上修筑。此外，在耕地以上的荒山上，地形复杂破碎、基岩露头面积大的地段，可挖鱼鳞坑，植树造林，截拦沙石，蓄积径流。在布设时按“品”字形排列，坑的密度及规格视树种株行距和拦蓄坡面径流的需要而定。发展干鲜果树时规格一般为长 3 m，短 1 m，有效蓄水深 0.5 m，坑面向内倾斜。

(4)谷坊　谷坊是指在沟道中修筑的巩固沟床的横向挡拦建筑。土谷坊多用于丘陵黄土区的支沟，石谷坊多用于土石山区支沟，有拦截澄清沙石的功效。在适宜地区，也可修柳谷坊，用新鲜柳桩打上 3～4 排，并用柳梢编上，同样可以澄沙清水，巩固侵蚀基点，并且柳桩成活后可逐步发展成林。

(5)淤地坝　即堵沟造田，在水土流失严重的地区，在沟道里修筑土坝，拦蓄洪水泥沙，使大量的肥土淤积在坝内，使沟道变成平地，群众称之为“块地”或“淤地坝”。一般两三年就可淤出坝地，开始耕种，每片小坝淤地几亩，中坝淤地十几亩到几十亩。大坝淤地上百亩甚至上千亩。

(6)其他小型水利工程　为拦蓄地表径流和泥沙，可修建各种“以蓄为主”的小型水利工程。小水库主要建在沟道上段，用以拦洪蓄水、浇灌梯田。在有潜流的河道里修筑地下水坝，截蓄潜流水用于蓄水灌田。在黄河中下游的干旱地区，群众在地下开挖一个瓶状土窖，容积约 10 m^3，底部和四周用胶泥捶实防渗，雨季将地表径流引入窖内，以备长年饮水之用。

以上几种工程措施应因地制宜，综合配套、整体布局、从上而下、坡沟兼治，做到水不下沟，从根本上制止沟壑的发展。

3. 耕作措施

在有水土流失的坡耕地区，采用适当的耕作和栽培方式，增加地面粗糙度和覆盖度，提高土壤抗蚀能力，有利于减少或控制水土流失。增加地面粗糙度的办法有等高擦壕、水平垄作、换坡种植等。增加覆盖度的办法有合理密植、间种、混种、套种和粮草带状间种轮作等。增加土壤有机质可提高土壤抗蚀能力。改进土壤耕作方法，实行少耕或免耕，改翻垡为深松土。

耕作措施的水土保持效果与农田坡度大小有关，坡度5°以下效果最好，5°～10°的地块在降水强度不太大时，效果也显著。10°～20°可收到部分效果，20°以上效果极小。因此，坡度大的农田必须有工程相配合，才能收到较好的效果。

二、土壤沙化

土壤沙化是指气候变化和人类活动所导致的天然沙漠扩张和砂质土壤上植被破坏、形成流沙及砂土裸露的过程。土壤是否会发生沙化，决定因素在于土壤中含有多少水分可供植物吸收、利用。土壤沙化蔓延会使有植被覆盖的砂质土变成寸草不生的荒漠，即沙漠化。第六次全国荒漠化和沙化土地调查结果显示，2019年，我国荒漠化土地面积2.573 7×10^6 km^2，沙化土地面积1.687 8×10^6 km^2，与2014年相比分别减少3.788×10^4 km^2、3.335 2×10^4 km^2。

1. 土壤沙化类型及分布区域

根据土壤沙化区域差异和发生发展特点，中国沙化土壤（地）大致可分为三种类型：一是干旱荒漠地区的土壤沙化，主要分布在内蒙古狼山—宁夏贺兰山—甘肃乌鞘岭以西的广大干旱荒漠地区，沙漠化发展快，面积大。该地区由于气候极端干旱，土壤沙化后很难恢复。二是半干旱地区土壤沙化，主要分布在内蒙古中西部和东部、河北北部、陕西北部及宁夏东南部。该地区属于农牧交错的生态脆弱带，由于过度放牧、农耕，沙化成大面积区域化发展，这一沙化类型以人为因素为主，土壤沙化有逆转可能。三是半湿润地区土壤沙化，主要分布在黑龙江下游、嫩江下游、松花江下游、东辽河中游以北地区，呈狭带状断续分布在河流沿岸。沙化面积较小，发展程度较轻，并与土壤盐渍化交错分布，属林-牧-农交错的地区，降水量在400～500 mm。这一类型的土壤沙化有可能控制和完全修复。

2. 土壤沙化成因及危害

不同学者从各自的研究角度阐述了土壤沙化的形成过程。沙漠学专家董光荣认为，沙漠化是一种“环境变化过程”，发生在整个第四纪，人类历史时期只是最近的一个阶段，自然因素是沙漠产生的主要原因，主要因素是气候干旱，人类活动的影响是次要的。朱震达认为，沙漠化是在自然因素基础上，主要由人为不合理的经济活动所造成的，即人是沙漠化的主要导致者，认为沙漠形成是一种“环境退化过程”，发生在人类历史时期，人为因素是沙漠化的主要原因。董光荣最早利用风洞模拟试验的方法，从定量计算的角度，精确论证了土地翻耕（开垦）、樵采和牲畜践踏等主要人为因素在土壤风蚀发生过程中的强烈作用，指出“人类不合理翻耕土地、放牧和樵采等经济活动，在自然条件相同的情况下，其加速土壤风蚀值可达百分之十几、十余倍至百余倍以上，因此，它是加剧草原地区土地沙漠化不可忽视的重要因素”。

土壤沙化是自然因素和人为活动共同作用的结果。中国北方降水稀少，植被稀疏，加之全球气候变暖，持续干旱少雨，对土壤沙化起到了加剧作用。然而，人口增长对生态环境容量的压力以及过度开发利用等人为因素是造成土壤沙化扩展的根本原因。据统计，人为因素引起的土壤沙化占总沙化面积的94.5%，其中农垦不当占25.4%，过度放牧占28.3%，森林破坏占31.8%，水资源利用不合理占8.3%，开发建设占0.7%。

土壤沙化对经济建设和生态环境危害极大。土壤沙化使大面积土壤失去农、牧生产能力，使有限的土壤资源面临更为严重的挑战。

3. 土壤沙化的防治途径

土壤沙化的防治重在预防，治理重点应放在农林草交错带，在技术措施上应因地制宜，实施途径有生态工程、开发水源、依法管理等。

(1)营造防沙林带　中国的吉林白城地区的西部—内蒙古的兴安盟东南部—通辽市和赤峰市—古长城沿线是农牧交错带地区,土壤沙化正在发展中。中国已实施建设“三北”地区防护林体系工程,使数百万公顷农田得到有效保护,后续的造林工程和已植树木的养护是发挥林带防风固沙作用的重中之重。中国的河西走廊地区,昔日被称为“沙窝子”“风库”,当地因地制宜,因害设防,采取生物工程与土石工程相结合的办法,在北部沿线营造了防风固沙林,封育天然沙生植被,在走廊内部营造起农田林网,河西走廊一些地方如今已成为林茂粮丰的富庶之地。

(2)建立生态复合经营模式　内蒙古东部、吉林白城地区、辽宁西部等半干旱半湿润地区,有一定的水资源,土壤沙化发展较轻,应建立林农草复合经营模式。

(3)减少农耕、退耕还草、减少草场载畜量　土地沙化正在发展的农区,应合理规划,控制农垦,草原地区应控制载畜量。草原地区原则上不宜农垦,粮食生产应因地制宜控制在沙化威胁小的地区,减少草原放牧量,实行牧草与农作物轮作,培育土壤肥力。

(4)合理开发水资源　合理开发水源问题在新疆、甘肃等地应得到高度重视,应合理规划,调控河流上、中、下游流量,避免使下游干涸,控制下游地区的进一步沙化。例如,20 世纪 50 年代曾经发生过的案例,塔里木河上游和中游地区大量耗水,致使下游断流,约 300 km^2 地段树、草枯萎和死亡,下游地区人口和牲畜用水困难,致使土壤沙化加剧。

(5)依法管理　完善法制,依法管理。在草原、土壤沙化地区,进行工矿、道路以及其他开发工程建设前须进行环境影响评价,对人为盲目垦地种粮、樵柴、挖掘中草药等活动应依法管理。

三、土壤次生盐渍化、次生碱化和酸化

1. 土壤次生盐渍化的成因及防控途径

土壤次生盐渍化是指由于不合理利用或灌溉导致土壤潜在的盐分在表层聚集,发生盐渍化的现象,在中国的华北平原、松辽平原、河套平原等均有发生。因受人为不合理灌溉和耕作措施的影响,地下水抬升,在当地蒸发量大于降水量的条件下,土壤表层盐分增加,引起土壤盐渍化,主要有以下几方面的因素:一是发展引水自流灌溉,导致地下水位上升,超过其临界深度,土体中的盐分随土壤毛管水通过地面蒸发耗损而聚于表土;二是利用地面或地下矿化水(尤其是矿化度大于 3 g/L 时)进行灌溉,而又不采取调节土壤水盐运动的措施,导致灌溉水中的盐分积累于耕层中;三是在开垦利用心底土积盐层的土壤过程中,过量的灌溉水下渗,溶解活化积盐层中的盐分,盐分随蒸发耗损聚于土壤表层;四是现代农业设施蔬菜种植过程中,过量施用化肥导致耕层土壤盐分浓度高,人工灌水使水分以地表蒸发的方式运行,引起土壤过量盐分在表层聚集。

土壤次生盐渍化的防治方法是以水调盐,结合耕作与施肥措施加以防控。一是实施合理的灌溉制度。在潜在盐渍化地区进行灌溉时,既考虑满足作物需水,又要尽量调节土壤剖面中的盐分运行。在作物生长关键期(如拔节、抽穗灌浆期)灌水效果为最佳。二是采用节水防盐的灌溉技术。近年来的研究表明,在地膜栽培基础上,把膜侧沟内水流改为膜上水流,可节水 70%以上。同时,推广水平地块灌溉法,代替传统沟畦灌溉,改长畦为短畦,改宽畦为窄畦,采用适当的单宽流量,可节水 30%～50%。在有条件的地方,发展滴灌、喷灌、渗灌等灌溉技术。

三是减少输配水系统的渗漏损失。在潜在盐渍化地区，这是防止河、渠、沟边次生积盐的重要措施。有关资料表明，未经衬砌的土质渠道输水损失达 40%～60%，渠系的渗水还带来大量的盐分，由于渗漏水补偿，引起周边地下水抬升，直接导致侧向土壤次生盐渍化。四是处理好蓄水与排水及引灌与井灌的关系。吸取 20 世纪 50 年代末期大搞平原水库蓄水引起大面积土壤次生盐渍化的教训，可以探索发展地下水库。在平原地区，雨季来临之前，抽吸浅层地下水灌溉，使地下水位下降，腾出库容，雨季时促进降水下渗而保存于土壤中。中国科学院南京土壤研究所在河南浸润盐渍区的研究表明，单一的引黄灌区，地下水位抬升，发生明显的土壤次生盐渍化。单一的井灌区，由于地下水的连续开采，地下水资源日益紧张。而在井渠结合的灌溉区，地下水位能保持恒稳，又不致发生次生盐渍化。五是因地制宜地建立生态农业结构。对某些潜在盐渍化严重的土壤，井渠结合灌溉在控制水盐运动上难以奏效，宜改水田为旱田，改粮作为牧业，既节省水资源，又可发展多种经营。六是增施有机肥料，精耕细作。在盐渍化土壤上，宜多施有机肥料。应根据水盐动态规律，在农艺操作上下功夫。在设施蔬菜种植过程中防止次生盐渍化，应改进耕作措施，合理轮作，避免重茬。通过增施有机肥料，控制和减少化肥用量，使有机肥提供的营养占总养分的比重接近 50%；推行平衡施肥技术，合理施用氮磷钾肥，对一些老温室大棚，控制磷钾肥用量，精准计算氮肥施用数量。

2. 土壤次生碱化的成因及防控途径

土壤次生碱化是在原有盐化基础上，钠离子吸附比增大，pH 升高的现象。一般发生在盐渍土脱盐过程中，随着土壤含盐量下降，交换性钠活动性增强，钠饱和度升高，pH 升高；用低矿化碱性水灌溉，也可引起土壤次生碱化。防治土壤次生碱化，可采用化学改良方法，常用的化学改良剂有石膏、磷石膏、亚硫酸钙、硫酸亚铁、硫黄等。用石膏改良盐碱土，可提高胶体品质，改善土壤结构和通透性。石膏用量一般每次为 2 250～3 000 kg/hm^2，充分磨细，可在播种时与农家肥混合施用，有显著的改土和增产作用。施用化学改良剂应结合灌水。施用石膏、磷石膏改良剂后，耕层土壤盐分暂时有所增高，在有灌水和排水条件下，改良过程中产生的可溶性盐分才可以消除。对于碱化土壤，应在施用有机肥料的前提下，采用低矿化度水灌溉，以控制次生盐碱化。

3. 土壤酸化的成因及防控途径

土壤酸化是指经长期耕作的农田土壤与原始自然土壤比较，pH 降低的现象。对于北方碱性土壤的肥力性质而言，是提高了土壤的肥力性质，而对于中国南方的酸性土壤而言，是土壤肥力质量下降的重要因素之一。有资料表明，中国农田土壤酸化大多是过量使用氮肥造成的。氮肥在土壤中发生转化，在此过程中可能会产生质子，各种氮肥转化成硝酸盐，硝酸盐损失的时候，带走钙、镁等碱性离子，造成土壤酸化。另外，水冲洗、秸秆和籽粒的收获等移走了大量的钙、镁盐基离子，渐渐促使土壤中氢离子增加，土壤酸化。张福锁等认为，中国农田土壤酸化问题普遍比较严重，其中，在小麦、玉米、水稻田中，70%的酸化是过量施氮造成的；在果蔬田，过量施氮对酸化贡献率高达 90%；胶东半岛的酸化原因 63.4%是氮肥过量，30%是收获带走盐基离子。

要改变土壤酸化趋势，一是控制氮肥用量，合理施用氮肥，提倡减肥增效；二是要把盐基离子归还给土壤，适当施用含钙、镁等盐基离子的肥料，并避免淋洗到水中或过多移出土壤系统；三是改变现行耕作制度，减少重茬，实现轮作、间作、套作等。

四、土壤次生潜育化

土壤次生潜育化是指因耕作或灌溉等人为因素，土壤（主要是水稻土）从非潜育型转变为高位潜育型的过程，常表现为土体深 50 cm 内出现青泥层。次生潜育化主要发生在中国南方平原，如鄱阳湖平原、珠江三角洲平原、太湖流域、洪泽湖以东的里下河地区，以及江南丘陵地区的山间构造盆地、古海湾地区的水稻田。

1. 次生潜育化水稻土的形成

次生潜育化水稻土的形成与土壤本身排水条件不良，水过多以及耕作利用不当有关。

（1）排水不良　土壤处于洼地、比较小的平原、山谷涧地等地区。

（2）水过多　首先是水利工程，沟渠水库周围由于坝渠漏水；其次是潜水出露，如湖南的"滂泉田"，排灌不分离，漫灌造成土壤长期浸泡。

（3）过度耕垦　中国南方 20 世纪 60—70 年代大力推广三季稻，复种指数大大提高，干湿交替时间缩短，犁底层加厚并更紧实，阻碍了透水、透气，故易诱发次生潜育化。

另外，次生潜育化与土壤质地较黏、有机质含量较高也有关系。

2. 次生潜育化水稻土的障碍因素

（1）还原性有害物质较多　强潜育性土壤的氧化还原电位（Eh）大多在 250 mV 以下，由于还原作用强，活性铁、锰元素含量高，可达非潜育化稻田的数十至数百倍，通常有较高的 CH_4、H_2 和 H_2S 含量，易受还原物质毒害。

（2）土性冷　潜育化或次生潜育化稻田的水温、土温在早稻生产的 3—5 月，比非潜育化稻田分别低 2～8 ℃和 2～3 ℃，是稻田僵苗不发、迟熟低产的原因。

（3）养分转化慢　因土壤温度低，土壤的生物活动较弱，有机物矿化作用受抑制，有机氮矿化率低，土壤钾释放速率低，速效钾、缓效钾均较缺乏。

3. 次生潜育化水稻土改良和治理途径

次生潜育化土壤的改良和治理应从环境治理做起，治本清源、因地制宜、综合利用。主要措施有以下 4 种：一是开沟排水，消除渍害。在稻田周围开沟，排灌分离，防止串灌。明沟成本较低，但暗沟效果较好，沟距以 6～8 m（重黏土）和 10～15 m（轻黏土）为宜。二是多种经营，综合利用。构建稻田-养殖系统，如稻田-鱼塘、稻田-鸭-鱼系统，或者开辟为浅水藕、荸荠等经济作物田，有条件的实施水旱轮作。三是合理施肥，推广应用优化施肥和配方施肥技术。四是采用生态适应性措施，开发耐渍水稻品种，探索培育耐潜育化水稻良种。

五、农田土壤肥力质量下降

由于人为耕作措施或利用方式不当，土壤肥力降低，土壤生产力下降，主要表现在以下几方面。

（1）耕作层变浅　在长期不深耕深松和机械碾压、人畜践踏条件下，农田土壤耕作层由过去的 20～30 cm 变为 15 cm 左右，加之降雨、灌水沉实，犁底层位置上移并加厚，成为坚硬深厚的阻隔层，阻碍土壤水分、养分和空气的上下运行，阻碍作物根系下扎延伸，土壤蓄水减少，抗旱性能下降，土壤养分有效性和作物营养状况恶化。

（2）土壤有机质减少，土壤氮磷钾元素比例失调　一是长期不施或少施农家肥，缺少秸秆还田，不种植绿肥，土壤有机质得不到补充；二是超量施用化学氮肥，以及超出土壤负荷地利用土地，频繁耕翻表土，加剧了土壤碳的耗竭，致使土壤有机质含量减少。生产中不按农作物所需营养元素比例施肥，导致氮磷钾比例失调，大量元素与中微量元素的比例失调，有益元素缺失，并导致土壤营养元素拮抗，有肥而无用。

(3)耕层土壤理化性质变劣　包括土壤盐渍化、碱化和酸化的发生，土壤板结，土壤团粒结构减少，耕性变劣等，导致土壤-植物系统的物质转化和能量交换受阻，甚至某些生理活动和生命代谢不能正常进行，或者终止，或者向有害方向转化。

(4)设施土壤退化和连作障碍　在日光温室或塑料大棚等设施栽培条件下，经常全年或整个生长季处在封闭的高温高湿环境下，加之高度集约化、高复种指数、高强度利用、高频度人为干扰，甚至过量施肥、过量用药、过量灌水、过度耕作与践踏。在上述强烈的干扰和巨大压力下，设施土壤肥力容易退化。一般种植2～3年，即出现土壤结构破坏、土壤营养失衡、土壤酸化、土壤次生盐碱化、土壤有害物质积累、土壤微生物种群多样性和功能退化等一系列土壤病。4～5年时极为严重，病虫害猖獗，生产成本增加，管理难度增大，农作物产量品质下降。6～8年时土壤障碍加重，甚至减产绝收，无法继续进行设施种植，被迫放弃、换土或移棚。设施条件下连作，作物根系分泌物和残留物及某些病原微生物在土壤中大量积累，加之该作物所需要的营养元素因连续被吸收而缺乏，不需要的营养元素在土壤中累积，致使土壤营养失衡。土壤微生物生态群落被破坏，土壤对有害微生物的净化能力或抑制作用下降，有害微生物增多，有益微生物减少，生物性质恶化。当有病的土壤遇到免疫力差的植物，即会以植物病的形式表现出来，生产上称为重茬病、连作障碍或再植障碍。

任务五　东北黑土退化与保护措施

黑土的有机质含量大约是黄土的10倍，是一种性状好、肥力高、非常适合植物生长的土壤，因此世界主要黑土区先后被开发成重要的粮食生产基地。全世界共有四大块黑土区：俄罗斯-乌克兰大平原，面积约190万km^2；北美洲密西西比河流域，面积约120万km^2；中国东北平原的黑土区，面积约109万km^2；南美洲阿根廷至乌拉圭的潘帕斯大草原，面积约76万km^2。利用和保护好黑土资源对于保障国家粮食安全和区域生态安全至关重要。

一、东北黑土地的战略地位

作为世界第三大黑土区的我国东北黑土区被称作“黄金玉米带”和“大豆之乡”，是我国农业生产规模化、现代化程度最高的区域，其粮食产量和调出量分别占全国总量的1/4和1/3，在保障粮食安全方面发挥着重要作用。黑土高产丰产，耕性良好，有着“抓把黑土冒油花，插根筷子也发芽”的夸张形容。但近些年来因过度开垦、不合理利用和用养失调，东北黑土区面临着土层变薄、肥力下降、土壤质量退化等问题，需采取有效措施保护黑土地这“耕地中的大熊猫”。

二、东北黑土的分布

依据第二次全国土壤普查结果，将黑土、黑钙土、栗钙土和灰色森林土的集中分布区称为“东北黑土区”，将黑土和黑钙土的集中分布区称为“东北典型黑土区”。东北黑土区在东侧隔黑龙江和乌苏里江与俄罗斯相望，东南邻图们江和鸭绿江与朝鲜为邻，西与蒙古国交界，西南至七老图山—浑善达克沙地—内蒙古高原一线，南抵辽河；主要分布在呼伦贝尔草原、大小兴安岭、三江平原、松嫩平原和长白山地区，涉及黑龙江省和吉林省全部、辽宁省东北部及内蒙古自治区呼伦贝尔、兴安盟、通辽、赤峰，总面积为 109 万 km^2。

三、东北黑土的形成和演变过程

(一)黑土区的气候和植被特点

黑土区属温带半湿润大陆性季风气候，年降水量平均为 500～650 mm，雨热同期，夏季降水较为集中，占全年降水量的一半以上；年平均温度为 0～6.7 ℃，全年无霜期 135～140 d。冬季漫长，土壤冻结较深且持续时间长。黑土区自然植被是森林草甸或草原化草甸，大部分以杂草类群落为主，种类多，生长繁茂且覆盖度大，有的地方称其为“五花草塘”，每年向土壤输入大量凋落物、根系及其分泌物等有机物质。

(二)东北黑土的成土演变过程

黑土形成过程受母质特性、草甸植被、温带季风气候、漫川漫岗地形的影响，存在着强烈的腐殖质积累和轻度滞水还原淋溶两个主要的过程，成土过程非常缓慢。据估算，形成 1 cm 厚的黑土层大概需要 400 年。

黑土的形成首先是腐殖质积累。由于黑土区夏季温暖多雨，草原草甸植被生长繁茂，地上、地下部生物积累量都比较大。当秋季气温降低，植物死亡后，植物残体便以有机残体的形式保存下来。寒冷的冬季会抑制微生物分解和利用有机残体，有利于有机质的积累。春天温度上升，表层土壤融化，但较深层的冻层阻碍表层融水的下渗，使水分滞留，有机残体缺氧，分解缓慢，有利于腐殖质在土壤中大量积累，从而形成深厚的腐殖质层，这也是黑土呈现黑色的主要原因。

其次是淋溶和淀积过程。黑土区的地形大都是波状起伏的漫川漫岗地，由于黑土地区夏季降水多而集中，降水一部分形成地表径流，一部分形成下渗水流，产生淋溶。可溶性盐类和盐基离子发生不同程度的淋失，碳酸盐被淋溶出土体，使土壤 pH 呈中性至微酸性。但由于母质黏重，季节性冻层持续时间较长，土壤透水性较弱，每当冻融和多雨季节，土壤中水分无法下渗，产生上层滞水，使铁、锰还原成低价位元素而随水淋失，在淀积层中形成铁锰结核和锈斑。一部分硅酸盐矿物经水解产生非晶质二氧化硅，当土壤水分蒸发时，以无定形白色粉末状硅酸从溶液中析出，聚积于淀积层结构表面。

现有的黑土农田生态系统是在黑土林草自然生态系统上人为干预演替形成的。从 19 世纪初期开始，东北黑土历经了大规模的开垦，大量砍伐森林，开垦草原，尤其是 20 世纪 50 年代后，人口迅速增长带来的压力使大量自然林地和草地被开垦成为农田，改变了原有的自然生态系统，形成了稳定性较低的农田生态系统。

(三)东北黑土的剖面特征

典型的黑土剖面(图 6-3)可划分为腐殖质积累层、过渡层、淀积层和母质层。腐殖质积累层多为黑色或暗灰色，黏壤质，厚度一般为 30～70 cm，深厚的可达 1.5 m 左右，浅薄的不足 30 cm，结构性好，多为粒状或团粒状结构，疏松多孔，植物根系丰富。黑土农田生态系统因机械压实作用，在耕作层之下出现较紧实致密的犁底层。过渡层颜色为暗棕灰色，或因腐殖质在此层参差不齐下伸而呈黑黄掺杂的颜色，黏壤质，厚度在 20～50 cm 不等，较黏而紧密，核粒状结构。淀积层颜色为灰棕色或黄棕色，厚度一般为 50～100 cm，黏重紧实，棱块状结构，结构表面有白色二氧化硅粉末，多铁锰结核，在淀积层和母质层还可见到黄色锈斑、胶膜和灰色斑纹。母质层多为黏土、亚黏土，无结构，少数黑土与黑钙土过渡地带的土层下部有碳酸盐反应。

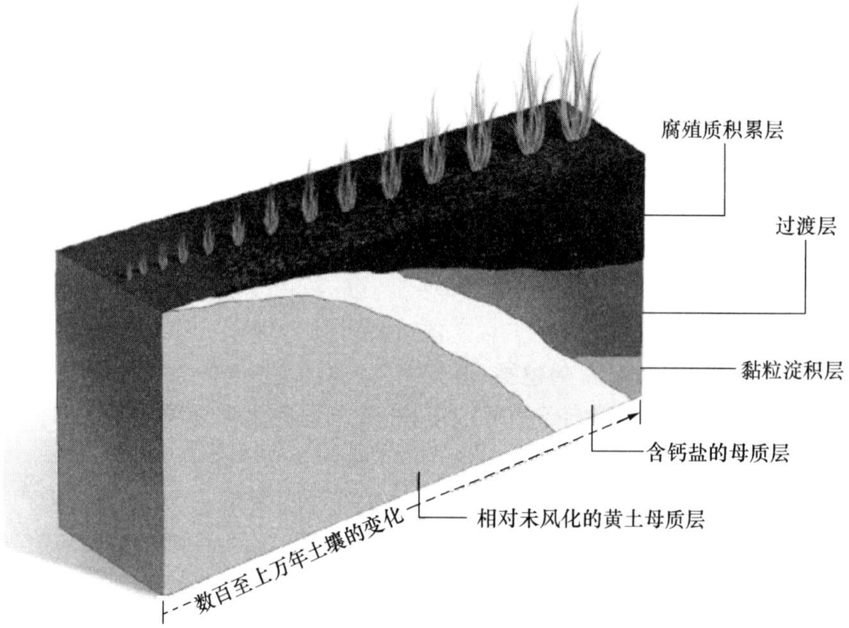

图 6-3　东北黑土的剖面结构

四、东北黑土退化现象

1. 黑土肥力降低

东北黑土开垦较晚，但是垦殖过程很快。南部地区开发约 210 年，北部地区开发约 60 年，中部地区开发约 100 年。在开垦过程中，由于粗放式开垦、过度利用加之耕作不合理，黑土退化速度非常快，主要表现为土壤有机质含量降低，视觉上表现为由黑变黄。据统计，海伦市 1981—2011 年的 30 年间表层黑土有机碳含量下降了 4 g/kg，其中厚层、中层和薄层黑土土壤有机碳含量分别以每年平均 0.29 g/kg、0.12 g/kg 和 0.10 g/kg 的速率下降。表层黑土碱解氮和速效钾的含量平均下降速率分别为每年 2.49 mg/kg 和 3.83 mg/kg。目前的黑土已进入相对较稳定的利用期，此时期土壤肥力朝着退化、维持和提升这三个演化方向发展，主要取决于不同的土地利用方式和农田管理措施。

2. 黑土耕层变薄，耕层结构性变差

开垦前的典型自然黑土的黑土层厚度为 20～40 cm，草甸黑土为 22～48 cm，白浆黑土为 25～50 cm。黑土开垦后，坡面水土流失，加上经历熟化过程，黑土层在一定程度上变薄。自然黑土腐殖质层厚度很少低于 30 cm，而根据全国第二次土壤普查结果，已有接近 40%面积的黑土腐殖质层厚度不足 30 cm，厚层黑土仅仅占 19.4%（《东北黑土区耕地质量主要性状数据集》,2015)。另外,不合理耕作导致土壤压实,耕层土壤容重增加,结构性变差,持水渗水能力下降,旱时板结僵硬,涝时杇黏。

3. 黑土水土流失严重

东北黑土区是我国除黄土高原外沟道侵蚀最为严重的区域。由于黑土质地松软,地处温带半湿润大陆性季风气候区,降水集中,同时受地形地貌和特殊的季节性冻融作用影响,极易发生沟道侵蚀。粗放的生产经营活动更是加剧了黑土区的水土流失。典型黑土区地形多为地势较为平坦的波状平原和台地低丘区,坡度缓,但坡长长(一般为 500～2 000 m),集雨面积大,导致每当夏秋季节出现暴雨时,地表径流集中,对土壤的冲刷力大,水蚀情况严重。春季土壤解冻时,冻融作用明显,表层土壤疏松,容易被融雪径流冲刷,促进了侵蚀沟的蔓延与发展。

据近年来的统计,典型黑土区水土流失面积约占总面积的 40%(周宝库,2011)。整个东北黑土区水土流失总面积为 25.88 万 km^2,约占总面积的 25%(水利部,2013)。东北黑土区水土流失类型以水蚀为主,面积为 16.48 万 km^2,风蚀面积为 8.81 万 km^2,冻融面积为 7.01 万 km^2。研究表明,现在东北黑土区长度为 100～5 000 m 的侵蚀沟共有 29.6 万条,其中 60%以上形成于耕地中(李智广等,2013)。如果包括长度小于 100 m 的侵蚀沟,全区共有约 60 万条(张兴义等,2018)。根据第一次全国水利普查结果,东北黑土区土壤侵蚀已经吞噬耕地约 48.3 万 hm^2,如按每公顷坡耕地生产玉米 7 500 kg 计算,每年损失粮食 36 亿 kg,已对黑土区的农业生产造成严重影响。《中国水土保持公报(2021 年)》显示,2021 年东北黑土区水土流失面积达 21.41 万 km^2,占其土地总面积的 19.68%。水土流失主要来源于 3°～15°坡耕地,占黑土地水土流失总面积的 46.4%。60%以上的旱作农田发生水土流失问题,黑土层正以年均 0.1～0.5 cm 的速度剥蚀流失。

4. 黑土土壤酸化

黑土的酸化现象集中表现在黑龙江省东部和东北部地区的草甸黑土和白浆化黑土地带。引起黑土酸化的原因主要有以下两方面:①工业废气、废水、废渣的排放,大气酸沉降增加,使黑土酸化速度加快;②过量施用化肥。

五、东北黑土资源保护

1. 加强黑土地保护与合理利用,建立可持续利用的长效机制

(1)加强相关基础科学问题研究　相关研究包括黑土退化驱动因素、过程解析、退化负面响应、退化形态压力、退化防控对策等。

(2)在核心技术上突破瓶颈　高肥力黑土保育、瘠薄黑土培肥、坡耕地黑土治理、障碍土壤改良技术等是目前黑土保护的核心成果。同时还需要研发包括有机质提升模式、水土流失治理模式、水肥高效利用模式、节水保肥模式、障碍土壤治理模式等区域发展综合技术模式。

(3)建立黑土质量长期监测体系　对黑土农田土壤质量、农业水资源、肥料高效利用、农业产地环境及微生物多样性等进行长期监测,为黑土资源持续利用提供基础资料。

(4)设立黑土保护利用试验示范区　遵循科学规律,设立黑土保护利用试验示范区,引导农民和当地政府正确处理利用和保护的关系。通过水分平衡、水土保持治理、作物配置、耕制调整、栽培管理等措施的示范推广,使“水、土、气、生”条件得到保护与持续,提高黑土资源的生产能力,通过有机培肥、秸秆还田、碳氮平衡、水热协调、平衡施肥等措施的示范推广,不断促进黑土耕地质量的稳定与提升。

2. 加强黑土地资源保护的宣传力度

黑土资源保护不仅是一个长期过程，更是一个社会系统工程，全社会对黑土保护负有共同责任。应通过各种新闻媒体手段和科普讲座形式，加强对黑土地资源保护的宣传力度，提高全民保护意识。

任务六　设施农业土壤质量退化特征与修复技术

一、设施农业的概念与内涵

设施农业是指借助一定的硬件工程设施，通过对生物生长的全部或部分阶段所需的环境条件（温、光、水、气、营养等）进行调节、控制乃至创造，使其尽可能满足生长需要，满足社会对农产品质与量的需求而进行的技术密集型农业生产。

目前，设施农业生产可分为两大类（图 6-4）：①设施种植业，如温室栽培、塑料大棚栽培、无土栽培等；②设施养殖业，如畜禽舍、养殖场及草场建设等。其中，设施种植业是我国设施农业的支柱产业，亟待解决的问题最多。

图 6-4　设施农业

二、设施种植业的意义

1. 保障了蔬菜周年供应

设施种植使作物能够在人工保护条件下进行生产，在一定程度上摆脱了大自然的束缚，克服了农产品生产的季节性，为蔬菜周年均衡供应提供了重要保障。

2. 促进了农民增收

设施农业是一个高投入、高技术集成、高产出的产业，单位面积产值远高于大田作物，在农民持续增收方面发挥了重要作用。

3. 带动了城乡劳动力就业

设施农业是劳动密集型产业，会带动农资、建材、物流等相关产业发展，能够创造大量的就业岗位。

4. 提高了资源利用效率

设施种植有利于实现农业生产从“资源依存性”转向“科技依存性”，可以缓解甚至解决生物与其生长环境、人与自然资源及社会需求与供给等方面可能存在的矛盾，提高资源利用效率。

三、我国设施种植业现状

自20世纪70年代中期引进设施栽培技术以来，设施蔬菜种植在我国发展十分迅速（图6-5）。2022年我国设施农业种植面积42 070多万亩，占全世界设施农业种植总面积的80%以上。设施农业的发展不仅极大地满足了人民生活水平提高的需要，而且成为改造传统农业走向现代农业、增加农民收入的重要手段。然而，由于设施大棚生产具有种植密度大、复种指数高和大量施用化肥、农药等管理特点及高温高湿的环境特点，在发展过程中产生了大量的问题，特别是土壤退化问题。

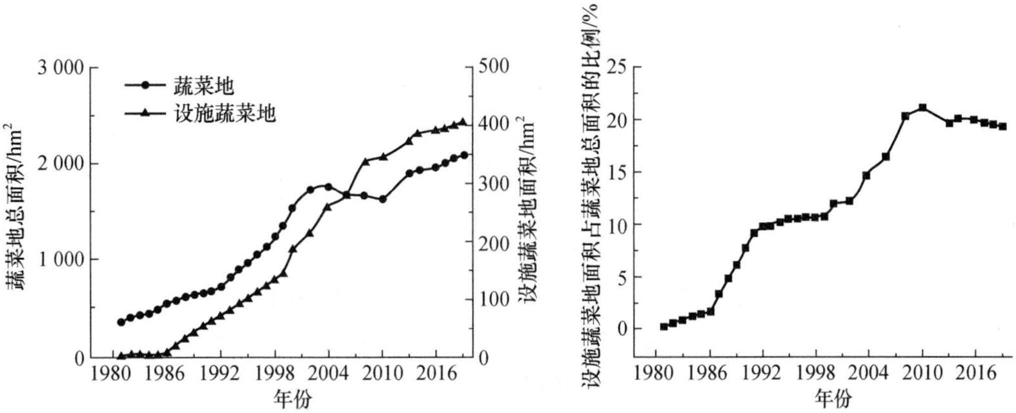

图6-5　我国蔬菜种植面积的变化

（董静等，2017，有修改，数据扩展至2019年）

四、设施种植业存在的问题

（一）我国设施种植业硬件和管理方面的普遍问题

1. 设施水平低，环境调控能力不足

我国的设施农业硬件以结构简单的塑料大棚与日光温室为主，只能起到一定的保温作用，抗御自然灾害的能力差，难以调控光、温、湿、气等环境因子。

2. 机械化水平低，生产效率普遍较低

自动控制设备不配套，机械化作业水平低，各种作业机械与国外先进水平还有较大差距，在很多方面还是空白。原始的手工劳动强度大、工作环境差、效率低。

3. 栽培技术不配套

发达国家发展工厂化农业采取的是“高投入、高产出”的高科技路线，而我国大多采用的是基础设施低投入、低能耗的技术体系。温室结构简易、环境控制能力低；栽培管理主要靠经验，与数量化和指标化生产管理的要求相差甚远；温室种植品种也大多是从常规品种中筛选出来的，还没有专用型、系列化的温室栽培品种，同时缺乏高强度农业生产模式的可持续发展理论体系和技术规范，栽培管理主要靠经验，产量低、品质差。

4. 运行管理水平较低,缺乏科学统一规划

我国仍以经验和粗放的管理手段为主,农民自发行为普遍,生产不规范。

(二)我国设施种植业土壤面临的主要问题

1. 土壤养分过量积累

设施种植业生产的一个普遍特点是氮、磷、钾养分投入量大,远远超过作物需求,导致肥料利用率低,在土壤中大量积累。以氮肥为例,调查数据显示,设施种植业生产每年氮肥投入量(N)高达 1 000～4 000 kg/hm^2,是大田作物的几倍甚至十几倍。设施栽培土壤氮、磷、钾、硫等元素的积累量已经远远超过自然土壤和大田土壤的正常含量水平,成为导致设施栽培土壤生产力退化的主要因素,与酸化、次生盐渍化、土传病害及环境风险密切相关。

2. 土壤酸化和次生盐渍化

过量施肥,尤其是氮肥,会导致设施大棚土壤严重酸化。

过度施肥和养分过量积累造成的另一个问题是土壤次生盐渍化。调查发现,我国约 40% 的设施大棚土壤已经发生明显的次生盐渍化。通常情况下,硝酸盐和硫酸盐大量累积是引起次生盐渍化的两种主要形式。

3. 土壤生物退化,作物土传病害频发

健康的土壤微生物区系是维持土壤健康,发挥其生产功能和生态服务功能的重要基础。由于作物单一,种植强度高,土壤理化性质恶化,设施种植导致土壤生物的多样性下降和土传病原生物丰度增加,不仅造成土壤养分转化速率和活性下降,而且导致土传病害(图 6-6)频发,作物产量和品质严重受损。现在土传病害是设施农业生产中普遍存在的问题,不仅造成巨大的经济损失,而且导致农药施用量增加,影响食品安全。

茄子枯萎病　　西瓜枯萎病　　草莓青枯病

图 6-6　设施种植业土传病害

4. 土壤重金属和有机污染物富集

蔬菜大棚种植多采用高投入、高产出、集约化的栽培措施,生产者为追求高产,往往过量施用化肥、农药及畜禽粪便,这会造成温室土壤中重金属的积累,导致大棚土壤受到不同程度的污染,对农业生产和人体健康造成威胁。在日光温室栽培条件下土壤长期处于封闭的环境,一方面,蔬菜在生长过程中需要频繁灌溉来满足水分要求,随着水分的下渗,会有部分重金属离子向下层土体移动;另一方面,由于温室内部的高温、高湿和高蒸发量,一部分重金属离子还会随水分的蒸发上升到地表。所以,日光温室特殊的水热条件及栽培管理措施将会对重金属在土壤中的迁移、累积及形态分布产生一定的影响。

有研究结果表明，设施大棚土壤中 Cd、Cr 和 Cu 等重金属浓度随种植年限的增加呈逐渐增加趋势，导致设施大棚蔬菜组织中重金属含量高于露天大田蔬菜。此外，农药和塑料膜等的大量使用会造成土壤有机污染物积累。

五、设施种植业退化土壤修复方法

（一）土壤酸化和次生盐渍化修复方法

目前，生产上主要通过施用石灰和草木灰等碱性物质中和土壤酸性，这是在短时间内迅速提高土壤 pH 的最有效办法。但是，施用石灰会带入大量盐基离子（如 Ca^{2+}），加重盐渍化。施用有机肥对改良土壤酸化也有一定的作用效果，但需长期大量施用才可使酸化状态得到改善。

目前，常采用的土壤次生盐渍化修复方法是通过大水漫灌淋洗土壤中的可溶性盐分。但是，从土体中淋洗出的盐分可能会进入地下水或江河湖泊之中，引发水体的污染问题。

（二）作物土传病害修复方法

土传病害是限制设施农业发展的重要瓶颈，现在主要的应对措施有以下几种。

1. 化学农药

施用化学农药（如杀菌剂）杀灭土壤中的病原微生物是目前生产上应对土传病害的最主要措施。然而，土传病原微生物存在于土壤中，从作物根茎部侵入作物内部，喷洒的农药很难到达病原微生物生长之处，因此，农药防治效果并不佳。实际生产中农户往往预防性喷洒大量农药，造成农药过量、过度使用。另外，有些化学杀菌剂还会带来环境问题，如 20 世纪大量使用的溴甲烷，一度被认为是杀灭土传致病菌、减缓土传病害发生的最有效办法。随后人们逐渐认识到溴甲烷会破坏平流层臭氧，于是《关于消耗臭氧层物质的蒙特利尔议定书》明确规定禁止将溴甲烷作为土壤熏蒸剂使用。随着人们对食品安全和环境保护的重视程度日益提高，化学农药的使用将进一步受到限制。

2. 作物轮作

合理的作物轮作措施能够在一定程度上缓解土传病害，但其效果受轮作作物和轮作时长的影响。水旱轮作是目前生产上解决土传病害最有效的措施之一。

3. 休闲期灌水闷棚

在夏季高温休闲期，灌水闷棚也是设施农业生产者常采取的办法。但是，灌水闷棚时间一般较短，对一些病害高发的土壤作用效果不佳。

4. 施用有机肥和生物有机肥

有机肥和生物有机肥的施用，促进了土壤中多种微生物的大量繁殖，增加土壤中微生物的群体数量，改善土壤结构，提高土壤中微生物的活性，从而调节土壤微生物生态平衡，有利于抑制农作物病害的发生。近年来，许多研究表明，添加生物有机肥在改良设施蔬菜土壤方面发挥着重要作用（图 6-7）。需要注意的是，要选择符合标准的有机肥，避免造成重金属污染和生物污染。

5. 强还原土壤处理法

强还原土壤处理法（reductive soil disinfestation，RSD）是 21 世纪新提出的一种土传病害修复方法。通过向土壤中添加易分解有机物、灌水和覆膜，在短时间内创造强烈的还原环境，

对照处理　　生物有机肥处理

图 6-7　生物有机肥抑制西瓜枯萎病发生

可有效改善土壤微生物群落结构，杀灭病原微生物，并且可以修复土壤酸化、次生盐渍化等理化性质退化问题(图 6-8)。这是一种环境友好且能全面消除障碍因子的方法，它的修复效果已经得到广泛验证。

A　B　C　D

图 6-8　RSD 处理操作流程

A. 新鲜秸秆就地粉碎还田　B. 干燥固体有机物料与土壤均匀混合
C. 液体有机物料灌溉施入土壤　D. 灌水至饱和后覆膜

任务七　高标准农田耕地质量及地力培肥

农田土壤质量是土壤肥力质量和土壤健康质量的综合反映。土壤肥力质量是土壤固有特性满足植物生产要求的程度，是土壤物理、土壤化学和土壤生物学性质的综合反映。通常用可描述的定性指标或可检测的定量指标说明土壤能够提供植物生长所需的生活条件和生产农产品的能力，即农田土壤肥力水平高低，或农田土壤肥力质量优劣。土壤健康质量是土壤容纳和净化污染物质、保障清洁生产和提供人畜所需养分的能力，由土壤中污染物含量、对生物直接或潜在危害程度，以及相关土壤性质决定。联合国粮农组织将土壤健康定义为“土壤作为一个生命系统具有的维持其功能的能力”。健康的土壤能维持多样化的土壤生物群落，这些生物群落有助于控制植物病害、虫害以及杂草，有助于与植物的根形成有益的共生关系，促进植物养分循环，对土壤持水能力和养分承载容量产生积极影响，从而改善土壤结构，并最终提高作物产量。

土壤形成和更新速度非常缓慢，土壤已有的自然肥力会因长期耕种而发生变化，通过有效的培肥可以保持肥力平衡或提高，相反，土壤肥力质量也可能在不利的因素作用下受到破坏。

联合国2015年发布的《世界土壤资源状况》指出，全世界土壤面临严重威胁，防治土壤退化的任务十分艰巨。例如，侵蚀每年导致(2.5～4.0)×10^{10} t表土流失，导致作物产量、土壤的碳储存和碳循环能力下降，土壤中养分和水分明显减少，侵蚀造成谷物年产量损失约7.6×10^{6} t，土壤中盐分的积累导致作物减产，人为因素引起的盐渍化影响了全球大约7.6×10^{5} km^2 的土地。长期以来，发达的工业生产和高投入高产出的农业生产模式对土壤健康质量产生深刻的影响，成为土壤污染防治的新课题。

一、优质农田土壤基本特性

农田土壤是指由自然土壤发育而成的可供农作物生长、发育、成熟的已开发利用的土壤，俗称耕地或农用地。中国土壤资源丰富，农业利用方式复杂，肥沃土壤的生产性能也不尽相同。优质农田土壤的性状既有共性，也因土壤类型不同而有其特殊性；但与同地区一般土壤比较，具有土地平整、耕作层深厚、土壤肥沃无明显障碍因素、灌溉排水设施完善等，土地集中连片，路、林、电等农田基础设施配套，适于机械化作业，土壤基础肥力高，土壤无污染，环境质量优良，农作物生产可达到持续高产稳产、优质高效的基本特性。

1. 地面平整，集中连片，林网、道路等田间设施完善，适于现代化农业生产

地面平整可以有效地防止水土流失和地表冲刷，促进降水渗入土体，有利于土体内水分、养分均匀分布，也是大型农业机械作业的有利条件；田间道路硬化，可保障机动车高效运行，是规模化、机械化现代农业生产模式的保证；在东北、西北的风沙区和华北、西北的干热风等危害严重的地区，农田防护林网完善，是高产稳产农田防范自然灾害的保障。

2. 灌排设施完善，旱能灌，涝能排，农作物生产需水有保障

土壤水分供应充足，旱能灌，涝能排，是农作物优质高产的保证。高产稳产、优质高效的农田土壤，应是灌溉水源有保证，水质优良，污染物含量符合《农田灌溉水质标准》(GB 5084—2021)，渠水灌溉区田间明渠输配水工程渠系建筑物(农桥、涵洞、闸门、跌水与陡坡、量水设施等)配套完整，因地制宜，地面灌溉、喷灌或微灌设施完善。

3. 耕作层深厚，土体构型良好，理化性质优良，无明显障碍层次

高度肥沃的旱地土壤一般具有上虚下实的土体构造，由表层向下一般可分为耕作层、犁底层、心土层和底土层。耕作层疏松深厚(20～30 cm)，能为作物提供优厚的物质基础。土壤理化性质优良，适宜于农作物生长：一般pH 6～7.5，Eh值200～400 mV，阳离子交换量18 cmol(+)/kg以上，盐基饱和度60%～80%；轻壤至重壤质地，耕性良好，有较多的水稳定性和临时性的团聚体，土壤密度1.0～1.25 g/cm^3，土壤孔隙度稍大于50%，通气孔在10%以上；耐旱保墒，土温上升快而变幅小，能保温，适播期长。心土层较紧实，质地黏重，无潜育现象，既有利于通气、透水、增温、促进养分分解，又有利于保水和保肥。上下土层密切配合，整个土体能协调供应作物高产所需要的水、肥、气、热等条件，且土体中无明显黏盘层、沙砾层等障碍因素。

肥力高的水稻土一般应具有松软肥厚、水稳性团聚体丰富、微酸性的耕作层(厚度一般为18 cm左右)，既滞水又透水、发育良好的犁底层(厚度10 cm左右)，通气透水性好的斑纹层(心土层、潴育层)，以及埋藏较深、保水性较强的底土层(淀积层或青泥层)。各层相互协调，上下之间又互有联系、相互依存，构成一个有机整体，既有利于养分释放和供应，又可促进根系的活动，且肥效稳长，易于调节管理，可获得水稻高产稳产的效果。一般肥沃水稻土多为爽水田，日渗漏量以9～15 mm为宜。

4. 适量协调的土壤养分

肥沃土壤的养分含量不是越多越好，而要适量协调，达到相对稳定的水平。北方高产旱作土壤，有机质(C)含量一般在 20 g/kg 以上，全氮(N)含量达到 1～1.5 g/kg，水解氮(N)含量为 90～120 mg/kg，速效磷(P_2O_5)含量在 20 mg/kg 以上，速效钾(K_2O)含量为 150～200 mg/kg；肥沃水稻土的适宜有机质(C)含量为 20～40 g/kg，全氮(N)含量为 1.3～2.3 g/kg，全磷(P_2O_5)和全钾(K_2O)含量分别为 1.0 g/kg 和 15.0 g/kg 以上。农田土壤中的 Zn、Cu、Mo、B 等微量元素可以满足农作物生长的需要，或因缺补缺即可满足作物生长的需要。

耕作层土壤重金属含量应符合《土壤环境质量　农用地土壤污染风险管控标准(试行)》(GB 15618—2018)。

二、优质农田土壤培肥措施

随着对土壤生产力要求的提高，人们日益重视土壤培肥，运用有效的农业技术措施培肥地力，建设高标准农田，提高农田土壤肥力质量。

1. 加深耕作层，增施有机肥料，改善耕层土壤理化性质

加深耕作层，深翻深松，使农田耕作层土壤疏松程度与土体厚度满足作物生长及施肥、蓄水保墒的需求。广开肥源，增施有机肥料(腐熟堆肥、沤肥、绿肥和秸秆肥等)，提高土壤有机质含量，改善耕作层土壤理化性状，提高土壤肥力(表 6-3)。

表 6-3　高标准农田耕作层土壤培肥指标

区域	类型区	土壤有机质含量/(g/kg)	pH	其他
东北区	漫岗台地类型区	22～35	6.5～7.5	100 cm 土体内盐分含量，硫酸盐为 3～6 g/kg，氯化物为 2～4 g/kg
	平原低地类型区	25～40	6.5～7.5	
	风蚀沙化类型区	10～20	7～8	
华北区	平原灌溉类型区	15～18	7～7.5	
	山地丘陵类型区	12～15	7～7.5	
	低洼盐碱类型区	10～20	7.5～8.5	
西北区	黄土高原类型区	12～15	7～7.5	100 cm 土体内盐分含量，硫酸盐为 3～6 g/kg，氯化物为 2～4 g/kg
	内陆灌溉类型区	15～20	7～7.5	
	风蚀沙化类型区	6～15	7.5～8.5	
西南区	平原河谷类型区	25～40	5.0～5.5	
	高山高原类型区	10～35	5.5～7.0	
	山地丘陵类型区	15～35	5.5～7.5	
东南区	平原河湖类型区	30～40	5.5～7.0	
	丘岗冲垄类型区	15～35	5.5～7.0	
	山坡旱地类型区	15～30	5.5～7.0	

2. 有机肥与无机肥结合，多元素配合，科学合理施肥

土壤有机质提升的基础上，有机肥与无机肥结合、多元素配合、科学合理施肥，使土壤养分平衡供应。实施测土配方施肥水肥一体化和机械耕种等施肥技术，实现肥沃农田的高产目标。

3. 合理耕作和灌溉

深耕结合施用有机肥料，是培肥改土的一项重要措施。深耕的作用是加厚耕作层，改善土壤结构和耕性，降低土壤密度，使土肥水相融，促进微生物的活动，改善作物的环境条件，加速土壤熟化。深耕应逐步加深，不乱土层。深耕的时间要因地制宜，华北和西北地区以秋耕和伏耕为佳。在南方稻麦两茬、水旱轮作地区，大多在秋种和冬种前进行深耕，有利于晒垡、通气，改善稻田土壤的理化性质。在南方两稻一肥地区，入冬前要赶种绿肥，在春天翻压绿肥时进行深耕。深耕还应与耙耱、施肥、灌溉相结合。合理的耕作可以调节土壤固、液、气三相物质比例，增强土壤通透性，加速土壤熟化。免耕和保护性耕作可以使易受侵蚀的土壤得到有效保护。依据作物类型和土壤特点，建立合理耕作制度，有助于改善土壤理化性质，提高土壤蓄水和透气性能，促进微生物活动，加速养分分解转化，提高土壤供肥能力。重视灌水与其他增产措施的配合。改进灌溉技术，节约用水，完善灌排水系统，保护地下水资源，防止次生盐渍化；防止次生潜育化。合理灌排可以调节土壤水、肥、气、热状况，提高土壤肥力和根系吸收能力。

4. 合理轮作，消除或减轻连作障碍，用地与养地结合

大豆和某些蔬菜等作物连作，会发生病害、减产、农产品质量下降等障碍。不同作物吸收养分的数量不同，根据作物对土壤养分的影响程度，分为耗地、养地和自养三类作物。各地应根据自然条件、生产条件和用地经验，因地制宜合理安排有利于养地增产的轮作方式，如绿肥与大田作物轮作、豆类与粮棉作物轮作、水旱轮作等。轮作倒茬一方面要考虑茬口特性，另一方面要考虑作物特性，合理搭配耗地作物（水稻、小麦、玉米）、自养作物（大豆、花生）、养地作物（草木樨、紫云英、箭筈豌豆）。根据各地经验，有利于养地增产的轮作类型有下面几种。

（1）绿肥作物与大田作物轮作　包括粮食作物与绿肥作物轮作，经济作物（如棉花等）与绿肥作物轮作。因地制宜，力求将绿肥作物安排在大田作物轮作制中，实现用地样地结合的生产方式。

（2）豆类作物与粮棉作物轮作　在人多地少的地区，用豆类作物代替绿肥解决粮肥争地的矛盾，其轮作方式，在华北有小麦、大豆轮作，稻田多复种蚕豆、豌豆；在东北有大豆-高粱-玉米或大豆-小麦-玉米等轮作模式。

（3）水旱轮作　利用水旱交替，改善土壤通气状况和土壤结构，防止连年种稻而引起土壤理化性质恶化。常用的水旱轮作是冬作物与水稻轮作，早稻或西瓜与冬季作物（油菜、蚕豆、豌豆等）轮作。

5. 消除土壤有害、有毒物质

增施有机肥料、酸性肥料可减轻盐碱危害；大水压碱可降低耕作层盐分浓度；营养钵育苗、肥土护根可减少根系与盐碱接触；开沟种植、合理中耕等也可减轻盐碱对作物的危害。

低洼湿地或长期积水的水稻田，可采用排水晒田、水旱轮作等消除还原性有毒物质。常规农田应实施污染物检测监控制度，预防为主，消除污染危害。

三、高标准农田建设与提升

高标准农田是指土地平整，集中连片，耕作层深厚，土壤肥沃无明显障碍因素，田间灌排设施完善，灌、排保障完善，路、林、电等配套，能够满足农作物高产栽培、节能节水、机械化作业等现代化生产要求，达到持续高产稳产、优质高效和安全环保的农田。农田综合生产能力是指一定时期和一定经济技术条件下，由于生产要素综合投入，农田可以稳定达到的粮食产出能力。

生产要素包括农田基础设施、土壤肥力，以及优良品种、灌溉、施肥、植保和机械作业等农业技术。通过建设高标准农田，实现农田"地平整、土肥沃、旱能灌、涝能排、路相通、林成网"，既能显著增强农田防灾减灾、抗御风险的能力，也可方便农机作业，创造作物优质高产的良好土壤环境条件，提高农业生产效率。主要建设内容包括以下六点。

（1）整治田块　根据土地利用总体规划确定的耕地和基本农田布局，充分考虑水资源承载能力和生态容量等因素，进一步优化农田结构布局。合理划分和适度归并田块，平整土地，减小农田地表坡降。根据地形地貌、作物种类、机械作业效率、灌排效率和防风害等因素，合理确定田块的长度和宽度。深翻深松土地，通过客土充填、剥离回填肥沃的表土层，改善农田耕作层。实施坡耕地水土流失综合治理，因地制宜修筑梯田，增强农田保土、保水、保肥能力。

（2）土壤培肥　采用农艺、生物等各类措施，对田间基础设施配套建设后的耕地，进行土壤改良、培肥地力。

（3）建设灌排设施　按照大中小微并举、蓄引提调结合的要求，加强水源工程建设。按照灌溉与排水并重、骨干工程与田间工程并进的要求，配套建设和改造输水和排水沟渠（管道）、泵站及渠系建筑物，开展灌溉排水设施建设。因地制宜推广渠道防渗、管道输水、喷灌、微灌、沟畦灌、水稻控制灌溉等节水灌溉技术。

（4）整修田间道路　按照农业机械化的要求，优化机耕路、生产路布局，合理确定路网密度，整修和新建机耕路、生产路，配套建设农机下田（地）坡道、桥涵等附属设施，提高农机作业便捷度。

（5）完善农田防护与生态环境保持体系　在受大风、沙尘暴等影响严重的区域，以及水土流失易发区，加强农田防护与生态环境保持工程建设。根据防护需要，新建、修复农田防护林网。在水土流失易发区，修筑岸坡防护、沟道治理、坡面防护等设施。

（6）配套农田输配电设施　对适合电力灌排和信息化管理的农田，铺设高压和低压输电线路，配套建设变配电设施，实现农田机井、泵站等供电设施完善、运行良好。

【复习思考】

1. 简述优质农田土壤的基本特性。

2. 简述建设高标准农田的主要措施。

3. 什么是土壤污染？土壤污染的主要特点有哪些？简述土壤污染预防管理途径和污染土壤修复的主要技术。

4. 分析不同区域土壤侵蚀、土壤沙化、土壤次生盐渍化、土壤次生潜育化、耕层土壤理化性质变劣的主要成因和危害现状，探讨防治不同类型土壤退化的有效途径。

【知识拓展】

《中华人民共和国黑土地保护法》

第十三届全国人大常委会第三十五次会议于 2022 年 6 月 24 日审议通过了《中华人民共和国黑土地保护法》（以下简称《黑土地保护法》），自同年 8 月 1 日起施行。作为一部专门保护黑土地的重要法律，《黑土地保护法》针对黑土地的特点构建了特别的法律制度和措施，对于保障国家的生态安全和粮食安全，必将产生深远的影响。关于该法的立法目的，主要有以下几方面。

一是保护黑土地资源。土地资源既包括自然范畴,即土地的自然属性,也包括经济范畴,即土地的社会属性,是人类的生产资料和劳动对象。黑土地资源是土地资源中的优质资源,极为珍贵。因此,制定该法,首先要保护黑土地资源,将黑土地资源的保护置于我国经济和社会发展的战略地位。

二是稳步恢复提升黑土地基础地力。基础地力是指耕地的基础能力,也就是由耕地的地形地貌条件、成土母质特征、农田基础设施及培肥水平、土壤理化性状等综合构成的耕地生产能力。基于黑土地在耕地中的地位以及近年来黑土地的基础地力流失过快的实际情况,国家将稳步恢复提升黑土地基础地力作为立法的重要目标,具有很强的针对性。

三是促进资源可持续利用。所谓资源可持续利用,是指充分、合理、节约、高效利用现有资源,不断开发新的替代资源,以保证人类对资源的永续利用,满足当代与后代发展的需要,这是人类开发利用资源的一种新型价值观念。我国制定黑土地保护的专门法律,目的在于实现黑土地资源的可持续利用,以支持我国经济和社会的可持续发展。

四是维护生态平衡。保护黑土地是维护生态平衡的现实需要。近年来,由于黑土地的土壤持续恶化,人与黑土地的自然和谐局面面临前所未有的挑战,因此该法将维护生态平衡作为重要的立法目的之一,强调从源头上扭转生态环境恶化趋势。

五是保障国家粮食安全。黑土地是我国极其珍贵的土地资源,目前,东北地区的黑土地是我国玉米种植带的核心,也是重要的肉、乳生产带,是我国重要的商品粮生产基地和畜牧产品的生产大本营。黑土区每年提供的商品粮占全国的1/3左右。黑土区的粮食生产情况直接关系全国粮食生产形势,如果这一地区的粮食生产出现问题,将对全国粮食供求产生重大影响。黑土地区在保障国家粮食安全中具有不可替代的重要地位。

【思政视角】

农业科技战线上的“两弹一星”——黄淮海平原盐碱地治理与开发

黄淮海平原位于冀、鲁、豫、皖、苏五省和京、津两市,约有耕地2.8亿亩,历史上长期遭受盐、碱、旱、涝危害,粮食不能自给,严重依赖“南粮北调”,每年吃掉国家大量返销粮。

为了扭转这种局面,从1973年开始,由农业部主持,中国科学院、水利部、林业部和冀、鲁、豫、皖、苏五省参加,设立12个试验区,开展了跨部门、跨行业、多专业、多学科的大型协同科技攻关。在治理过程中,老一辈科研人员开展了大量艰苦的实地考察和长期的科学研究工作,将土壤学基础理论跟生产实践相结合,通过科技攻关共获得了67项重大科技成果,其中有16项达到国际水平,12项填补国内空白。例如,中国科学院南京土壤研究所以熊毅院士为代表的科研先辈选择当时旱涝盐碱严重的河南省封丘县,在我国首次进行“井灌井排”试验,当年便取得了综合防治旱涝盐碱的显著效果。“井灌井排”这一技术很快在黄淮海平原及我国北方平原地区得到大规模的推广应用,使大面积盐碱化和沼泽化的土地迅速得到了改良。中国农业大学的专家学者以河北省曲周县为研究区域,用砖头垒垛当实验台,用手攥、用嘴尝测盐分,走遍了曲周的各个角落。经过大量艰苦的调查研究,摸清了曲周县地下水盐运动规律,提出“井沟结合,农林水并举”综合治理方案。一代又一代中国农业大学的科研工作者扎根曲周,接续奋斗,取得了丰硕的成果。这些都是老一辈科学家和科技工作者顾全大局、敬业进取、攻坚破难、无私奉献、大力协作的事迹和严谨的科学精神的缩影，至今仍鼓舞着广大科技工作者。

黄淮海平原旱涝盐碱综合治理作为我国历史上最大的一次农业科技大会战，先后共有200多个科研单位和大专院校，1 000多名科技人员直接参与，被誉为农业科技战线上的“两弹一星”，取得了领先世界的科技成果，成功实现了对黄淮海平原盐碱土的治理。12个试验区粮食亩产由治理前的30～70 kg，提高到1989年的425～900 kg，为我国粮食产量增长、解决粮食安全问题做出了重大贡献，所产生的经济、社会、生态效益显著。1993年，“黄淮海平原中低产地区综合治理的研究与开发”项目获国家科技进步特等奖。

项目七　土壤养分与植物营养

土壤中添加矿质元素对农业生产中作物生长发育的有益影响在 2 000 多年前已经得到了证实。介质中充足的养分供应对于保证植物正常的生长发育是必要的。

任务一　土壤养分及其转化

土壤元素的生物地球化学循环是“土壤圈”物质循环的重要组成部分,也是陆地生态系统中维持生物生命周期的必要条件,对于陆地生态系统生产力的形成以及对生态环境净化具有重要的影响。土壤中化学元素以能量传递为驱动力,沿着土壤—生物—大气进行物质循环传递的过程称为土壤元素的生物地球化学循环。人们在研究土壤生态系统时,通常以植物为主体,并把土壤生态系统的主要过程界定为:土壤—植物—大气。

来自土壤的元素通常可以反复循环和利用,典型的再循环过程包括:①植物从土壤中吸收营养元素;②植物的残体归还土壤;③土壤微生物分解植物残体,释放营养元素;④营养元素再次被植物吸收。可见土壤元素循环是在生物参与下,营养元素从土壤到植物,再从植物回到土壤的循环,是一个复杂的生物地球化学过程。由于不同营养元素的化学、生物化学性质不同,循环过程各有特点。

一、土壤碳的生物地球化学循环

土壤碳库是陆地生态系统中最大的碳库,对全球气候变化和人类生存环境有着重要的影响。众所周知,大气中主要以二氧化碳的形式储存着大量的碳,二氧化碳含量的增加会引发全球气温上升。然而被大多数人忽略的是我们脚下的土壤,全球土壤碳库是陆地生态系统中最大的,几乎是大气中的 3 倍,是陆地植被碳库的 2～3 倍,因此土壤碳库在全球碳平衡及循环中起着举足轻重的作用。土壤碳含量变化及土壤碳变化规律预测已成为当前全球气候变化研究的热点之一。

(一)土壤碳循环

土壤碳的生物地球化学循环是碳在大气、陆地生命体和土壤有机质几个分室中的迁移、转化过程。土壤碳循环的各主要过程见图 7-1。

陆地植物每年固定的碳中约有 1/2 因呼吸作用以 CO_2 的形式返回大气。通过净光合作用每年进入土壤的有机碳,可经土壤呼吸作用(包括有机残体的分解、土壤有机质矿化、微生物

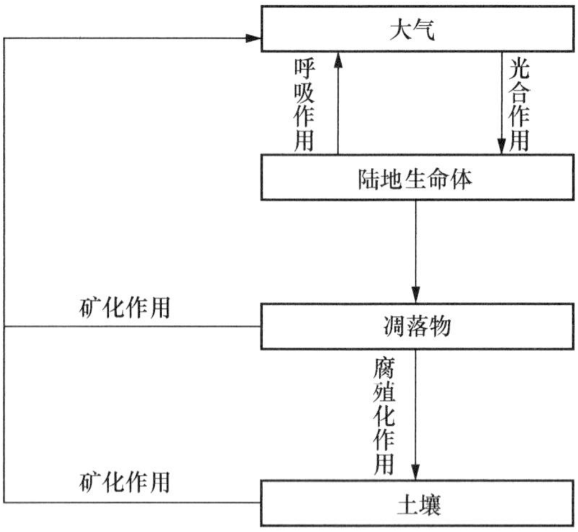

图 7-1 土壤碳生物地球化学循环概图

呼吸、根呼吸等)再向大气释放 CO_2。因此,虽然各碳库的储量是动态变化的,但陆地生态系统的碳总量基本上平衡。

概括而言,陆地生态系统中,光合作用吸收大气 CO_2,合成有机碳化合物,经过生态系统内植物和土壤中的一系列复杂的代谢转化过程,最终有机碳化合物通过呼吸作用(自养呼吸和异养呼吸)分解消耗,以 CO_2 形式返回大气,如此循环往复,构成了土壤的碳循环。

1. 土壤碳库在生物地球化学循环中的周转

土壤碳库在生物地球化学循环中的周转速度与土壤有机质的平均停留期有着密切的关系。光合产物进入土壤中后,一部分矿化为 CO_2,与此同时,一部分变为微生物体,还有一部分转化为腐殖质。微生物将经历与光合产物同样的命运,即一部分矿化为 CO_2,一部分变为新一代的微生物体,一部分变成腐殖质,最后仍矿化为 CO_2。如此循环往复,整个土壤有机碳处于动态平衡中。土壤有机质按生物学稳定性可分为不同的组分,各组分的数量取决于其本身分解的难易程度和其输入速率,其中分解最慢的组分(胡敏酸、蜡和某些稳定的环状结构化合物等)的数量最多,其次为分解较慢的组分(木质素、树脂和某些芳香族化合物),再次为不溶性物质的组分(纤维、脂肪),而氨基酸、简单糖类和低分子脂肪酸等易分解组分的数量最少。它们在土壤中的停留期依次分别为几年到几千年、几个月到几年、几天到几个月和几小时到几天。不同土壤层中有机碳的平均停留期受土壤有机质的性质和数量、腐殖质的特性以及环境条件等影响,一般为 100～3 000 年。然而,进入地质大循环的土壤碳的周转时间则可达几百万年甚至几亿年,远远长于大气碳库和陆地植被碳库,可见土壤碳库在生物地球化学碳循环中周转速度最慢。这里所说的土壤碳的地质大循环是指碳由土壤圈到海洋圈再到岩石圈最后又回到土壤圈的地质大循环过程。因此,土壤在碳循环过程中充当"储存库(汇)",土壤有机碳分解和积累速率的变化直接影响全球的碳平衡。土壤碳库储存对减缓大气 CO_2 浓度上升具有重要意义。

2. 土壤碳循环对土壤氮、硫、磷循环的影响

土壤中物质和能量的循环强度不仅影响土壤的碳排放,也影响陆地植被的养分供应。一方面,土壤碳循环是土壤氮、硫、磷循环的驱动因子,只有在适宜于土壤有机碳积累的条件下,有机氮、硫、磷含量才会增多;另一方面,土壤有机碳的矿化伴随着有机氮和碳键硫的矿化。若土壤退化是有机碳损失引起的，有机磷的损失将比碳和氮的损失少，硫的损失在一定程度上也比碳和氮少；如果是因为硫和磷的损失而引起的土壤退化，碳和氮的损失将比硫和磷的损失少。

3. 土壤碳循环对环境的影响

泥炭土、沼泽土和水稻土中逸出的 CH_4 是大气中 CH_4 的主要来源之一。水稻土面积的扩大增加了大气中 CH_4 的浓度。将泥炭地作为农业用地时需要排水，这将改善土壤的通气性，从而加速泥炭的微生物降解；泥炭地的疏干，特别是热带雨林的开垦，将显著增加土壤中 CO_2 净逸出量，增加大气中 CO_2 的浓度。大气中 CH_4 和 CO_2 量的增加会通过温室效应而使气候变暖。

(二)光合作用

绿色植物吸收太阳光的能量，同化 CO_2 和 H_2O，制造有机物质并释放氧的过程，称为光合作用(photosynthesis)，是土壤碳循环中重要的碳同化途径。光合作用产生的有机物质主要是碳水化合物，它是土壤有机碳的最初来源。光合作用过程可简写为：

$$6CO_2+6H_2O\xrightarrow{\text{光能、叶绿体}}C_6H_{12}O_6+6O_2$$

绿色植物叶片是进行光合作用的主要器官，叶绿体是进行光合作用的重要细胞器。叶绿体中的很多细胞色素和酶参与了光合作用过程，其中有叶绿素、类胡萝卜素和藻胆素等细胞色素以及光合磷酸化酶系、CO_2 固定和还原酶系中的几十种酶。叶绿体既是植物光合作用的重要场所，也是植物细胞生物化学活动的中心之一。

光合作用是一个积蓄能量和形成有机物的过程，其机理非常复杂，包括两个光化学反应、一系列电子传递过程和复杂的碳同化物质转变过程(图 7-2)。光合作用需要光照才能完成，但并不是所有反应过程都需要光照，根据对光的需求可以笼统地把光合作用分为光反应(必须在光下才能进行)和暗反应(光下、暗处都可进行的酶催化化学反应)，光合作用则是光反应和暗反应的综合过程。根据蓄积能量和形成有机物的先后顺序，光合作用大致可以分为原初反应、电子传递和光合磷酸化、碳同化三大步骤。

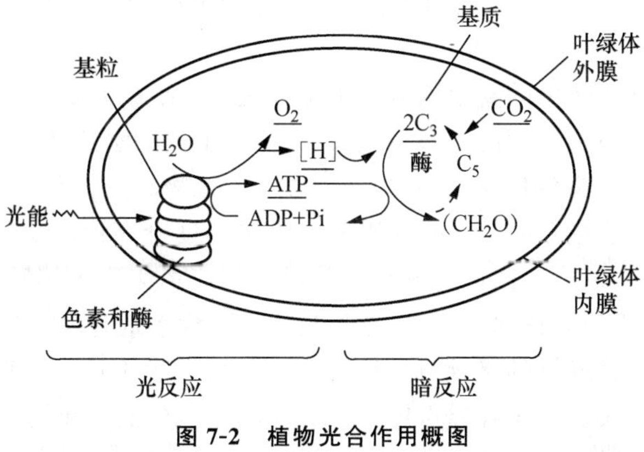

图 7-2　植物光合作用概图

光合作用强度直接受植物生物学特性和气候条件的影响。植物叶片氮含量越高，光合作用越强，在一定范围内，植物光合速率随太阳辐射强度和环境 CO_2 浓度增加而加快。按照碳同化途径可把植物划分为 C_3 植物(只有卡尔文循环的碳同化途径)和 C_4 植物(具有 C_4 途径和卡尔文循环两种碳同化途径)。C_4 植物比 C_3 植物具有更强的光合作用,主要原因是 C_4 植物体内碳同化酶的活性比 C_3 植物高很多倍,而且 C_4 途径起了"CO_2 泵"的作用,把 CO_2 由外界"压"到维管束鞘,使得光呼吸降低,光合速率增强。

(三)土壤呼吸作用

作为土壤碳循环的一个关键过程之一,土壤呼吸与生态系统生产力、土壤肥力以及区域和全球的碳循环都密切相关,并在调控地球系统的大气 CO_2 浓度和气候动态方面起着十分关键的作用。目前,土壤呼吸已成为一个多学科交叉的研究主题,不仅受到土壤科学家、生态学家、微生物学家、农学家的关注,而且被大气学家、生物地球化学学家、碳交易者和政策制定者所关注。

碳以 CO_2 的形式从土壤向大气圈的流动是土壤呼吸作用的结果。土壤呼吸作用,严格意义上讲是指未受扰动的土壤中产生 CO_2 的所有代谢作用,包括异养呼吸和植物根系的自养呼吸;土壤呼吸由 3 个生物学过程(植物根呼吸、土壤微生物呼吸及土壤动物呼吸)和 1 个非生物学过程(含碳物质的化学氧化作用)组成。研究表明,土壤呼吸作用释放的 CO_2 中 30%～50%来自根系的活动或自养呼吸作用,其余部分主要来源于土壤微生物对有机质和凋落物的分解作用,即异养呼吸作用。

土壤呼吸作用即使发生较小的变化,也会影响进行大气的 CO_2 量,其影响不亚于化石燃料燃烧而进入大气的 CO_2。所以,土壤呼吸作用的变化能显著地减缓或加剧大气中 CO_2 的增加,进而影响气候变化。全球变暖将增强土壤呼吸作用,释放出更多的 CO_2,大气的 CO_2 浓度增加又进一步加剧了全球气候变暖的趋势。尽管土壤呼吸作用的全球通量较大,但在人类干预之前,陆地植物和土壤吸入与呼出的碳是接近平衡的。由于包括土壤破坏在内的人类活动所产生 CO_2 对大气 CO_2 浓度的上升和可能的全球变暖起着重要的作用,更好地理解土壤呼吸作用和它的各个环节,特别是控制土壤有机质分解作用的因素极为关键。

土壤呼吸作用通常是通过直接测定从土壤表面释放出的 CO_2 量来确定的。早在 20 世纪 80 年代以前就开始了土壤呼吸作用的测定。目前的测定方法主要有:静态气室法、密闭或敞开系统的动态气室法、CO_2 浓度梯度法和微气象法。但是,不同方法的测定值存在相当大的差异,至今还缺乏全面的可比性研究。

已知的影响土壤呼吸作用的直接因素是土壤环境,包括土壤质地、酸度、有机碳和水热条件等。气候条件决定了植被类型的分布与生长,并影响土壤的水热条件,植物的生长为土壤呼吸提供碳源(根系分泌物、凋落物等)。人为活动影响了植物的生长和土壤环境,进而影响土壤呼吸。水热条件是影响土壤呼吸最主要的因素。土壤温度升高促进土壤的呼吸作用,其温度系数随温度升高而下降,寒冷气候区土壤呼吸的温度效应最大。土壤呼吸速率随含水量增加而增加,但土壤湿度高于田间持水量时,土壤呼吸速率随含水量升高而降低。土壤耕翻增加了土壤通气性及土壤与植物残体的接触,加速有机质分解,促进土壤的呼吸作用,免耕或少耕能有效地减少土壤碳的损失。土壤呼吸作用与土壤环境、气候、植被和人为活动的相互关系如图 7-3 所示。

根据土壤呼吸速率的快慢,可将土壤有机碳区分为两个具有不同更新时间的碳库:其一,靠近土壤表层由新鲜残留物组成的"小"碳库。它更新速度快,流通量大;其二,贯穿整个土壤

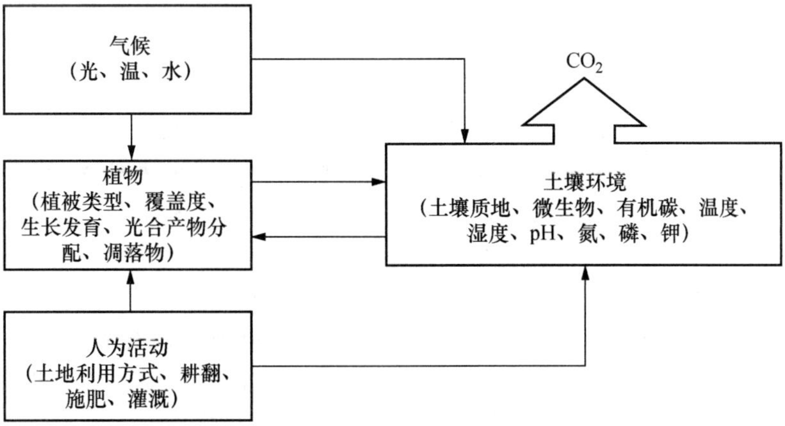

图 7-3　土壤呼吸与土壤环境、气候、植物和人为活动的关系

深层剖面的由难以分解的腐殖质复合物组成的“大”碳库，其更新十分缓慢。据放射性^{14}C含量的测定，不同深度土壤有机碳的平均停留时间或更新时间在 10～10 000 年，且随深度而增加。因此，在研究由土壤呼吸作用引起的土壤 CO_2 通量变化时必须特别注意土壤表层附近的不稳定碳库的变化。人为扰动或全球变暖引起的土壤 CO_2 通量释放的增加主要源于具有最短更新时间的不稳定碳库。例如，温带森林土壤的 CO_2 年生产量中有 83%是深度 15 cm 以内的表层土壤提供的。

(四)土壤中碳的固定

前已述及，植物能通过光合作用吸收大气中 CO_2，将大气中的碳固定到生态系统中，同时植物和土壤通过呼吸作用，可将储存在生态系统中的有机碳以 CO_2 的形式又排放到大气中去。因此，当光合作用同化固定的碳量大于呼吸作用消耗的碳量时，即形成碳素在土壤中的固定。在全球气候变暖的背景下，提高土壤的固碳能力和潜力，实现碳的减排，关键就在于促进光合作用和减少呼吸作用，延长有机碳在土壤中的存留时间。

土壤固碳能力与土壤中稳定组分的含量密切相关，只有那些能够在土壤中保存很长时间的有机质，才具有固碳意义。因此，研究土壤有机质的稳定性在土壤固碳的相关研究中显得非常重要，土壤有机质稳定性的研究包括以下几个方面：①土壤有机质周转速率的测定。如碳氧同位素技术，特别是加速质谱(AMS)，大大提高了土壤有机质年龄的分辨率。②影响土壤有机质稳定性的因素。如土壤团聚体结构对土壤有机质稳定性的影响，土壤中 Mn(Ⅳ)和 Fe(Ⅲ)氧化膜对有机质腐殖化速度的促进作用，腐殖质形成的前体物质如酪氨酸酶的混合物、有机物单体对土壤有机质稳定性的影响。一些高新技术，如中子散射(neutron scattering)技术，被用在研究有机质形态上，通过分析矿物质与腐殖质复合体的形态，研究如何防止土壤有机质被微生物降解、促进保护性土壤聚合物的形成。③土壤微生物是影响土壤有机质稳定性的最重要因素之一，直接参与有机质的分解和合成，土壤微生物及其活动直接影响储存在土壤中有机碳的寿命。

土壤固碳能力受到一系列的环境条件影响，不仅受到土壤物理和化学环境等自然因素的影响，还受到人类活动的影响。目前的实验室和田间模拟及野外调查采样分析，往往由不同研究者得出的结论不一致，因而进一步的系统研究显得非常必要。土壤有机物质在土壤中的迁移对土壤固碳能力的影响也非常大，如土壤中可溶性碳可以迁移到土壤深部得以固定，但有关这方面的研究还非常少。

提高土壤固碳能力和潜力，要从碳库和碳流两方面考虑，通过人为干预和管理等措施促使土壤碳库和碳流向有利于土壤碳积累的方向发展。从碳库看，关键在于提高土壤的最大碳储量和碳积累速率；从碳流看，关键在于增加碳库输入速率，降低输出速率，延长碳在土壤中的保留时间。对于具体的人为干预固碳措施而言，最为重要的是上地利用方式变化，也就是土壤生态系统类型转变所能够达到的固碳效果。这是因为不同土壤生态系统的碳储量存在明显差异，当一个土壤生态系统类型转变成其他类型时有可能形成碳的固定。一般认为湿地土壤的碳储量＞森林土壤＞草原土壤＞农田上壤。当人类活动将土地利用类型按农田、草原、森林和湿地的顺序改变时，就能够达到固碳的效果。但是在实际情况下，这种排列顺序也不是绝对的，这是因为同一种土地利用类型的碳储存能力差异也是非常大的。近来，有学者采用综合分析的方法，评价了土地利用所引起的土壤碳库变化，结果往往因地而异。还有研究对林地转换为农田后的土壤碳库变化进行了综合，发现并不是所有情况下森林变成农田后都会造成土壤有机质的减少。

二、土壤氮的生物地球化学循环

氮素是构成一切生命体的重要元素。作物对氮的需要量较大，土壤供氮不足会引起农产品产量下降和品质降低。氮素肥料施用过剩会造成水体富营养化、地下水硝态氮（NO_3^--N）积累及毒害等。了解氮素循环及土壤氮的来源、形态、转化等特性是现代农业和环境保护面临的具有挑战性的问题。

（一）土壤中氮的形态

在讨论土壤氮的生物地球化学循环前，需要了解土壤中氮的形态。土壤中氮一般可分为无机态氮和有机态氮。表土中氮的95%或更多为有机态氮。

1. 无机态氮

土壤无机态氮包括铵氮（NH_4^+）、硝态氮（NO_3^-）、亚硝态氮（NO_2^-）、分子态氮（N_2）、氧化亚氮（N_2O）和氧化氮（NO）。土壤中气态氮除 N_2 外，N_2O、NO 含量都很低。无机态氮在土壤中占全氮的比例变化幅度比较大，一般为2%～8%。分子态氮表现为惰性，只能被根瘤菌和其他固氮微生物所利用。就土壤肥力而言，以 NH_4^+ 和 NO_3^- 两种形态的氮最为重要，通常占土壤全氮的2%～5%；这两种形态的氮主要来源于土壤有机质的好氧分解或施入的各种肥料。N_2、N_2O 和 NO 是土壤中氮经反硝化作用造成氮素损失的主要形式，它们与整个生态系统的氮循环以及大气环境质量密切相关。

2. 有机态氮

土壤有机态氮一般占土壤全氮的92%～98%，有机氮包括胡敏酸、富啡酸、胡敏素、固定态氨基酸（即蛋白质）、游离态氨基酸、氨基糖、生物碱、磷脂、胺和维生素及其他未确定复合体（如胺和木质素反应的产物，醌和氮化合物的聚合物，糖与胺的缩合产物等）中的氮。目前人们对有机氮的了解仍然十分有限，还没有一种方法可以不破坏土壤有机氮的组分而把不同化学形态的氮分离出来。因而，采用酸水解的方法将有机氮分为水解性氮和非水解性氮两大类，其中水解性氮包括铵氮、氨基糖氮、α-氨基酸氮和未知态氮。

(二)陆地生态系统中的氮循环

在陆地生态系统中的氮以不同形态存在于大气圈、岩石圈、生物圈和水圈,并在各圈层之间相互转换。大气中氮以分子态氮(N_2)和各种氮氧化物(NO_2、N_2O、NO 等)形式存在。其中生物不能吸收利用的惰性氮气(N_2)占大气体积的 78%,它们在微生物作用下通过同化作用或物理、化学作用进入土壤,转化为土壤和水体中的生物有效氮,如铵态氮(NH_4^+)和硝态氮(NO_3^-),然后土壤和水体中的生物有效氮又回归到大气中。自然界氮的形态变化、运转和移动构成了陆地生态系统中的氮素循环,见图 7-4。

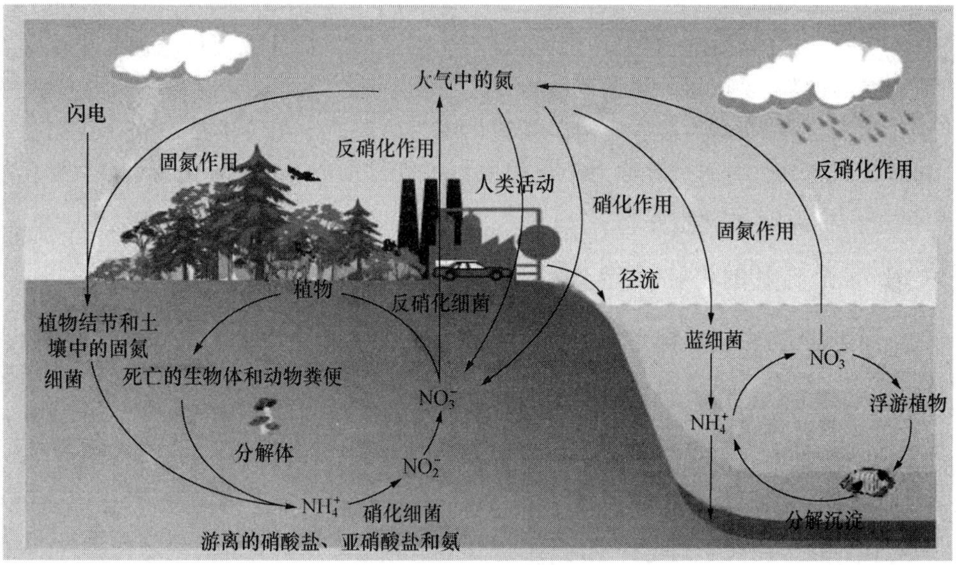

图 7-4　陆地生态系统氮循环

(三)土壤氮的内循环

陆地生态系统氮素循环由两个重叠循环构成,一个是大气层的气态氮循环,氮的最大储存库是大气,氮循环的通道多与大气直接相连,几乎所有的气态氮对大多数高等植物无效,只有若干种微生物及少数与这些微生物共生的植物可以固定大气中的氮素,使它转化成为生物圈中的有效氮。另一个是土壤氮的内循环,即在土壤植物系统中,氮在动植物体、微生物体、土壤有机质和土壤矿物中的转化和迁移,包括有机氮的矿化和无机氮的生物固定作用、黏土对铵的固定和释放作用、硝化和反硝化作用、腐殖质形成和腐殖质稳定化作用等。氮经由生物固定过程和矿化过程从无机态变为有机态,又从有机态变为无机态,是土壤氮的内循环最主要的特征。

(四)土壤有机氮的矿化

占土壤全氮量 95%以上的有机氮,必须经微生物的矿化作用,才能转化为无机氮(NH_4^+和 NO_3^-)。矿化过程主要分两个阶段。第一阶段先把复杂的含氮化合物,如蛋白质、核酸、氨基糖及其多聚体等,经过微生物酶的系列作用,逐级分解而形成简单的氨基化合物,称为氨基化阶段(氨基化作用)。然后在微生物作用下,把各种简单的氨基化合物分解成氨,称为氨化阶段(氨化作用)。

有机氮的矿化是在多种微生物作用下完成的,包括细菌、真菌和放线菌等,它们都以有机质中的碳素作为能源,可以在好气或嫌气条件下进行。在通气良好,温度、湿度和酸碱度适宜的砂质土壤中,矿化速率较大,且积累的中间产物有机酸较少;而在通气较差的黏质土壤中,矿化速率较小,中间产物有机酸的积累较多。对多数矿质土壤而言,有机氮的年矿化率为1%~3%。

(五)土壤铵的硝化

有机氮矿化释放的氨在土壤中转化为铵离子(NH_4^+),一部分被带负电荷的土壤黏粒表面和有机质表面功能基吸附;另一部分被植物直接吸收;而土壤中大部分铵离子通过微生物的作用氧化成亚硝酸盐和硝酸盐,最后亚硝态氮转化成为硝态氮。土壤中铵态氮在亚硝化和硝化细菌作用下转化为硝态氮的过程称为硝化作用。每氧化1个 NH_4^+ 转化为 NO_3^- 要释放2个 H^+,这是引起土壤酸化的重要来源。

(六)土壤无机氮的生物固定

矿化作用生成的铵态氮、硝态氮和某些简单的氨基态氮($-NH_2$),通过微生物和植物的吸收同化,成为生物有机体组成部分,称为土壤无机氮的生物固定(immobilization,又称生物固持)。它和土壤有机氮的矿化是土壤中两个同时进行但方向相反的过程。这两者的相对强弱受到许多因素,特别是可供微生物利用的有机物的种类和数量的影响。当土壤中易分解的有机物过量存在时,矿质氮的生物固定作用就大于有机氮的矿化作用,表现为矿质氮的净生物固定。只有在矿化作用大于固定作用时,才能有多余的无机氮化物供给植物营养,这主要取决于环境中有机碳和氮的比率(C/N)。

经生物固定作用形成的新的有机态氮化合物,一部分作为产品从农田中输出,而另一部分和微生物的同化产物一样,再一次经过有机氮氨化和硝化作用,进行新一轮的土壤氮循环。植物和微生物在吸收同化土壤中的 NH_4^+-N 和 NO_3^--N 过程中存在着一定的竞争,但从土壤氮素循环的总体来看,微生物对速效氮的吸收同化,有利于土壤氮素的保存和周转。

(七)土壤铵离子的矿物固定

土壤中发生的另一个无机氮固氮反应称为铵离子的矿物固定作用(ammonium fixation)。在2∶1型黏粒矿物的膨胀性晶格中,层间的阳离子(Ca^{2+}、Mg^{2+}、Na^+、K^+)被 NH_4^+ 取代后,可引起铵的固定。被吸附的 NH_4^+ 容易脱去水化膜,进入黏粒矿物层间表面由氧原子形成的六角形孔穴中,当 NH_4^+ 进入层间的孔穴后,环境条件的变化导致黏粒矿物晶层的收缩,使 NH_4^+ 固定,暂时失去生物有效性。不同土壤对 NH_4^+ 的固定能力不同,与下列因素有关。

(1)土壤黏粒矿物类型　蛭石对 NH_4^+ 的固定能力最强,其次是水云母,蒙脱石较小;高岭石为1∶1型黏粒矿物,基本上不固定铵。

(2)土壤质地　一般随黏粒含量的增加而增加;在土壤剖面中,表土的固铵能力较心土和底土低。

(3)土壤中钾的状态　当晶层间为 K^+ 所饱和时,会影响 NH_4^+ 的进入,铵的固定大大减少。许多土壤可能因种植作物携出部分 K^+ 而使固铵能力增加。施用钾肥对 NH_4^+ 的固定有一定的影响。

(4)铵的浓度　土壤中铵的固定量随铵态氮肥施用量的增加而增加,但施入 NH_4^+ 的固定率随施用量的增加而减少。铵的固定过程虽能持续一段时间,但多在几个小时内完成。

(5)水分条件　施 NH_4^+ 后土壤变干时,可增加铵的固定率和固定量。蛭石和水云母在大多数条件下能固定 NH_4^+,但蒙脱石必须在干旱时才能固定铵。干湿交替可能促进土壤铵的固定作用;土壤结冻和解冻可能与干湿交替的作用相似。

(6)土壤 pH　土壤酸度和 NH_4^+ 固定能力之间的关系尚未肯定。但随着 pH 的增加,如通过施用石灰,铵的固定趋向于略微增加。强酸性土壤(pH<5.5)一般固定的 NH_4^+ 很少。施用铵态氮肥后形成的土壤"新固定态铵",其有效性较高;而土壤中"原有固定态铵"的有效性则低,能释放出来的数量很少。

(八)土壤氨的挥发

氨挥发易发生在石灰性土壤上,特别是施铵态氮和尿素等化学氮肥时,氨挥发损失可高达施肥氮量的 30%以上,这是因为土壤中的氨(NH_3)和铵(NH_4^+)存在一个动态平衡:NH_4^+ 易溶于水,易被土壤吸附,而 NH_3 分子易挥发。这个平衡取决于土壤的 pH,若土壤 pH 接近或低于 6 时,NH_3 被质子化,几乎全部以 NH_4^+ 形式存在;在 pH=7 时,NH_4^+ 约占 60%;pH 为 9.2~9.3 时,则 NH_3 和 NH_4^+ 约各占一半。氨的挥发还与土壤性质和施用化肥种类有关,在石灰性土壤上施用硫酸铵时,形成溶度低的硫酸钙并释放出较多的氨,故比施用氯化铵和硝酸铵的氨挥发损失要大得多。土壤黏粒和腐殖质能吸附 NH_4^+,阻止氨的挥发,在阳离子交换量低的砂质土上施铵态氮,其氨的挥发损失比黏质肥土大。改化学氮肥表施为深施、粉施为粒施,都可减少氨的挥发损失。

土壤中的含氮化合物还可能通过纯化学反应形成气态氮的损失,例如以下化学脱氮反应:

$$NH_4NO_2 \longrightarrow 2H_2O + N_2\uparrow$$

这个反应的条件是铵态氮和亚硝态氮同时大量存在于土壤溶液中,亚硝铵(NH_4NO_2)产生双分解作用。这种作用有自动催化能力,随着反应的进行,其分解速度加快。但这一反应需要较酸的条件(pH 5.0~6.5),较高温度和较干燥的土壤环境中很少发生。

另一个反应是:

$$3HNO_2 \longrightarrow HNO_3 + 2NO\uparrow + H_2O$$

在酸性土壤中,HNO_2 不稳定,会产生自动分解作用,土壤 pH 越低,分解越快。但由此产生的一氧化氮(NO),大部分仍可被土壤吸附或在土壤中再氧化成 NO_2,最后再溶解于水,形成硝酸盐。

(九)土壤硝酸盐淋失

铵和硝酸盐在水中溶解度很大。NH_4^+ 因带正电荷,易被带负电荷的土壤胶体表面所吸附;硝酸盐带负电荷,是最易被淋洗的氮形式,随着渗漏水的增加,硝酸盐的淋失增大。自然条件下,硝态氮的淋失取决于土壤、气候、施肥和栽培管理等条件。在作物密植且不施肥或施肥较少的土壤中，氮的淋失很少，因为土壤中硝酸盐含量较低，易被作物吸收和利用；在湿润和半湿润地区的土壤中，氮的淋失较多；在半干旱地区，硝酸盐很少淋失；而在干旱地区，除砂质土壤外，几乎无淋失。硝酸盐淋失与地表覆盖也有密切的关系。草地土壤根系密集，吸氮强烈，土壤中很少有硝酸盐积累，即使在湿润地区，氮的淋失也较弱；相反，淋洗作用则较强。淋洗出的硝酸盐可随地表径流排入江河、湖泊等水体中，增加水体的氮负荷，引起水体富营养化，若排入地下水则可引起地下水的污染。

(十)土壤反硝化损失

土壤氮通过反硝化作用形成气体氮逸出进入大气的过程称为土壤氮的反硝化损失。所谓反硝化作用，指的是在嫌气条件下，硝酸盐在反硝化微生物作用下，还原为 N_2、N_2O 或 NO 的过程。

反硝化作用实质上是硝化作用的逆过程，其条件需要较严格的土壤嫌气环境。试验表明，随着土壤溶液中的溶解氧浓度减少，反硝化的强度逐渐加强，当氧浓度减少至 5%以下时，反硝化强度明显增高。但对矿质土壤而言，只有当其平衡空气中的氧浓度少到 0.3%以下时，即溶液中氧浓度下降至 4×10^{-6} mol/L 以下时，整个土体才有可能被反硝化作用所控制。实际上这种土壤已处于水分饱和的淹水状态，孔隙中几乎已不存在空气。而在一般含水量情况下，即使达到田间持水量，土壤结构内或分散土粒间的小孔隙中已充满水，但其结构间的非毛管孔却仍然充有空气。因此，在这种土壤中硝化作用和反硝化作用往往可以同时存在。但也有例外，如有些土壤的排水条件并不恶劣，但因含有大量的易分解有机质，使土壤产生了局部的嫌气环境，也会产生强烈的反硝化作用。所以通过反硝化作用损失的土壤氮取决于土壤中硝酸盐的含量，易分解有机质的含量，土壤通气、水分状况及温度、酸碱度等因素。研究表明，反硝化的临界氧化还原电位约为 334 mV，在 pH 为 7.0～8.2 的微碱性土壤中反硝化作用最易发生。在酸性土壤或 pH 大于 8.2 的碱性土壤中，反硝化作用显著下降。

土壤中已知的能进行反硝化作用的微生物种类有 24 个属，如不动杆菌属、假单胞菌属、芽孢杆菌属、固氮螺菌属、弧菌属和亚硝化单胞菌属等。这些反硝化细菌绝大多数是异养型细菌，也有少数是自养型细菌。由反硝化微生物引起的反硝化过程是由反硝化微生物分泌的酶体系来催化的。

(十一)土壤氮的调控

在土壤氮转化过程中，矿化作用和硝化作用是使土壤有机氮转化为有效氮的过程。反硝化作用和化学脱氮作用是使土壤有效氮遭受损失的过程。黏粒矿物对氮的矿物固定是使土壤有效氮转化为无效或迟效态氮的过程。在作物生产过程中，最有实际意义的是有机氮矿化作用过程中的纯矿化量，所谓氮素的纯矿化量等于有机氮的矿化量与矿质氮固定量之差。这是因为在土壤中，有机氮的矿化作用与矿质氮的固定作用同时进行且处于平衡状态。

采取科学的调控管理措施，如合理施肥、耕作、灌溉等，控制土壤有机氮的矿化速率和减少有效氮的固定量，最大限度发挥土壤氮素的潜在作物营养功能，有利于氮素的保存和周转，最大限度地提高土壤氮素的利用率，避免土壤氮素的淋洗和气态损失，减轻其潜在的环境风险。

1. 利用土壤有机物质 C/N 值调节有效氮的相互关系

土壤氮的纯矿化量与有机物质本身的碳氮比(C/N)有关。这是因为有机营养型微生物在分解有机物质使之矿化过程中，需要以有机物质中所含的碳作为能源，并利用碳源作为细胞体的构成物质，同时在营养上还需氮的供应，以保持细胞体构成中C/N的平衡。氮的来源除由有机物质供应外，还可吸取利用土壤中的铵态氮或硝态氮，以补其不足。如果有机物质本身C/N值超过某一定数值，微生物在有机物质矿化过程中就会产生氮素营养不足的现象，其结果使土壤中原有矿质态有效氮也被微生物吸收而被同化，这样植物不能从有机物质矿化过程中获得有效氮的供应，即所谓的土壤有效氮素的微生物同化固定现象。如果有机物质的C/N值小于某一值，情况就恰恰相反。这时矿化作用结果产生的纯矿化氮较多，除满足微生物自身的同化需要外，还可提供给植物吸收利用。一般认为，如果有机物质C/N值大于30∶1，则其矿化作用的最初阶段就不可能对植物产生供氮的效果，反而有可能使植物的缺氮现象更为严重。但如果有机物质C/N比值小于15∶1，在其矿化作用一开始，它所提供的有机氮量就会超过微生物同化量，使植物有可能从有机物质矿化过程中获得有效氮的供应。土壤有机物质分解过程的C/N值和土壤氮素盈亏变化的关系如图7-5所示。

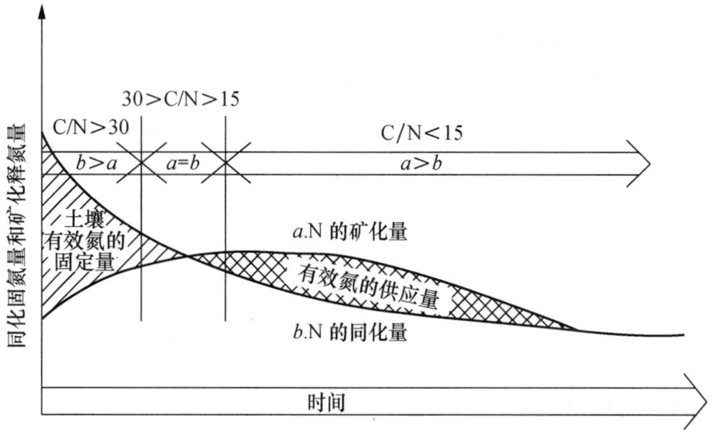

图7-5　有机物质分解过程中C/N值和土壤氮素盈亏变化的关系

土壤有机物质开始分解时，其C/N值远大于30，矿化作用所释出的有效氮量远少于微生物吸收同化的需氮量，两者平衡结果使土壤中原有所含的一部分矿质态有效氮也被微生物同化成有机态。但随着有机物质的不断分解，所含的碳素有很大一部分被作为微生物活动的能源而消耗，因此剩下物质的C/N值迅速下降。当C/N值在15～30时，矿化释氮量和同化固氮量就基本相等，这时土壤中有效氮素就无盈亏。随着时间的推移，有机物质不断分解，微生物不断繁育，与此同时，土壤有机物质的C/N值依然在下降。最后当比值低于15时，氮的矿化量也就超过了同化量，到了这个阶段土壤有效氮供应量就开始增加，植物的氮素营养条件也随之得到改善。

需要强调的是：由于土壤微生物区系及土壤性质的不同，矿化释氮量和同化固氮量达到平衡时的C/N值，不可能是一个不变的定值。上面所举的低于15的标准是比较低的标准，文献报道中有的定为17，有的定为20，甚至25。鉴于一般谷类作物的茎秆的C/N值达到50以上，有的甚至达到70～80或更高，所以在实施秸秆还田时，应同时注意速效氮肥的补充。试验指出，如果有机残体的C/N值达到了40以上，则即使在合适的温度条件下，让它们在旱地土壤中进行分解，也需要经2～4周的时间才能发挥其供氮的作用。而另一方面，很多豆科绿肥如紫云英、苜蓿等，由于它们的C/N值一般都在20以下，一旦分解，就能收到供氮的效果。

2. 应用“激发效应”调节土壤有机质和氮素平衡

激发效应，又称为起爆效应，是指外加有机物质或含氮物质而使土壤中原来有机质的分解速率改变的现象。对于有机质丰富的土壤，施用绿肥等新鲜有机肥产生正激发效应，促进土壤原来有机氮的矿化和更新；而对于有机质缺乏的土壤，施用富含木质素的有机肥，产生负激发效应，增加土壤有机质和氮的积累。

3. 科学调控施肥，防止土壤氮的损失

淹水水稻土有明显的氧化层和还原层的分异现象，这一层次分异特点使得水田土壤氮素转化和分布规律不同于旱地土壤。氧化层的氧化还原电位较高，氮素以硝态氮为主，如果将氮肥（NH_4^+）表施在氧化层，就会产生硝化作用，转化为硝态氮，随水下渗到还原层，由于还原层还原性较强，在嫌气条件下产生反硝化作用，导致氮素以 N_2O、NO、N_2 等气体形式从土壤中逸出。因此，在水田土壤中施用铵态氮应尽可能施入还原层，使铵离子（NH_4^+）能被带负电荷的土壤胶体所吸附，以防止它的损失。从灌溉的角度讲，铵态氮施入还原层后，宜保持表面水层，避免频繁的干湿交替；因为落干晒田，利于铵态氮硝化，而硝态氮的生产与积累，正好为以后复水时产生反硝化作用提供氮源，增加反硝化脱氮的可能性。但对某些水田土壤而言，采取适当的落干晒田，往往被认为是丰产的重要措施之一，因为排水落干有利于改善土壤的通气性，促进根系的生长发育。所以，如何通过人为调控施肥，减少氮素损失，提高肥料氮的利用率，取得最佳的经济效益，是普遍关注的问题。

4. 避免 NO_2^- 的积累

亚硝酸盐是人类的致癌物质，也是植物的有害物质。如 NO_2^- 可使水稻幼苗出现青枯病，可使小麦和玉米烧种、烂芽、烂根以及幼苗死亡。如果土壤通气条件不足，即可造成亚硝酸盐的积累，故应改善土壤通气条件。

三、土壤磷的生物地球化学循环

磷素是作物必需的重要营养元素之一，也是农业生产中最重要的养分限制因子。在磷被作为肥料应用于农业之前，土壤中可被植物吸收利用的磷基本上来源于地壳表层的风化释放以及成土过程中磷在土壤表层的生物富集。农业中磷肥的应用在很大程度上增加了土壤磷素肥力，为农业生产带来了巨大的效益。但随着磷肥的长期大量广泛地施用，在改变土壤中磷的含量、迁移转化状况和土壤供磷能力的同时，增加了土壤磷素向水环境释放的风险，许多有毒有害的重金属元素也随磷肥的施用进入土壤和水体。因此，了解土壤中磷的循环转化状况，磷肥施用对水体、土壤生态环境以及对农产品质量的影响，已成为当今土壤学研究的重点内容之一。

（一）土壤磷的形态

了解土壤磷循环首先需要明确土壤磷的形态。土壤中的磷按其储存形态可分为无机磷和有机磷两大类。

1. 有机磷

土壤有机磷的变幅很大，可占表土全磷的 20%～80%。我国有机质含量 2%～3%的耕地土壤中，有机磷占全磷的 25%～50%。受严重侵蚀的南方红壤有机质含量常不足 1%，有机磷占全磷 10%以下。东北地区的黑土有机质含量高达 3%～5%，有机磷可占全磷的 2/3。黏质土的有机磷含量要比轻质土多。对于土壤中有机磷化合物的组成，目前大部分还是未知的，已知的有机磷化合物中主要包括以下 3 种。

(1)植素类　植素及植酸盐是由植酸(又称磷酸肌醇)与钙、镁、铁、铝等离子结合而成，普遍存在于植物中，在植物种子中特别丰富。在中性或碱性钙质土中，以植酸钙、镁居多，酸性土壤中以植酸铁、铝为主。它们在植素酶和磷酸酶作用下，分解脱去部分磷酸离子，为植物提供有效磷。植酸钙、镁的溶解度较大，可直接被植物吸收。而植酸铁、铝的溶解度较小，脱磷困难，生物有效性较低。土壤中的植素类有机磷含量由于分离方法不同，所得结果不一致，一般占有机磷总量的 20%～50%。

(2)核酸类　核酸是一类含磷、氮的复杂有机化合物。土壤中的核酸与动植物和微生物中的核酸组成和性质基本类似。多数人认为土壤核酸直接由动植物残体，特别是微生物中的核蛋白分解而来。核酸磷占土壤有机磷的比例众说不一，多数报道为 1%～10%。

(3)磷脂类　磷脂是一类醇、醚溶性的有机磷化合物，普遍存在于动植物及微生物组织中。土壤中的含量不高，一般约占有机磷总量的 1%。磷脂类容易分解，有的甚至可自发分解。简单磷脂类水解后可产生甘油、脂肪酸和磷酸。复杂的如卵磷脂和脑磷脂在微生物作用下酶解也产生甘油、脂肪酸和磷酸。

2. 无机磷

在大部分土壤中，无机磷含量占有主导地位，占土壤全磷量的 50%～90%。土壤无机磷化合物中几乎全部为正磷酸盐，除了少量的水溶态外，绝大部分以吸附态和固体矿物态存在于土壤中。在实践上，根据无机磷在不同化学提取剂中的选择溶解性，将无机磷分为数组。在众多分组方法中，以张守敬和杰克逊及其相关的修正方法应用较为广泛，该法将无机磷分成 4 组。①磷酸铝类化合物(Al-P)：能溶于氟化物(0.5 mol/L NH_4F)，如磷铝石；也包括富铝矿物(如三水铝石、水铝英石等)结合的磷酸根。②磷酸铁类化合物(Fe-P)：能溶于氢氧化钠(0.1 mol/L NaOH)提取液，如粉红磷铁矿及吸附于水合氧化铁等富铁矿物表面的非闭蓄态磷。③磷酸钙(镁)类化合物(Ca-P)：指各种酸溶性(0.25 mol/L H_2SO_4)钙(镁)磷酸盐，如磷灰石类，也包括磷酸二钙、磷酸八钙等。④闭蓄态磷(O-P)：或称还原溶性磷，包括被水合氧化铁胶膜包被着的各种磷酸盐，用 0.3 mol/L 柠檬酸钠和连二硫酸钠溶液浸提，连二硫酸钠将包被在磷外的氧化铁胶膜还原为亚铁，而柠檬酸钠的配位反应使包被膜破坏而提取被包被的磷。土壤中难溶性无机磷大部分被铁、铝、钙元素束缚，一般来说，在酸性土壤中，磷与 Fe^{3+} 和 Al^{3+} 形成难溶性化合物，在中性条件下与 Ca^{2+} 和 Mg^{2+} 形成易溶性化合物，在碱性条件下与 Ca^{2+} 形成难溶性化合物。土壤中难溶性磷和易溶性磷之间存在着缓慢的平衡。由于大多数可溶性磷酸盐离子为固相所吸附，所以这两部分之间没有明显的界线。在一定条件下，被吸附的可溶性磷酸盐离子能迅速与土壤溶液中的离子发生交换反应。土壤中的有机磷和微生物磷与土壤溶液磷和无机磷总是处在一种动态循环中。

土壤中无机磷的形态历来是人们关注的关键问题之一，因为如果人们确切地知道土壤中磷的化学形态，就有可能根据磷化合物的化学性质推断其固、液相之间的分配，从而判断其土壤环境行为。然而，目前鉴定土壤中天然存在的含磷矿物的形态在技术上尚存在较大的困难，因而其操作定义在世界上得到了广泛的应用，但它确实存在较多的不足之处，无法判断化合物的确切组成。因此，有关磷的形态问题仍是一个需要研究的课题。

(二)陆地生态系统中磷的循环

陆地生态系统中的磷除小部分来自干湿沉降外，大多数来自土壤母质。磷与土壤矿物紧密结合，除了随土壤侵蚀通过地表径流流失外，土壤中磷的淋失损失几乎可以忽略不计。磷循环主要在土壤、植物和微生物中进行，其过程主要包括：植物吸收土壤有效态磷，动植物残体磷返回土壤再循环；土壤有机磷(生物残体中的磷)矿化；土壤固结态磷的微生物转化；土壤黏粒和铁、铝氧化物对无机磷的吸附、解吸、沉淀、溶解等(图 7-6)。

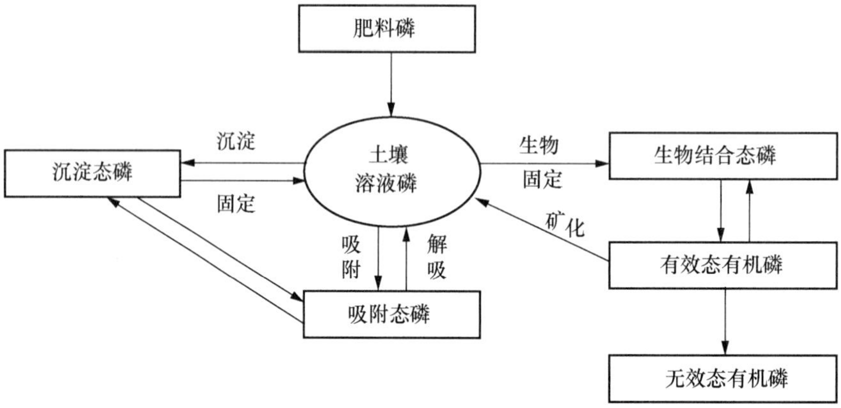

图 7-6　土壤磷循环

(三)土壤有机磷的矿化和无机磷的生物固定

土壤有机磷的矿化和无机磷的生物固定是两个方向相反的过程，前者使有机态磷转化为无机态磷，后者使无机态磷转化为有机态磷。

土壤中的有机磷除一部分被作物直接吸收利用外，大部分需经微生物的作用进行矿化，转化为无机磷后才能被作物吸收。

土壤中有机磷的矿化，主要是土壤中的微生物和游离酶、磷酸酶共同作用的结果，其分解速率与有机氮的矿化速率一样，取决于土壤温度、湿度、通气性、pH、无机磷和其他营养元素及耕作技术、根系分泌物等因素。温度在 30～40 ℃，有机磷的矿化速度随温度增加而增加，矿化最适温度为 35 ℃，30 ℃以下不仅不进行有机磷的矿化，反而发生磷的净固定。干湿交替可以促进有机磷的矿化，淹水可以加速六磷酸肌醇的矿化，氧压低、通气差时，矿化速率变小。磷酸肌醇在酸性条件下易与活性铁、铝形成难溶性的化合物，降低其水解作用；同时，核蛋白的水解亦需一定数量的 Ca^{2+}，故酸性土壤施用石灰后，可以调节 pH 和 Ca/Mg 比，从而促进有机磷的矿化；施用无机磷对有机磷的矿化亦有一定的促进作用。有机质中磷的含量是决定磷是否产生纯生物固定和纯矿化的重要因素，其临界指标约为 0.2%，大于 0.2%时则发生纯矿化，小于 0.2%则发生纯生物固定。同时，有机磷的矿化速率还受到 C/P 和 N/P 的影响，当 C/P 或 N/P 大时，则发生纯生物固定，反之则发生纯矿化。同样，供硫过多时，也会发生磷的纯生物固定。土壤耕作能降低磷酸肌醇的含量，因此多耕的土壤中有机磷的含量比少耕或免耕的土壤少。植物根系分泌的、易同化的有机物能增加强曲霉、青霉、毛霉、根霉和芽孢杆菌、假单胞菌属等微生物的活性，使之产生更多的磷酸酶，加速有机磷的矿化，特别是菌根植物根系的磷酸酶具有较大的活性。可见，土壤有机磷的分解是一个生物作用的过程，分解矿化速率受土壤微生物活性的影响，环境条件适宜微生物生长时，土壤有机磷分解矿化速率就加快。

土壤中无机磷的生物固定作用，即使在有机磷矿化过程中也能发生，因分解有机磷的微生物本身也需要有机磷才能生长和繁殖。当土壤中有机磷含量不足或C/P值大时(一般认为≥300)，就会出现微生物与作物竞争磷的现象，发生磷的生物固定。

(四)土壤磷的吸附与解吸

土壤对磷化合物的吸附作用是磷在土壤中被固定的主要机理之一。由于土壤固相性质不同，吸附固定过程又可分为专性吸附和非专性吸附。在酸性条件下，土壤中的铁、铝氧化物能从介质中获得质子而使本身带正电荷，并通过静电引力吸附磷酸根阴离子，这是非专性吸附。

除上述自由正电荷引起的吸附固定外，磷酸根离子置换土壤胶体(黏土矿物或铁、铝氧化物)表面金属原子配位壳中的配位基，同时发生电子转移并共享电子对，而被吸附在胶体表面上，即为专性吸附。不管黏粒带正电荷还是带负电荷，专性吸附均能发生，其吸附过程较缓慢。随着时间的推移，由单键吸附逐渐过渡到双键吸附，从而出现磷的“老化”，最后形成晶体状态，使磷的活性降低。在石灰性土壤中，也会发生这种专性吸附。当土壤溶液中磷酸根离子的局部浓度超过一定限度时，经化学力作用，便在 $CaCO_3$ 的表面形成无定型的磷酸钙。随着 $CaCO_3$ 表面不断渗出 Ca^{2+}，无定型磷酸钙便逐渐转化为结晶型，经过较长时间后，结晶型磷酸盐逐步形成磷酸八钙或磷酸十钙。

土壤磷的解吸则是磷从土壤固相向液相转移的过程，它是土壤中磷释放作用的重要机理之一。土壤磷或磷肥的沉淀物与土壤溶液共存时，土壤溶液中的磷因作物吸收而减少，破坏了原有的平衡，使反应向磷溶解的方向进行。在土壤中的其他阴离子的浓度大于磷酸根离子时，可通过竞争吸附作用，导致吸附态磷的解吸，吸附态磷沿浓度梯度向外扩散进入土壤溶液。

(五)土壤磷的沉淀与溶解

土壤中磷化合物的沉淀作用也是磷在土壤中被固定的重要机理。一般在土壤溶液中磷的浓度较高，且土壤中有大量可溶态阳离子存在且土壤pH较高或较低时，沉淀作用是引起磷在土壤中被固定的决定因素。相反，在土壤磷浓度较低，土壤溶液中阳离子浓度也较低的情况下，吸附作用才占主导地位。

土壤中的磷和其他阳离子形成固体而沉淀，在不同的土壤中，由不同的体系所控制。在石灰性土壤和中性土壤中，由钙镁体系控制，土壤溶液中磷酸根离子以 HPO_4^{2-} 为主要形态(图7-7)，它与土壤胶体上交换性 Ca^{2+} 经化学作用产生Ca-P化合物。如水溶性钙在石灰性土壤中最初形成磷酸二钙，继而形成溶解度很小的磷酸八钙，最后慢慢地转化为稳定的磷酸十钙。随着这一转化过程的继续进行，生成物的溶度积常数相继增大，溶解度变小，生成物在土壤中趋于稳定，磷的有效性降低。

在酸性土壤中，磷的形态由铁铝体系控制。酸性土壤中的磷酸根离子主要以 $H_2PO_4^-$ 形态与活性铁、铝或交换性铁、铝以及赤铁矿、针铁矿等化合物作用，形成一系列溶解度较低的Fe(Al)-P化合物，如磷酸铁铝、盐基性磷酸铁铝等。

根据热力学理论，磷和土壤反应的最终产物在碱性土壤和石灰性土壤中，是羟基磷灰石和氟基磷灰石，而在中性和酸性土壤中是磷铝石和粉红磷铁矿。当土壤不断进行风化时，土壤

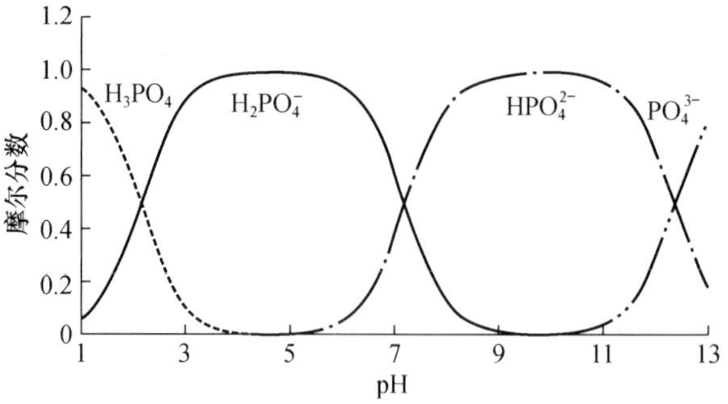

图 7-7　土壤溶液中磷的形态与 pH 的关系

pH 降低,这时磷酸钙就会向无定型和结晶的磷酸铝盐转变,而磷酸铝盐则进一步向磷酸铁盐转化。因此,土壤中各种磷肥和土壤的最初反应产物都将按着热力学的规律向着更加稳定的状态转化,直至变为最终产物(图 7-8)。

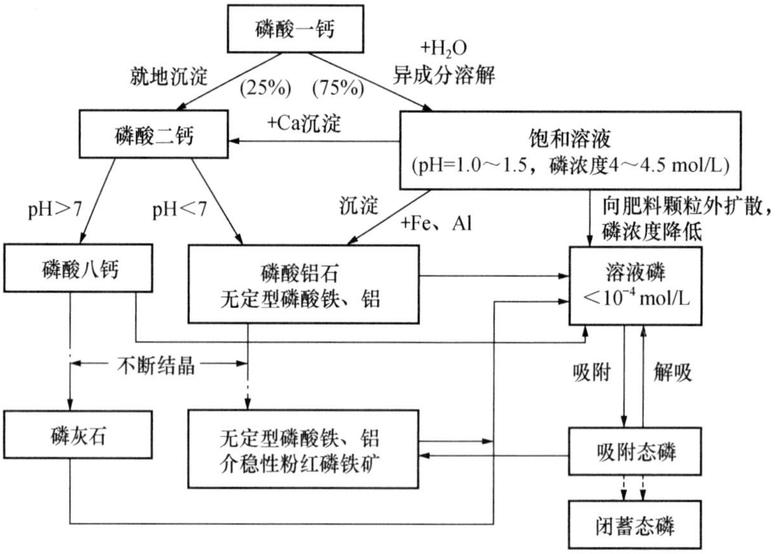

图 7-8　磷酸盐转化过程

(六)土壤磷的流失

土壤中的磷既可以随地表径流流失,也可被淋溶流失,但除了过量施肥的土壤或地下水位较高的砂质土壤外,多数情况下土壤剖面淋溶液中的磷浓度很低,因而随径流流失是土壤中磷流失的主要途径。农田排水中的总磷含量一般在 0.01～1 mg/L,其中溶解态的磷不超过 0.5 mg/L。一般来说,农田土壤中磷的流失量只占化肥施用量的 2%左右,低于 1 kg/(hm^2·年),从农学意义上讲,这一流失量对农业经济的影响并不大,但由此而产生的水环境质量问题却不容忽视。径流中的磷素按其形态又可分为溶解态磷和颗粒态磷两大类,溶解态的磷主要以正磷酸盐形式存在,可被藻类直接吸收利用,因而对地表水环境质量有着最直接的影响。目前在一些地区,以农田磷流失为主的非点源(面源)磷污染往往是水体中磷的最主要来源,非点源污染所占的负荷越来越大,非点源磷对水体富营养化的作用也越突出。

应当注意的是，磷肥的当季利用率为10%～25%，大部分施入土壤中的磷肥不能被当季作物利用而积累于土壤中，即磷肥在土壤中的积累性或积累态磷的问题。据统计，自从20世纪60年代初我国大规模施用磷肥以来，到1992年在土壤中积累的磷量达到6×10^7 t(P_2O_5)左右。这一方面提高了土壤磷的供应能力，另一方面农田磷素对环境的潜在威胁也大大增加。所以，由径流引起的土壤磷的流失量不仅受当季磷肥用量的影响，也受土壤中已经积累的磷量的影响。

四、土壤钾的生物地球化学循环

(一)土壤钾的形态

土壤钾按化学组分可分为矿物钾、非交换性钾、交换性钾和水溶性钾。按植物营养有效性可分为无效钾、缓效钾和速效钾。

1. 矿物钾

土壤矿物钾是土壤中含钾原生矿物和含钾次生矿物的总称，主要包括钾长石(含钾量7.5%～12.5%)、微斜长石(含钾量7.0%～11.5%)、白云母(含钾量6.5%～9.0%)、黑云母(含钾量5.0%～7.5%)等原生矿物以及伊利石、蛭石等次生含钾矿物。在土壤学上把那些存在于矿物晶格内或深受晶格束缚的矿物钾称为结构钾。基于这一概念，钾长石、微斜长石、白云母、黑云母等极难风化的矿物属于结构钾；而伊利石、蛭石及部分易风化黑云母的钾，一般不归在矿物钾中，是植物有效性钾的储备库，而归在非交换性钾中。土壤矿物钾一般占全钾量的92%～98%，在植物营养上不能为植物吸收利用，属于无效钾。

2. 非交换性钾

非交换性钾又称缓效钾，是指存在于膨胀性层状硅酸盐矿物层间和颗粒边缘的钾，主要包括黑云母、水化云母(伊利石)以及蛭石、绿泥石、云母、蒙脱石等矿物中的钾。非交换性钾可分为两大类，一类是天然层状矿物层间固有的钾，如黑云母和伊利石中的层间钾，另一类是由吸附在矿物表面的交换性钾或溶液钾转化来的。后者因呈负电性而将钾吸附在2∶1型黏粒矿物(如蛭石、蒙脱石)及一些过渡矿物的表面上，在成土过程中转入矿物层间或颗粒边缘，转化成非交换性钾。土壤中的交换性钾一旦被固定后，它的生物有效性降低，但在一定条件下仍可以逐渐解吸，供植物吸收利用，所以又称缓效钾。非交换性钾一般占土壤全钾量的2%～8%。不同土类的非交换钾含量相差很大，以高岭石和铁、铝氧化物为主的红壤、砖红壤有时低于40 mg/kg，含水化云母较多的土壤可高达1 000 mg/kg。非交换性钾含量是评价土壤供钾潜力的一个重要指标。

3. 交换性钾

交换性钾指吸附在带负电荷胶体表面的钾离子。交换性钾与溶液中钾离子保持着动态平衡。当溶液中钾离子因植物吸收或淋溶损失，或溶液中钾离子对其他阳离子的浓度比减小时，吸附钾通过交换进入溶液。交换性钾在土壤中的含量一般为40～600 mg/kg，占土壤吸收量的1%～5%，占土壤全钾量的1%～2%，是土壤速效钾的主要部分。交换性钾和非交换性钾之间也存在着某种平衡关系，即非交换性钾可转化为交换性钾，交换性钾可以进入晶格变为非交换性钾，交换性钾与非交换性钾之间没有截然的界限。

4. 水溶性钾(溶液钾)

水溶性钾是以离子形态存在于土壤溶液中的钾,浓度一般为2～5 mg/L,是能被植物直接吸收利用的钾。

(二)土壤钾的循环与转化

土壤中各种形态钾的相互转化及动态平衡过程构成了钾在土壤中的循环。土壤中不同形态钾的平衡关系见图7-9。

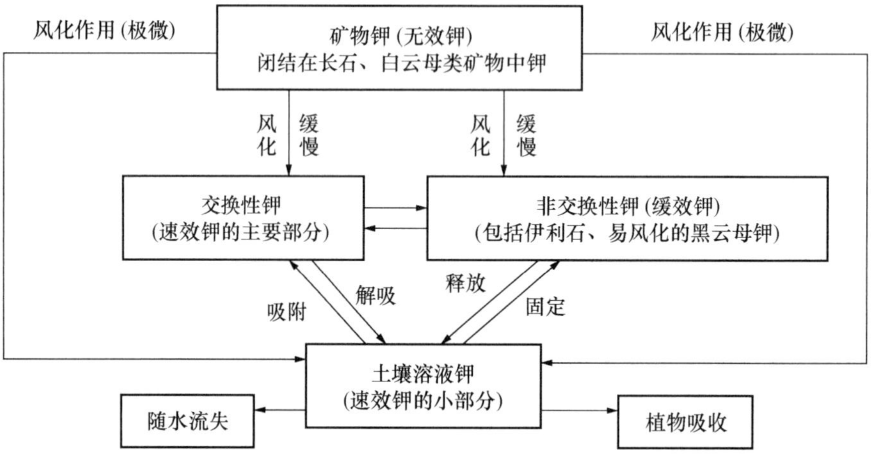

图7-9 土壤不同形态钾的平衡关系

溶液钾和交换性钾之间的平衡通常在几分钟内即可完成。交换性钾和非交换性钾之间的平衡速率较慢,需要数天或数月才能完成。而结构钾的释放是非常缓慢的,实际上不可能与其他形态的钾建立起平衡关系。

1. 矿物钾与其他形态钾的转化与平衡

含钾原生矿物通过风化作用可转变为非交换性钾、交换性钾或释放出钾离子。但大多数含钾原生矿物都具有很强的抗风化稳定性,如正长石和微斜长石结构中的钾即使在23%的盐酸中也不被分解,白云母中的钾在浓硝酸中才能分解,黑云母中的钾在1 mol/L硝酸溶液中才能分解,伊利石及次生矿物中的钾也需要在0.5 mol/L盐酸中才可被提取。在地球陆地表面热力学条件下,含钾矿物的风化作用是一个相当缓慢的过程,通过风化作用直接转化成速效钾(交换性钾＋水溶性钾)的贡献是微不足道的。

2. 交换性钾与水溶性钾的转化与平衡

土壤水溶性钾和交换性钾在植物营养上统称速效钾。溶液钾与交换性钾处于动态平衡中,溶液中钾离子与其他交换性阳离子的比值降低时,部分交换性钾便立即转入土壤溶液中,此平衡可瞬时完成。在交换性钾含量相等的土壤,其溶液钾浓度因土壤黏粒的含量、类型和土壤pH及土壤电解质含量而异。

3. 非交换性钾与速效钾的转化与平衡

土壤非交换性钾,在植物营养上又称为缓效钾。非交换性钾虽很难被植物直接吸收利用,但非交换性钾与交换性钾处于平衡之中,当土壤中速效钾被植物吸收利用后,缓效钾可以缓慢地释放,补充速效钾。反过来,当土壤速效钾含量较高、钾离子饱和度较大时,受2∶1型层状硅酸盐矿物晶格底面的电荷引力作用，钾离子陷入六角形网眼中，速效钾转化为缓效钾，把钾闭蓄起来。

(三)土壤钾的固定

土壤钾的固定作用是指速效钾转化为缓效钾的过程，其固定机制与铵态氮的固定作用基本相同。当土壤中速效钾较多时，在一定条件下，如干湿交替、冻融交替等，交换性钾进入 2∶1 型黏粒矿物晶格层间六角形蜂窝网穴中，在外力作用下，土壤干旱脱水引起晶格收缩，钾离子陷入其中，暂时失去被置换的自由，转化为缓效态钾暂时被固定。影响土壤钾固定的因素主要有以下几方面。

1. 整粒矿物的类型

一般认为，黏粒矿物固钾能力排列顺序为 2∶1 型＞1∶1 型＞水化氧化物 R_2O_3 型。在 2∶1 型矿物中，四面体电荷越多，则固钾能力越强。蛭石、伊利石均以四面体电荷为主，蒙脱石组中的拜来石的电荷也主要来自四面体的同晶置换，蒙脱石组中的其他黏粒矿物则均以八面体电荷为主。固钾能力由大到小次序为：蛭石＞拜来石＞伊利石＞蒙脱石＞高岭石＞水化氧化物 R_2O_3。此外，水铝英石、浮石和风化长石的表面也能固定少量的钾。

2. 土壤的水分条件

土壤干湿交替可导致固定态钾增多。干燥使土壤溶液浓度增加，钾离子容易到交换位置上来，增加了渗入层间孔穴的机会，晶层间收缩或闭合，钾离子就能被吸持。若土壤再湿润，溶液中的钾还会有再渗入的机会。但如果溶液中钾离子很少，则湿润后固定态钾就会反渗出来，转化成水溶性钾。因此，土壤干湿变化对钾固定的影响因土壤速效钾含量不同而迥然有别。

3. 土壤酸碱度

酸性土壤的水化铝离子，常聚合成为大型的多价阳离子，吸附于黏粒矿物表面。由于这些聚合离子体积较大，一方面对晶格表面的蜂窝状孔穴产生阻塞作用，防止钾离子进入孔穴内，同时又发挥“楔子”作用，把相邻两晶片撑住，使它们不能闭合在一起，从而增大了晶层之间的距离，使酸性土壤的固定钾能力小于碱性土壤。另一方面，也有一些试验证明某些土壤(如蒙脱石型黏粒矿物)在酸性情况下，其固钾量反而大于碱性土壤，这可能是由黏粒矿物本身的特性所引起的。

4. NH_4^+ 的影响

NH_4^+ 的分子半径为 0.148 nm，与 K^+ 接近，它同样能进入 2∶1 型黏粒矿物的六角网穴中，因此可与 K^+ 竞争土壤黏粒矿物上的结合点位。在 NH_4^+ 浓度低时，土壤吸附的钾多于 NH_4^+。当 NH_4^+ 浓度达到 0.1 mol/L 后，NH_4^+ 的固定量才多于钾。施铵态氮肥可使固钾量显著减少，还可能把晶层间的 Ca^{2+}、Mg^{2+} 等体积较大的离子代换出来，封闭 K^+ 进出的通道。因此，在测定交换性钾含量时，选用铵盐作为最佳浸提剂的理由即在于此。

(四)土壤钾的释放

土壤钾的释放是指土壤中非交换性钾转变为交换性钾和水溶性钾的过程。它关系到土壤中速效钾的供应和补给问题。释放过程首先是由自然因素引起的，但也可用人为措施来调节。

归纳起来有如下特点。

①释放过程主要是非交换性钾(缓效钾)转变为交换性钾(速效钾)的过程。换句话说,释放的速效钾主要来自固定态及黑云母中的易风化钾。

②只有当土壤交换性钾减少时,非交换性钾才释放为交换性钾,释放量随交换性钾含量下降而增加。试验证明作物生长季节土壤释钾量较多,这是因为作物生长吸收大量速效性钾,降低了土壤中交换性钾含量,从而增加了钾的释放量。

③各种土壤的释钾能力不同,主要取决于土壤中非交换性钾的含量水平。据此,土壤中非交换性钾含量被作为评价土壤供钾潜力的指标,并以此作为合理施用钾肥的依据。

④干燥、灼烧和冰冻对土壤中钾的释放有显著影响。一般湿润土壤通过高度脱水有促进钾释放的趋势,但如果土壤原含速效钾量已相当丰富,则情况可能相反。高温(高于 100 ℃)灼烧如烧土、熏泥等,能成倍地增加土壤速效钾,这不仅包含由非交换性钾中释放的速效钾,也包含一部分封闭在长石等难风化矿物中的钾转化成的速效钾。此外,冰冻、冰融交替也能促进钾的释放。

(五)土壤钾的损失

水溶性和交换性钾易被降水或灌溉水淋失,其数量受土壤质地、黏粒矿物种类和是否栽培作物等的影响。在质地黏重和富含 2∶1 型矿物的土壤上,淋失的钾量几乎可以忽略不计。但在粗质地土壤上,钾的淋失则可达到相当大的数量,年淋失量由每公顷几千克至几十千克钾不等,如施用钾肥,淋失量更大。栽培作物后能显著地降低钾的淋失量。在酸性土壤上施用石灰也可减少钾的淋失。有试验证明,在 pH 为 4.5 的酸性土壤上,不施石灰区的钾淋失量为每年每公顷 55 kg,每公顷施入 12.5 t 石灰后淋失量降为每年 21.6 kg。对于农田土壤,每年通过作物收获而带走的钾可能是土壤钾的最大支出项,中等产量作物收获带走的钾可超过每公顷 100 kg。含钾矿物的风化虽然是土壤有效钾的重要来源,但因风化速率很慢,难以补充因作物吸收、淋失和径流损失的有效钾量。因此,应根据土壤钾的状况,通过施用无机钾肥和有机肥料,补充土壤中的有效钾。

五、土壤硫的生物地球化学循环

硫是生命有机体的重要组成部分,大约占干物质的 1%,也是植物必需元素之一,在植物细胞结构和生理生化功能中具有不可替代的作用,如参与蛋白质的合成、光合作用、呼吸作用、脂类合成、生物固氮、糖代谢等。土壤中硫含量过低势必导致植物的正常生理活动受阻,代谢紊乱甚至枯萎死亡,最后导致生态系统破坏,生态平衡失调。植物体利用的硫主要来自从土壤中吸收的硫酸盐,少部分来自对大气 SO_2 的直接吸收、同化。虽然硫在陆地生态系统中的循环及其在土壤中的转化比氮素简单,但因其转化过程中产生的 H_2S、SO_2 以及 H_2SO_4 可导致大气污染、酸雨和酸矿排水等严重危害,因此土壤硫的生物地球化学循环也受到人们的重视。

(一)土壤硫的形态

土壤中的硫一般可分为无机硫(磷酸盐溶液提取硫)和有机硫两类。

无机硫包括:①难溶态硫(固体矿物硫),如黄铁矿(FeS_2)、闪锌矿(ZnS)等金属硫化物和石膏等硫酸盐矿物;②水溶性硫,主要为硫酸根(SO_4^{2-})以及游离的硫化物(S^{2-})等;③吸附态硫，即土壤矿物胶体吸附的 SO_4^{2-}，与溶液 SO_4^{2-} 保持着平衡，吸附态硫容易被其他阴离子交换。因植物主要以溶解态硫酸根形态吸收硫，所以易溶态和吸附态硫酸根是植物利用的有效土壤硫。

土壤有机硫主要存在于动植物残体和腐殖质以及一些经微生物分解形成的较简单的有机化合物中。湿润、半干旱、温带和亚热带地区排水良好的农业土壤表层中，硫大多为有机态。一般认为，大多数非石灰性土壤表层中有机硫占全硫的 90%以上。有机硫在全硫中的比例因土壤类型和在土壤剖面的深度而异，通常底土低于表土。人们根据土壤有机硫对还原剂稳定性，将土壤有机硫分成三大组分，即碘化氢（HI）可还原的有机硫（酯键硫）、以碳硫键直接结合的碳键硫和惰性硫（残余硫）。其中，酯键硫不直接被碳束缚，主要含 C-O-S 键的硫酯和硫醚、部分氨基磺酸硫（C-N-S）以及 S-磺酸半胱氨酸（C-S-S），为土壤有机硫中较为活跃的部分，易于转化为无机硫，受土壤利用状况、有机物投入以及气候因素的影响。

（二）土壤硫的循环

土壤中硫的输入和输出，各种形态硫的相互转化和移动构成了土壤中硫的循环（图 7-10）。在整个循环过程中，硫酸盐（SO_4^{2-}）发挥着特别重要的作用。

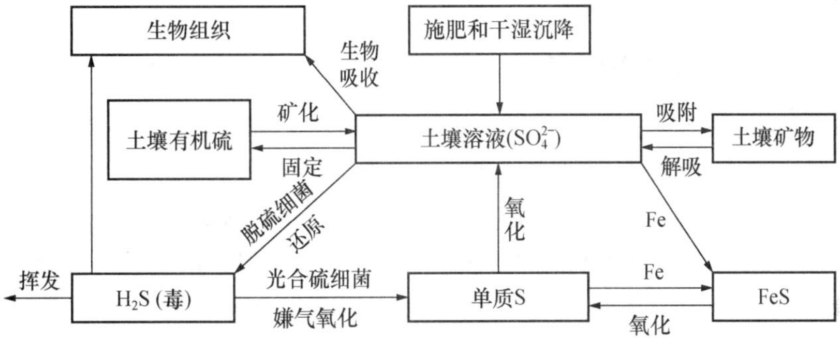

图 7-10　土壤硫循环

土壤中硫的输入主要有两种途径。①大气干湿沉降：大气中的无机硫（SO_2）主要来源于自然排放（火山爆发，从土壤、海洋中释放）和人为排放（化石燃料燃烧）。特别值得一提的是燃煤、燃油、冶矿等造成的 SO_2 沉降。SO_2 溶于水形成 H_2SO_4，即酸雨（$pH<5.6$）。自 20 世纪 80 年代中期以来，我国 SO_2 的排放量以每年 4%速度递增，酸雨地区在不断扩展，酸雨 pH 也逐年下降。近年来，随着国家对酸沉降整治力度的不断加大，我国（特别是南方地区）酸雨问题有了一定的缓解。②含硫矿物和生物有机质的施用：农业生产中含硫的矿质肥料包括硫酸铵、硫酸钾及硫酸镁、石膏（$CaSO_4 \cdot 2H_2O$）。含硫的生物有机质包括各种动植物残体，与氮、磷有机物一样，这些含硫生物有机质经过矿化作用可释放出无机硫。

土壤中的硫主要以硫酸根（SO_4^{2-}）形态被植物根部吸收，除此之外，叶片也能少量吸收 SO_2。植物吸收的 SO_4^{2-} 直接参与体内的代谢作用。此外，因硫酸根（SO_4^{2-}）带负电荷，不易被吸附在带负电荷的土壤胶体表面，容易淋失。土壤在还原条件下形成的硫化氢（H_2S）易挥发损失。

(三)土壤有机硫的矿化

土壤有机硫的矿化是指土壤中含硫的简单有机化合物,在微生物作用下,将有机硫转化成无机硫的过程。在好气情况下,微生物分解土壤有机硫的最终产物是硫酸盐;在嫌气条件下,则是硫化物。土壤中有机态硫矿化可出现下列四种情况:①起始阶段,硫酸盐被固定,随后 SO_4^{2-} 释放;②在整个矿化过程中 SO_4^{2-} 稳定地呈线性释放;③开始几天释放很快,随后缓慢地呈线性释放;④随着时间的增加释放速度下降。

需要强调的是,在各种有机物的分解过程中,硫的矿化机理尚未完全搞清,许多微生物参与了有机硫化物氧化为 SO_4^{2-} 的过程,很难追踪其精确的途径。所以任何影响微生物生长的因素都会改变硫的矿化:①新加入土壤中的有机硫的矿化与 C/S 值有关,C/S 值小于 200 时,将发生硫的净矿化。②温度低于 10 ℃时,矿化作用受到显著抑制;10~35 ℃时矿化量随温度升高而增大。③土壤水分含量为最大持水量的 60%时,矿化作用最强,小于最大持水量的 15%或大于最大持水量的 80%时均显著减弱;将土壤风干可促进有机硫的矿化。④土壤为 pH 7.5 左右时矿化量最大,在此 pH 以下,矿化量随 pH 降低而减少,酸性土壤矿化量随石灰施用量的增多而增多。此外,有植物生长的土壤,由于根系分泌的酶和根际微生物较多的缘故,其矿化量较无植物生长的土壤高。

(四)土壤无机硫的生物固定

硫从矿质态被微生物同化为有机态的过程称为土壤无机硫的生物固定。一般来说,土壤 C/S 值越大,越有利于硫的生物固定。当有机残体的 C/S 值≥400 时,有利于 SO_4^{2-} 生物固定为各种有机形态。生物固定的硫束缚于土壤腐殖质、微生物细胞和微生物合成副产品中。

土壤无机硫的生物固定与有机硫的矿化作用相伴进行,但方向相反。这两个作用的相对速率决定了土壤中有效硫的含量。当矿化作用速率大于生物固定作用速率时,发生硫的净矿化,使土壤中矿质态的硫含量增多,为作物提供较多的有效硫;当生物固定作用速率大于矿化作用速率时,则发生硫的净固定,可使土壤中矿质态的硫逐渐转化成有机态,有效含量降低。

(五)硫的氧化和还原

氧化还原反应在土壤硫循环中起着非常重要的作用,主要包括 SO_4^{2-} 在渍水、缺氧土壤中的还原以及还原态硫(包括 S)的氧化(终产物为 SO_4^{2-})等过程。这些反应大多有微生物参与,但同时受环境条件的制约。

对于硫的还原而言,在常温常压下,有机硫还原的纯化学机理尚不清楚,微生物在有机硫的还原过程中起主要作用。硫的生物还原包括硫的同化还原和异化还原两条途径。硫的同化还原是在一系列酶的作用下,生物体可将从环境中吸收的无机硫同化还原成各种含硫化合物,组成蛋白质或释放出 H_2S;而硫的异化还原,则是硫作为电子受体氧化有机质,相当于有氧呼吸中氧的作用。有关土壤中硫的还原研究,主要集中在 SO_4^{2-} 的还原及 H_2S 的形成这两个对农业生产和生态环境具有重要意义的过程。

硫的氧化是一个非常复杂的过程,从 S^{2-} 氧化到 SO_4^{2-},中间产物有 FeS_2、S、SO_2、$S_2O_3^{2-}$ 和 $S_4O_6^{2-}$ 等。S^{2-} 和 S^{4+} 的氧化主要是生物化学反应,速度快;而其他中间产物的氧化则主要是由硫氧化菌和其他微生物参与的生物氧化,并受环境条件和土壤性质的制约。

土壤 Eh 和 pH 是影响土壤中硫氧化还原的重要因素。排水不良、还原性强的土壤以及酸度高的土壤，均不利于硫的生物氧化反应进行。但单质硫和硫化物的氧化均会产生 H_2SO_4，从而导致土壤酸化。

（六）硫的吸附与解吸

通常所说的土壤硫的吸附与解吸是指无机硫酸盐的吸附和解吸，可变电荷土壤可以吸附 SO_4^{2-}，但 SO_4^{2-} 吸附只能在正电荷表面上进行，其吸附机理包括静电吸附和配位基交换等。鉴于可变电荷土壤吸附 SO_4^{2-} 过程中伴随着羟基释放和表面负电荷的升高，一般认为配位基交换可能是主要的。第四纪红壤对 SO_4^{2-} 的吸附可以用 Langmiur 方程、Freundich 方程及 Temkin 方程来表达，在最大吸附量以前为专性吸附，而在达到最大吸附量以后，以非专性物理吸附为主。有研究认为土壤对 SO_4^{2-} 的吸附有四种机理，即土壤有机质的吸附、交换吸附、置换水合方式吸附和阳离子诱导 SO_4^{2-} 吸附。国内有学者采用固相组分连续提取和单独组分分析相结合的方法，研究了有机质、活性氧化物、晶态氧化物等土壤固相组成成分在南方土壤 SO_4^{2-} 吸附和解吸中所起的作用。结果表明活性氧化物在土壤 SO_4^{2-} 吸附与解吸中起重要作用，是土壤 SO_4^{2-} 的主要吸附体；有机质在 SO_4^{2-} 吸附和解吸过程中所起的作用较为复杂，一般情况下，有机质对 SO_4^{2-} 的吸附起正效应。

土壤中 SO_4^{2-} 配位基交换反应的主要载体是铁、铝氧化物胶体，去除铁、铝氧化物后 SO_4^{2-} 的吸附量明显降低。有机质能影响铁、铝氧化物的结晶度或竞争吸附点位而干扰 SO_4^{2-} 吸附。层状铝硅酸盐矿物对 SO_4^{2-} 的吸附量为：高岭石＞伊利石＞蒙脱石。不同质地潮土对硫的吸附能力为：黏质潮土＞壤质潮土＞砂质潮土。同时，SO_4^{2-} 吸附量随溶液 pH 升高而降低，当 pH 接近 8.0 时，土壤和土壤矿物表面就有可能不存在 SO_4^{2-} 吸附。

任务二　植物必需营养元素

一、植物体内元素的组成

植物的组成十分复杂，一般新鲜的植物体含有 75%～95%的水分和 5%～25%的干物质。而在干物质中，有机物质占其重量的 90%～95%，其组成元素主要是碳(C)、氢(H)、氧(O)和氮(N)等；余下的 5%～10%为矿物质，也称为灰分，由很多元素组成，包括磷(P)、钾(K)、钙(Ca)、镁(Mg)、硫(S)、铁(Fe)、锰(Mn)、锌(Zn)、铜(Cu)、钼(Mo)、硼(B)、氯(Cl)、硅(Si)、钠(Na)、钴(Co)、铝(Al)、镍(Ni)、钒(V)、硒(Se)等。

营养元素是指植物体所需要的化学元素。植物营养是指植物体从外界环境中吸取其生长发育所需要的物质并用以维持其生命活动。植物体内的营养元素并不全部是植物生长发育所必需的。植物体内现有的几十种元素，可分为植物生长必需的营养元素和非必需的营养元素。

二、植物必需的营养元素

在植物生产过程中，植物除了从外界环境中吸收光、CO_2、H_2O 外，还必须从外界环境中吸收所需的营养物质，才能维持其正常的生长发育。植物在生长发育过程中，主要从土壤中吸收营养物质，一部分用来建造自身的结构物质，另一部分用来参与体内的各种代谢和生理调节作用。

（一）植物必需营养元素及确定标准

判断某种元素是否为植物生长发育所必需的营养元素，须符合以下3条标准：一是植物的生长发育必须有这种元素，是植物完成整个生命周期不可缺少的；二是缺少该元素时植物会显示出特殊的、专一的缺素症状，其他营养元素不能代替它的功能，只有补充这种元素后，病症才能减轻或消失；三是必须对植物起直接的营养作用，并非由于改善了植物生活条件所产生的间接作用。某一营养元素只有符合这3条标准，才能被确定为植物必需的营养元素。现代科学分析技术研究表明，在植物体内可检测出70多种矿质元素，其中不少化学元素对植物具有直接或间接的营养作用。在植物体内含有的多种化学元素中，以下17种化学元素为植物生长所必需，即碳（C）、氢（H）、氧（O）、氮（N）、磷（P）、钾（K）、钙（Ca）、镁（Mg）、硫（S）、铁（Fe）、锰（Mn）、铜（Cu）、锌（Zn）、钼（Mo）、硼（B）、氯（Cl）和镍（Ni）。这些元素都是维持植物生长发育所必需的，且不能用其他元素替代。除这17种必需营养元素之外，植物体内还有许多其他元素的含量也较高，如钠（Na）、钴（Co）、硒（Se）、硅（Si）、钒（V）等，这些元素对植物的正常生长发育有影响，但对整个植物界来说，还不是大多数植物所必需的。

（二）植物必需营养元素的分类

根据植物对必需营养元素需要量的多少，通常将这17种营养元素又分为大量营养元素和微量营养元素两大类。其中碳（C）、氢（H）、氧（O）、氮（N）、磷（P）、钾（K）、钙（Ca）、镁（Mg）、硫（S）是植物需要量大于0.1%的元素，称为大量营养元素。大量营养元素一般各占到植物干物质量的十分之几到千分之几。铁（Fe）、锰（Mn）、铜（Cu）、锌（Zn）、钼（Mo）、硼（B）、氯（Cl）、镍（Ni）的需要量各少于0.1%，称为微量营养元素。微量营养元素一般占到植物干物质量的千分之几到十万分之几。此外也有把钙（Ca）、镁（Mg）、硫（S）等归为中量营养元素或次量营养元素。

（三）植物必需营养元素的来源

在植物必需的营养元素中，碳、氢、氧3种元素主要来自空气和水分，氮和其他灰分元素主要来自土壤。但随着研究的不断深入，必需营养元素的来源也更加清晰。大气中CO_2浓度平均质量分数仅有0.03%，而植物CO_2饱和需量浓度为1%～2%，自然状况下，来自大气中的CO_2远远不能满足植物对碳的营养需求，所以除了空气和水分以外，土壤中水溶性含碳有机物及其矿化释放的CO_2也是植物碳元素的另一个重要来源。由于大气中氧气平均质量分数高达20.8%，加之地表水量较大，植物吸收的氧元素主要来自大气中的氧气和水（H_2O），少量来自土壤有机质和部分含氧无机物如CO_2、$H_2PO_4^-$、SO_4^{2-}中的氧。在土壤的各种营养元素中，除了碳、氢、氧外，植物对氮、磷、钾的需要量也较多，而一般土壤中所含的能被植物利用的这三种元素的数量相对较少，故为了协调养分供给，常需要通过施肥加以调节，以供植物吸收利用。因此，氮、磷、钾被称为“肥料三要素”。

任务三 植物对养分的吸收

植物对养分的吸收有根部营养和根外营养两种方式。根部营养是指植物通过根系从环境中吸收养分的过程,根外营养是指植物通过叶、茎等根外器官吸收养分的过程。

一、植物根系对养分的吸收

植物根系是植物吸收养分和水分的主要器官。因此,植物的根部对养分的吸收就是植物营养的核心。植物主要依靠伸展在土壤中的根系吸收养分,因此,粗壮发达、活力强、耐肥耐水、抗逆能力强的植物根系是植物稳产高产的基础。根系吸收养分一般包括以下四个过程,即:养分由土体向根表的迁移;养分从根表进入根内自由空间,并在细胞膜外表面聚集;养分跨膜进入原生质体;养分由根部运输到地上部(图 7-11)。

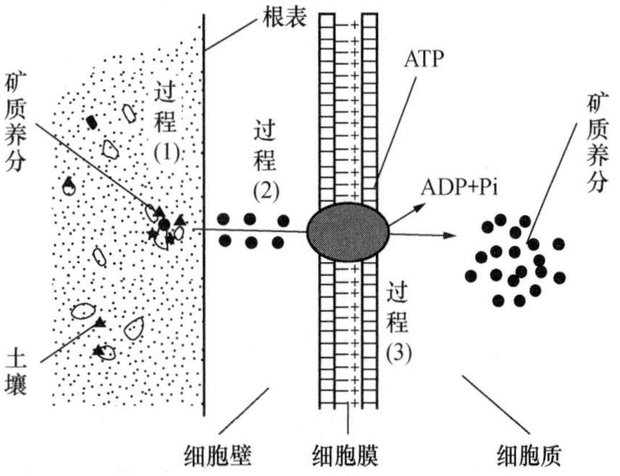

图 7-11 根系矿质养分吸收过程简图

(一)根系吸收养分的部位

用离体根研究表明,根吸收养分最活跃的部位是根尖以上的分生组织区(图 7-12),大致离根尖 1 cm,这是因为在营养结构上,内皮层的凯氏带尚未分化出来,韧皮部和木质部都开始分化,初具输送养分和水分能力;在生理活性上,根部细胞生长最快,呼吸作用旺盛,是质膜急骤增加的地方。就整个根系而言,幼嫩根吸收能力比衰老根强;同一时期越靠近基部,吸收能力越弱。

根毛因其数量多、吸收面积大、有黏性、易与土壤颗粒紧贴而使根系养分吸收的速度与数量成十倍、百倍甚至千倍地增加。根毛主要分布在根系的成熟区,因此根吸收养分最多的部位在离根尖 10 cm 以内,越靠近根尖的地方吸收能力越强。根系吸肥的特点决定了在施肥实践中应注意肥料施用的位置及深度。

(二)根系可吸收的养分形态

植物根能吸收的养分形态有气态、离子态和分子态 3 种。

气态养分有 CO_2、O_2、SO_2 和 H_2O 等。气态养分主要通过扩散作用进入植物体内,也可以从具有较多气孔的叶子进入,由气孔经细胞间隙进入叶内。

植物根吸收的离子态养分,可分为阳离子和阴离子两组,阳离子有 NH_4^+、K^+、Ca^{2+}、Mg^{2+}、Fe^{2+}、Mn^{2+}、Cu^{2+}、Zn^{2+} 等;阴离子有 NO_3^-、$H_2PO_4^-$、HPO_4^{2-}、SO_4^{2-}、$H_2BO_3^-$、$B_4O_7^{2-}$、MoO_4^{2-}、Cl^- 等。

土壤中能被植物根吸收的分子态养分种类不多,也不如离子态养分易进入植物体。植物只能吸收一些小分子的有机物,如尿素、氨基酸、可溶性糖类、磷脂类、植酸、生长素、维生素和抗生素等,一般认为有机分子的脂溶性大小决定着它们进入植物体内部的难易程度。

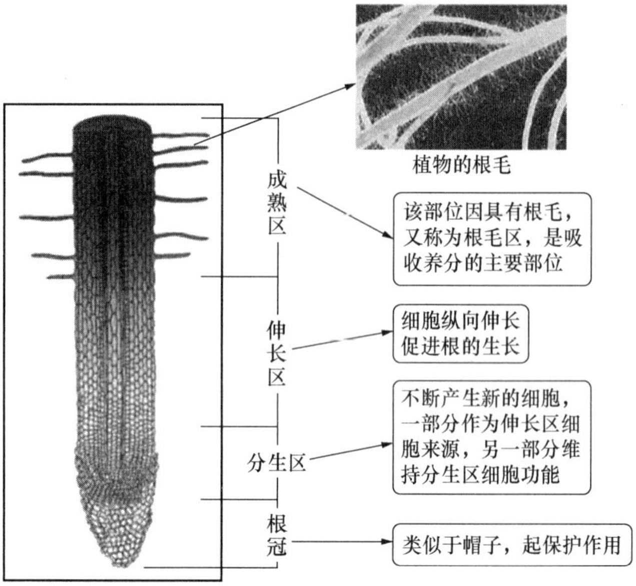

图 7-12　根系吸收养分的部位

大多数有机物需要先经过微生物分解作用转变为离子态养分以后，才能较为顺利地被植物吸收利用。

(三)土壤养分向根部迁移的方式

植物根系主要从土壤溶液或者土壤团粒表面吸收获取矿质养分。分散在土壤各个部位的养分到达根系附近或者根表的过程称为土壤养分的迁移。土壤中离子态养分向根部迁移的方式有三种，即根系截获、扩散和质流(图 7-13)。

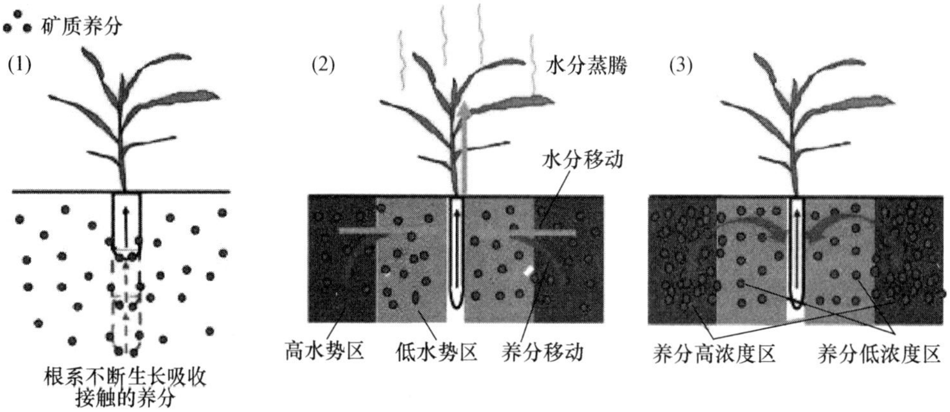

图 7-13　土壤养分向根部迁移的方式

(1)根系截获　(2)质流　(3)扩散

1. 根系截获(root interception)

根系截获指植物根在土壤中伸长并与其紧密接触，使根释放出的 H^+ 和 HCO_3^- 与土壤胶体上的阴离子和阳离子直接交换而被根系吸收的过程。根系截获吸取养分的方式具有两个特点：第一，土壤固相上的交换性离子可以与根系表面离子养分直接进行交换，而不一定通过土壤溶液达到根表面。第二，根系在土体中所占的空间对整个土体来说是很小的，况且并非所有根的表面都能对周围土壤中交换性离子进行截获，所以仅仅靠根系生长时直接获得的养分也是有限的，一般只占植物吸收总量的 0.2%～10%，远远不能满足植物的生长需要。

2. 扩散(diffusion)

扩散是由于根系吸收养分而使根圈附近和离根较远处的离子浓度存在浓度梯度而引起土壤中养分的移动。土壤中养分扩散是养分迁移的主要方式之一，因为植物不断从根部土壤中吸收养分，使植物根表土壤溶液中的养分浓度相对降低，另外施肥也会造成根表土壤和土体之间的养分浓度差异，使土体中养分浓度高于根表土壤的养分浓度，因此就引起了养分由高浓度向低浓度处的扩散作用。

3. 质流(mass flow)

质流是因植物蒸腾、根系吸水而引起水流中所携带的溶质由土壤向根部流动的过程。植物蒸腾作用消耗了根际土壤中的大量水分，造成根际土壤水分亏缺，而植物根系为了维持植物蒸腾作用的强度，必须不断地从根周围环境中吸取水分，土壤中含有的多种水溶性养分也会随着水分的流动被带到根的表面，为植物获得更多的养分提供了有利条件。

一般认为，在长距离时，质流是获取养分的主要方式；而在短距离内，扩散作用则更为重要。如果从养分在土壤中的移动性来讲，NO_3^--N 移动性较大，质流可提供大量的氮，但磷和钾较少。氮通过扩散作用输送的距离比磷和钾要远得多，磷的扩散远远低于钾。

(四)根部对无机养分的吸收

目前较一致的看法是离子进入根细胞可划分为被动吸收和主动吸收两种形式。

1. 被动吸收(passive uptake)

被动吸收又称非代谢吸收，是一种顺电化学势梯度的吸收过程，不需要消耗能量，属于物理的或物理化学的作用。养分可通过扩散、质流等方式进入根细胞。

(1)养分通过扩散、质流等形式进入根细胞　离子态养分无论是通过根系截获、扩散或质流都能进入根细胞，但一般不通过细胞膜，对整个组织来说，一般不能通过内皮层。

(2)离子交换　植物吸收离子态养分，还可以通过离子交换的方式进入植物体内。一种是根系表面与土壤溶液之间的离子交换(图 7-14)，植物根的细胞壁带有较多的羧基，根部呼吸作用放出的 CO_2 形成的碳酸，都能解离出 H^+，就可以和土壤溶液中的阳离子进行交换。当然，根系分泌出的碳酸，解离后可以和土壤胶体上吸附性的离子进行交换。另一种是根系表面与土壤黏粒之间的离子交换，也称为接触交换。植物根和黏粒是紧密接触在一起的，土壤黏粒与根系表面两者的扩散层水膜也是相重叠的，也就是说，由于离子在各自的位置上不断地运动，在振动容积相重叠的情况下，离子间可以不通过溶液面直接进行交换，这就是接触交换。一般情况是根细胞外的氢离子和黏粒扩散层交换性阳离子进行交换。

2. 主动吸收(active uptake)

主动吸收又称为代谢吸收，是一个逆电化学势梯度且消耗能量的吸收过程，具有选择性。主动吸收有 3 个特点：①植物体内离子态养分的浓度常比土壤溶液的浓度高出很多倍，有时竟高达十倍至数百倍，而且植物根系仍能不断地吸收这种养分，并不见养分有外溢现象；②植物吸收养分有高度选择性，不取决于外界环境中的养分种类和数量；③植物对养分的吸收强度与

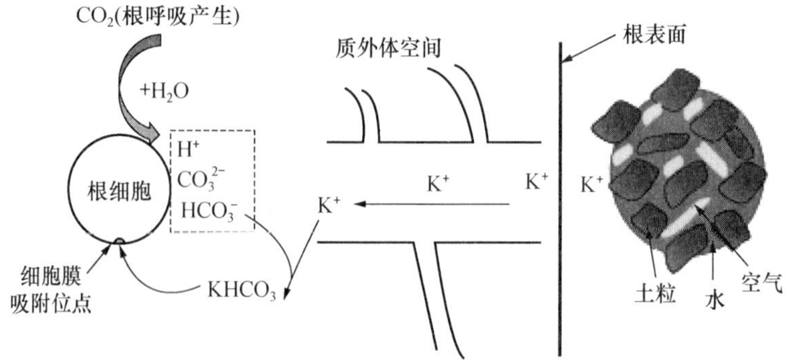

图 7-14 离子在细胞膜上的吸附示意图(以 K^+ 为例)

其代谢作用密切相关，并不取决于外界土壤溶液中养分的浓度。一般表现出植物生长旺盛，吸收强度就大，而生长衰弱，吸收强度就小。

(五)根部对有机养分的吸收

植物根系不仅能吸收无机养分，也能吸收有机态养分。这是 20 世纪初随着无菌技术和同位素技术的应用而得到证实的，吸收有机态养分与被吸收的有机物性质有关。如大麦能吸收赖氨酸，玉米能吸收甘氨酸，大麦、小麦和菜豆能吸收各种磷酸己糖和磷酸甘油酸，水稻幼苗能直接吸收各种氨基酸和核苷酸以及核酸等。近年来，使用微量放射自显影的研究结果显示，以 ^{14}C 标记的腐殖酸分子能完整地被植物根所吸收，并可输送到茎叶中。

但有机养分究竟以什么样的方式进入根细胞，至今仍尚无定论。一般认为，可能是在具有特异性的透过酶作用下而进入细胞的，这个过程需要消耗能量，属于主动吸收。也有人认为根部细胞和动物一样，可以通过胞饮作用吸收有机养分。所谓胞饮作用是指吸收附在质膜上含大分子物质的液体微滴或微粒，通过质膜内陷形成小囊泡，逐渐向细胞内移动的主动转运过程。首先，有机养分黏附在质膜上(图 7-15a)，而后原生质膜内陷(图 7-15b)，把许多大分子有机化合物连同水分、无机盐一同包裹起来，形成胞饮体的小囊(图 7-15c)。囊泡逐渐向细胞内部转移，在转移过程中，体积逐渐变小。胞饮体囊泡的膜，在细胞内可通过溶酶体的作用被消化或者破坏(图 7-15d)，最后释放出内含物。

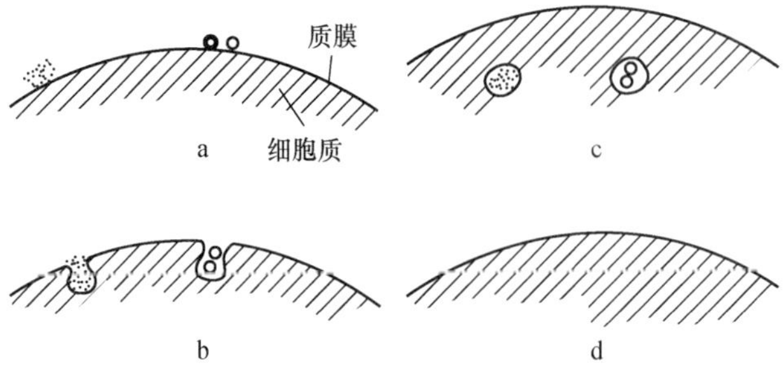

图 7-15 胞饮作用示意图

胞饮现象是一种需要能量的过程，也属于主动吸收，但不是细胞对养分主动吸收的主要途径，且在植物细胞内也不是经常发生的；也不是逆浓度梯度的主动吸收。只在特殊情况下才产生胞饮现象。

二、根外器官对养分的吸收

植物通过地上部分器官吸收养分和进行代谢的过程，称为根外营养。根外营养是植物营养的一种方式，但只是一种辅助方式。生产上将肥料配成一定浓度的溶液，喷洒在植物叶、茎等地上部器官上，称之为根外追肥。

（一）根外营养的机制

根外营养的主要器官是茎和叶，其中叶的比例更大，因此人们研究根外营养机制时大多从叶片开始研究，早期研究认为叶片部吸收养分是从叶片角质层和气孔进入，最后通过质膜进入细胞内。现在研究多认为，根外营养的机制可能是通过角质层上的裂缝和从表层细胞延伸到角质层的外质连丝，使喷洒于植物叶片部的养分进入叶细胞内，参与代谢过程。

（二）根外营养的特点

（1）直接供给植物养分，防止养分在土壤中的固定和转化　有些易被土壤固定的营养元素，如P、Mn、Fe、Zn等；某些生理活性物质，如赤霉素、丁酰肼等，施入土壤易于转化，采用根外喷施就能克服这种缺点。

（2）养分吸收转化比根部快，能及时满足植物需要　用^{32}P在棉花上试验，涂于叶部，5 min后各器官已有相当数量的^{32}P。而根部施用15 d后，^{32}P的分布和强度仅接近于叶部施用后5 min的情况。一般尿素施入土壤后4～5 d才见效果。但叶部施用尿素只需1～2 d就有明显效果。由于根外追肥的养分吸收和转移的速度快，所以这一技术可作为及时防治某些缺素症，或植物因遭受自然灾害而需要迅速补充营养，或解决植物生长后期根系吸收养分能力弱的有效措施。

（3）促进根部营养，强壮植株　研究表明，根外追肥可有效提高植物光合作用和呼吸作用的强度，显著促进酶活性，从而直接影响植物体内一系列重要的生理生化过程；同时也改善了植物对根部有机养分的供应，增强根系吸收水分和养分的能力。

（4）节省肥料，经济效益高　根外喷施磷肥、钾肥和微量元素肥料，用量只相当于土壤施用量的10%～20%。尤其是对微量元素肥料，采用根外追肥不仅可以节省肥料，还能避免因土壤施肥不均匀或施用量过大所产生的毒害。

（三）影响根外营养效果的因素

（1）溶液的组成　溶液组成决定于根外追肥的目的。小麦苗期由于土壤缺P，根系发育不良，形成弱苗，及时喷施磷肥，可以促进根系发育，使麦苗由弱变壮，正常生长。棉花苗期因受低温的影响，根系吸收能力弱，喷施尿素可增大叶面积，加强光合作用。为了促使禾谷类作物早熟，可以喷P和K；喷Fe可防治果树黄叶病；喷Zn可防治苹果小叶病，喷B对防治棉花和油菜的蕾而不花、花而不实都有良好的效果。

（2）溶液的浓度及反应　在一定浓度范围内，营养物质进入叶片的速度和数量，随浓度的增加而增加。同时还要注意某些微量元素的有效浓度与毒害浓度差别很小，需严格掌握，以免植物受害。溶液的pH随供给的养分离子形态不同有所不同，主要供给阳离子时，溶液调至微碱性，供给阴离子时，溶液应调至弱酸性。

(3)溶液湿润叶片的时间　溶液湿润叶片时间的长短同样影响着根外追肥的效果，保持叶片湿润的时间在 30～60 min 时吸收的速度快、吸收量大；要使养分能在叶茎上保持较长的时间，最好在傍晚无风时进行，可防止叶面很快变干。

(4)叶片与养分吸收　像棉花、油菜、豆类、薯类等双子叶植物，因叶面积大，角质层较薄，溶液中的养分易被吸收；而稻、麦、谷子等单子叶植物，叶面积小，角质层较厚，溶液中养分的吸收比较困难，在这类植物上进行根外追肥要加大浓度。从叶片结构上看，叶子表面的表皮组织下是栅状组织，比较致密；叶背面是海绵组织，比较疏松、细胞间隙较大，孔道细胞也多，故喷施于叶背面的养分吸收快些。

(5)喷施次数及部位　不同养分在叶细胞内的移动性是不同的。一般认为，移动性很强的营养元素为 N、K、Na，其中 N＞K＞Na；移动性较强的营养元素为 P、Cl、S，其中 P＞C＞S；部分移动的营养元素为 Zn、Cu、Mo、Mn、Fe 等，其中 Zn＞Cu＞Mn＞Fe＞Mo；不移动的营养元素有 B、Ca 等。在喷施比较不易移动的营养元素时，必须增加喷施的次数，同时必须注意喷施部位，如铁肥喷施在新叶上效果较好。每隔一定时期连续喷洒的效果，比一次喷洒的效果好。但是喷洒次数过多，必然会增加人力成本，因此生产实践中应掌握在 2～3 次为宜。

三、影响植物吸收养分的因素

植物吸收养分是一种很复杂的生理现象，植物生长的许多内外因素共同对养分吸收起到制约作用。其内在因素就是植物的遗传特性，而外部因素就是气候和土壤条件。

(一)植物吸收养分的遗传特性差异

在许多栽培植物不能正常生长甚至招致死亡的地方，野生植物却能蓬勃生长。如在海滨偶尔还受海潮侵袭的地方，海莲子能连片生长；在 pH 4.0 左右的红黄壤土上，杜鹃和白茅能正常绵延后代。

同一种植物的不同品种或品系，由于产量不同，尽管植株中养分浓度相差不大，但从土壤中带走的养分却相差很大。杂交种和其他高产品种需肥量都高于常规品种，如果施肥量不足就不能发挥高产优势。一个品种的适应性广，往往需肥量低、产量低，这些现象都是由植物营养基因的不同所决定的。

对植物营养基因的研究方兴未艾。目前关于一个基因控制某种元素的吸收运输和利用的研究已被植物营养学者和植物遗传学者所关注，成为世界研究热点之一。

(二)植物吸收养分的外界环境因素

(1)土壤温度　在 0～30 ℃范围内，随着土温的升高，根系吸收养分加快，吸收的数量也增加；当土温低于 2 ℃时，植物只有被动吸收；当土温超过 30 ℃时，养分吸收也显著减少，只有在适当的土温范围内，植物才能正常地、较多地吸收养分。

(2)光照　光照充足，光合作用强度大，吸收能量多，养分吸收也就多。反之，光照不足，养分吸收的数量和强度就少。

(3)土壤通气性　土壤通气良好，能促进植物对养分的吸收；反之，土壤排水不良，植物吸收养分能力下降。在农业生产中，施肥结合中耕，目的之一就是促进植物吸收养分，提高肥料利用率。

(4)土壤酸碱性　酸性条件下，植物吸收阴离子多于阳离子；而碱性条件下，吸收阳离子多于阴离子。大多数养分在 pH 6.5～7.0 时其有效性最高或接近最高。

(5)水分　水分是植物生长发育的必要条件之一，土壤中养分的释放、迁移和植物吸收养分等都和土壤水分有密切关系。土壤水分适宜时，养分释放及其迁移速率都高，从而能够提高养分的有效性和肥料中养分的利用率；土壤含水量低时，无机态养分的浓度相对提高，直接影响植物根对养分的吸收与利用；土壤含水量过高时，一方面稀释土壤中的养分，加速养分的流失，另一方面会使土壤下层的氧不足，根系集中生长在表层，不利于吸收深层养分，严重时有可能出现局部缺氧而导致有害物质的产生而影响植物的正常生长，甚至死亡。

(6)养分浓度　一般来说，土壤中养分含量高，质流中的离子浓度高，土壤与根系间离子浓度梯度大，扩散速率增加，根系对离子接触的机会也多，因而有利于植物对养分的吸收。

四、植物吸收养分的特性

(一)植物营养的共性和个性

植物生长发育必需的 17 种营养元素是所有高等植物生长发育所必需的，属于植物营养的共性。但有些植物或同种植物在不同的生育期，所需要的养分也是有差异的。当把植物栽培在同一种土壤上，常因植物种类不同，所吸收的矿物质成分和总量就会有很大的差别。如薯类植物对钾的需求比禾本科植物多，豆科植物需磷较多，叶菜类需氮较多。甚至有些植物还需要特殊的养分，如水稻需要硅，豆科植物固氮时需要钴，这些属于植物营养个性。所以，施肥时必须考虑植物的营养特性。

(二)植物营养的遗传特性

植物对养分的吸收、运输和利用特点都与基因有关，是由植物营养的基因型差异造成的，是可以遗传的，这就是植物营养的遗传特性。不同植物存在营养基因型差异，因而具有不同的营养特点，表现在不同植物对养分需求的种类、数量和养分代谢方式等存在差异。如生长在石灰性土壤上的有些大豆品系出现失绿症，而芹菜对缺镁和缺硼的敏感性存在着基因型差异。因此，在熟悉植物营养性状的基础上，可以通过遗传和育种的手段对植物加以改良，保留优良营养基因以提高作物产量，这就是研究植物营养遗传特性的目的。

(三)植物营养的连续性与阶段性

植物从种子萌发到种子形成的整个生长周期内，要经历几个不同的生长阶段。在这些阶段中，除种子萌发期和植物生长后期根部停止吸收养分外，其他阶段都要从土壤中吸收养分。植物通过根系从土壤中吸收养分的整个时期，称为植物营养期。在植物营养期的每个阶段中，都在不间断地吸收养分，这就是植物吸收养分的连续性。因此，在生产中施基肥，对保证植物整个营养期养分的持续供应具有重要作用。

在植物营养期中，植物对养分的吸收又有明显的阶段性。这主要表现在植物不同生育期中，对养分的种类、数量和比例有不同的要求(图 7-16)。在植物营养期中，植物对养分的需求有两个极为关键的时期，一个是植物营养临界期；另一个是植物营养最大效率期。

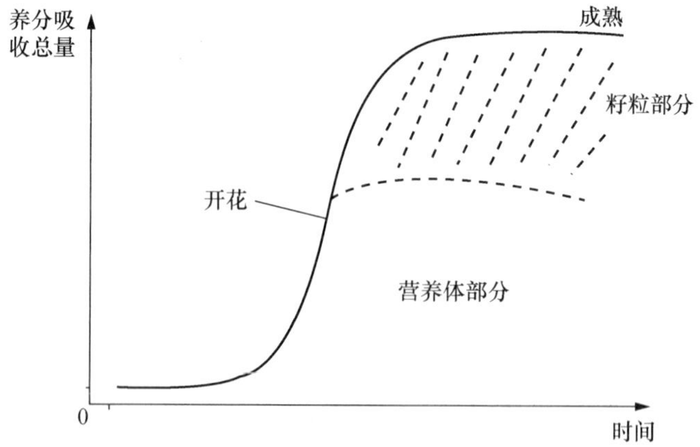

图 7-16　植物生长发育期间吸收养分的变化规律

(1)植物营养临界期　营养临界期是指植物对养分供应不足或过多表现非常敏感的时期。在植物营养过程中,营养体部分有一时期对某种养分的要求在绝对数量上不多,但需要十分迫切,此时如果缺少这种养分,植物生长发育和产量都会受到严重影响,即使以后补施该种养分也很难纠正和弥补。植物营养临界期一般出现在植物生长的早期阶段。

(2)植物营养最大效率期　营养最大效率期是指在植物的生长发育阶段中,施肥能获得植物生产最大效益的时期。植物营养最大效率期一般出现在植物生长的旺盛时期,或在营养生长与生殖生长并进时期,这一时期,植物生长迅速,吸收养分能力特别强。为了获得作物的增产效果,应在植物营养最大效率期适当追肥,及时满足植物对养分的需求,以满足植物生长发育的需要。

任务四　施肥基本原理

随着社会的发展和日益增长的人口对粮食的需求,化学肥料的使用不可避免,有机农业不可能养活全人类。所以,为了生产更多的粮食,同时又需要利用有限的肥料资源,保护人类赖以生存的生态环境,最有效的方法就是科学、合理地使用肥料。合理施肥能提高作物产量、改善品质、保护环境、培肥地力。但如果施肥不合理,也会造成许多负面影响,如经济效益降低,对作物、土壤、环境以至于人类健康带来不良后果等。要做到合理施肥,就必须掌握施肥的基本原理。

一、养分归还学说

这一学说是由19世纪中叶德国杰出的化学家李比希根据前人的研究和他本人大量的化学分析材料提出的,也称养分补偿学说。其中心内容有:植物从土壤中摄取其生活所必需的矿物质养分,由于不断地栽培作物,势必引起土壤中矿物质养分的消耗,长期不归还这部分养分,会使土壤变得十分贫瘠,甚至寸草不生。轮作倒茬只能减缓土壤中养分的贫瘠,不能彻底地解决问题。为了保持土壤肥力,就必须把植物从土壤中所摄取的养分,以肥料的方式归还给土壤,否则就是掠夺式的农业生产。

养分归还学说总的来说是正确的,它改变了过去局限于低水平的生物循环,通过增施肥料，增强了这种物质循环，从而为提高产量奠定了物质基础。应该指出的是，养分虽然要归还，但不像李比希强调的那样，植物带走的所有养分都要以施肥的方式归还给土壤，应该归还哪些元素要根据植物特性和土壤养分的供给水平而定。植物虽然从土壤中带走某些养分，但同时以残留的根茬将部分养分归还土壤。元素不同，其归还程度不同(表 7-1)。

表 7-1　土壤中营养元素的归还与补充

归还程度	归还比例/%	需要归还的营养元素	补充要求
低度归还	＜10	N、P、K	重点补充
中度归还	10～30	Ca、Mg、S 等	根据土壤和植物确定
高度归还	＞30	Fe、Al、Mn 等	不需要补充

二、最小养分律

1843 年，为了有效使用化学肥料，李比希在实验基础上又提出了最小养分律，也称最低因子律。其中心论点是：植物为了生长发育，需要吸收各种养分，但土壤中相对含量最少的养分制约着作物产量的提高。在一定范围内，植物产量随最小养分的改变而变化。这就是著名的“木桶理论”(图 7-17)。

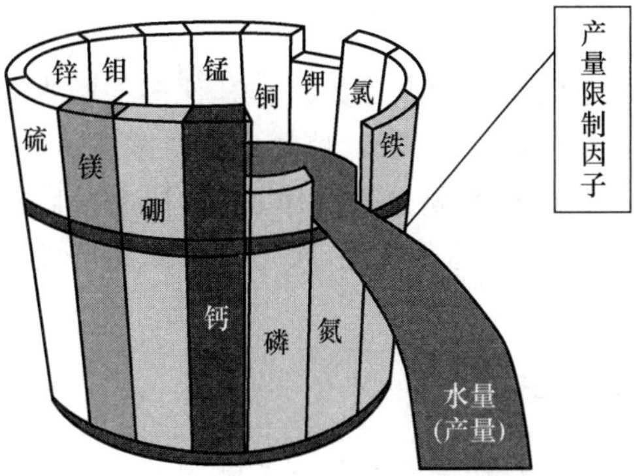

图 7-17　木桶理论

根据最小养分律制定施肥方案时，应注意以下三点：第一，最小养分指的是土壤中有效含量相对最少的养分；第二，补充最小养分时，应考虑施肥调整后土壤中可能出现的新的最小养分，保持作物生长必需养分元素之间的平衡；第三，最小养分并不是固定不变的，它随植物产量水平和土壤中养分元素的平衡而变化。

三、报酬递减律

18 世纪后期，欧洲经济学家杜尔哥和安德森在深入研究投入产出关系和大量科学实验基础上进行归纳后共同提出了报酬递减律这一经济规律。其基本内容是：从一定面积土地所得到的报酬随着向该土地投入的劳动和资本量的增加而增加，但随着投入的单位劳动和资本量的增加达到一定限度后，投入量再增加，报酬的增加量却在逐渐减少。

需要注意的是，报酬递减律是有前提的，它只反映在其他技术条件相对稳定情况下，某一限制因子(或最小养分)投入(施肥)和产出(产量)的关系。如果在生产过程中，某一技术条件有了新的改革和突破，那么原来的限制因子就让位于另一新的因子，同样，当增加新的限制因子达到适量以后，报酬仍将出现递减趋势。充分认识报酬递减规律，在施肥实践中，就可以避免盲目性，提高利用率，发挥肥料的最大经济效益。

任务五 施肥技术

一、大田作物施肥技术

（一）精确施肥技术概况

精确农业是在现代信息技术（遥感、全球定位系统、地理信息系统）、植物栽培管理技术、农业工程装备技术等一系列高新技术基础上发展起来的一种重要的现代农业生产形式和管理模式。其核心思想是获取农田小区植物产量和影响植物生产的环境因素（如土壤结构、土壤肥力、地形、气候、病虫草害等）实际存在的空间和时间差异信息，分析影响小区产量的原因，采取技术上可行、经济上有效的调控措施，改变传统农业大面积、大样本平均投入的资源浪费做法，对植物栽培管理实施定位、按需变量投入。精确农业包括精确播种、精确施肥、精确灌溉、精确收获等环节。

精确施肥技术是以不同空间单元的产量数据与其他多层数据（土壤理化性质、病虫草害、气候等）的整合分析为依据，以植物生长模型、植物营养专家系统为支持，以高产、优质、环保为目的的变量处方施肥理论和技术。它是信息技术、生物技术、机械技术和化工技术的优化组合，按植物生长期可分为基肥精施和追肥精施，按施肥方式可分为耕施和撒施，按精施的时间可分为实时精施和时后精施。

（二）轮作制度下肥料分配原则

轮作施肥技术是指针对某个轮作周期而制订的施肥计划，包括不同茬口的肥料分配方案和植物的施肥制度。而植物施肥制度则是针对某一植物的计划产量而确定的施肥技术。

针对某一轮作周期中不同作物如何统筹分配和施用肥料，应遵循均衡增产、效益优化、用养结合、持续发展、环境友好等基本原则。而具体轮作制度下的肥料分配则因地域、作物等不同而有异。

（1）一年一熟制肥料分配原则　以大豆→小麦→玉米轮作为例，总的原则是培肥地力、保证重点。有机肥重点分配在小麦上，氮肥重点分配在小麦和玉米上，磷肥重点分配在大豆和小麦上。

（2）一年两熟制肥料分配原则　以小麦→玉米→小麦→玉米复种连作为例，总的原则是养分要全，数量要足。有机肥应重点分配在小麦上，养分要全，玉米利用其后效；高产麦田要控制氮肥用量，增加磷、钾肥，补施微肥；高产玉米田要稳施氮肥、增加磷肥与锌肥，中产玉米田要加强氮、磷肥的配合。

（3）两年三熟制肥料分配原则　以小麦→甘薯→春玉米为例，总的原则是保证一年多熟，兼顾一年一熟。有机肥主要考虑冬小麦和春玉米，尤其是春玉米；冬小麦和春玉米要增加磷肥施用量，甘薯要增加钾肥施用量、减少氮肥施用量。

（4）立体种植肥料分配原则　以小麦/玉米→大白菜→小麦→大豆为例，总的原则是多施有机肥，施好氮肥，养分协调，数量充足。有机肥重点分配在小麦和大白菜上，若第二年夏播玉米，两茬各占 50%，若第三年夏播大豆，则大白菜占 60%～70%；要适度增加大白菜氮肥投入，同时多施磷肥、钾肥、微肥。

二、果树施肥技术

1. 穴贮肥水地膜覆盖技术

把果树的浇水、施肥、保墒结合在一起，在局部范围内为根系生长发育创造良好的环境，从而保证果树的正常生长结果。该技术有省工、省水、成本低、效益高、便于推广等优点，是发展绿色果品生产的有效措施之一。该技术适用于山坡地、滩地、沙荒地、干旱少雨等地区。

2. 树干强力注射施肥技术

将果树所需要的肥料配成一定浓度的溶液，从树干强行直接注入树体，靠机具持续的压力将进入树体的肥液输送到根枝和叶部，直接被果树吸收利用。这种方法的优点是可及时矫治果树缺素症，减少肥料用量，不污染环境。缺点是易引起腐烂病。

3. 果树管道施肥技术

这是在贮藏肥池中配制肥液，用机械动力将肥液压入输送管道系统，直接喷施于树体上的一种施肥方法。

4. 根系灌溉施肥技术

根系灌溉施肥技术是借助于滴灌输水系统，根据果树需肥特性，将肥液注入管道，随同灌溉水一起施入土壤。由于节水省肥，特别适合于缺水少雨的丘陵山区和沙漠土壤、盐碱地及经济效益高的果树上推广应用。

我国地域广阔，南北方果树品种差异很大，东、西部降水量差异也很大，因此在推广果树合理施肥新技术时，应根据当地情况灵活运用。

三、蔬菜施肥技术

(一)保护地蔬菜二氧化碳施肥新技术

二氧化碳是植物进行光合作用的重要原料，植物正常进行光合作用时周围环境中二氧化碳浓度为 300 mg/L。保护地内日出前二氧化碳浓度可达到 1 200 mg/L；日出后，植物开始进行光合作用，二氧化碳浓度迅速下降，2 h 后降至 250 mg/L。当降至 100 mg/L 以下时，植株光合作用减弱，植物生长发育受到严重影响。二氧化碳施肥是保护地蔬菜栽培的重要增产措施之一(图 7-18)。

图 7-18　二氧化碳施肥技术

1. 二氧化碳施用时期

大棚蔬菜在定植后 7～10 d(缓苗期)开始施用二氧化碳，温室蔬菜在定植后 15～20 d(幼苗期)开始施用二氧化碳，连续进行 30～35 d。果菜类开花坐果前不宜施用二氧化碳，以免营养生长过旺导致蔬菜徒长而落花落果；开花坐果期施用二氧化碳，对减少落花落果、提高坐果率、促进果实生长具有重要作用。

2. 二氧化碳施用时间

施用时间根据日出后的光照度确定。一般每年的 11 月至次年 2 月，于日出后 1.5 h 施放；3 月至 4 月中旬，于日出后 1 h 施放；4 月下旬至 6 月上旬，于日出后 0.5 h 施放。施放后，将温室或大棚封闭 1.5～2 h 后再通风。一般每天 1 次，雨天停止。

3. 二氧化碳施用浓度

一般大棚施用浓度为 1 000 mg/L，温室为 800～1 000 mg/L，阴天适当降低施用浓度。具体浓度根据光照度、温度、肥水管理水平、蔬菜生长情况等适当调整。

(二)蔬菜水肥一体化膜下滴灌施肥技术

蔬菜水肥一体化膜下滴灌施肥技术是在地膜覆盖栽培的基础上，将施肥与灌溉结合在一起的一项农业新技术(图 7-19)。通过滴灌系统，在灌溉的同时将肥料配成肥液一起输送到作物根部土壤，供作物根系直接吸收利用。该方法可以精确控制灌水量、施肥量和灌溉及施肥时间，显著提高水肥利用率。

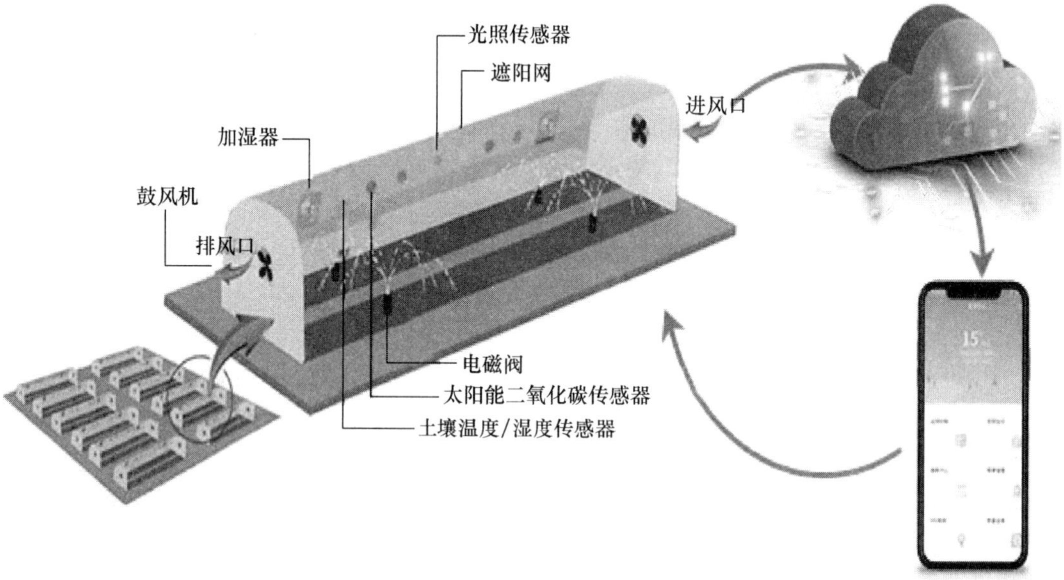

图 7-19　蔬菜水肥一体化膜下滴灌施肥技术

1. 滴灌系统

(1)水源　连片温室大棚可实施地下输水工程。在每个温室大棚内设阀门，水泵用微机控制。单个温室大棚可修建蓄水池，一般建在温室大棚的侧墙边，容积不少于 3 m^3。

(2)首部　安装水泵、过滤器、压力调节阀门、流量调节器及施肥罐。

(3)输水管道　根据水源压力和滴灌面积来确定滴灌管道的安装级数。一般采用三级管道，即干管、支管和毛管。管道可采用薄壁 PE 管，在不影响使用寿命的情况下降低工程造价。

(4)旁通　具有调压功能，连接方便，可任意调整滴灌管的位置和间距。

(5)滴灌管　滴头可拆卸，如发生堵塞，便于清洗。滴头流量小，可形成较好的湿润体。

2. 滴灌形式

(1)膜下滴灌　滴灌管(带)铺在地表,覆于膜下。

(2)地埋式滴灌　滴灌管埋在地下 30～35 cm 处,水通过地埋式滴灌管的滴头缓慢滴出渗入土中,再通过毛细管作用浸润作物根部。该技术对土壤的扰动较小,有利于作物保持根层疏松通透的环境条件,使地表土壤干燥,减少杂草生长。

【复习思考】

1. 新型肥料的发展趋势是什么?
2. 果树施肥新技术有哪些?
3. 不同轮作制度下肥料分配原则有何不同?
4. 植物必需营养元素有哪些? 可以分为哪儿类?
5. 植物营养的阶段性对施肥有何指导意义??
6. 合理施肥的基本原理有哪些?
7. 典型的养分循环包括哪些方面?
8. 影响土壤氮素含量的因素有哪些?
9. 简述土壤氮素形态及其有效性。
10. 试述氮素在土壤中的转化途径。
11. 试述氮素在土壤中的损失途径及防治措施。
12. 为什么磷肥在土壤中有效性很低?
13. 为什么中性条件下磷肥有效性最高?
14. 如何提高磷肥有效性?
15. 土壤中钾的固定及释放主要受哪些因子的影响?
16. 如何提高钾肥有效性?

【知识拓展】

如果没有化肥,世界会怎样?

从 1843 年第一种化学肥料过磷酸钙在英国诞生后,化肥这种被称为"粮食的粮食"的人工合成品,在人类社会的发展进程中发挥着重要的作用。第二次世界大战后,全球粮食产量能够从 6.3 亿 t 增长至 2018 年的 25.9 亿 t,人口数量从 1950 年的 25.2 亿人增长至 2020 年的 75.8 亿人,化肥的普及和应用是重要的推动力之一。

随着环境污染问题日渐受到人们的重视,出现了化肥会加剧环境污染、对人体有害、有机肥优于化肥等观点,让化肥在人们心中的印象分不断降低。虽然化肥确实会影响环境,但这并不完全是化肥的错。

长久以来,我国农业生产中化肥的施用存在一些严重的问题。据研究表明,我国北方冬季的雾霾、地下水硝酸盐超标、表面水体富营养化,甚至土壤的板结、酸化、次生盐渍化等,都与化肥特别是氮肥相关。我国三大粮食作物,氮肥的当季利用率仅有 37.8%(2018 年农业农村部统计),浪费掉的氮肥进入水体或大气中,增加了环境中氮含量,超出本体容量后就产生了一系列问题。

但我们要认识到，这是不合理施用化肥引起的问题，却不是化肥自身的问题。就如我们日常生活中的油、盐、糖等调料，这些材料本身是无害、有用、有益的，但是如果长时间摄入量超标，就会引起对应的病症。这是不合理摄食油、盐、糖引起的问题，却不是油、盐、糖自身的问题，问题的根源在于人没有科学地使用和调配油、盐、糖。同样，相对于有机肥，化肥是更纯净、单一、知根知底的材料，只是人类没有科学地使用这些材料。此外，完全抛弃化肥也是不可能的。如果只施用有机肥进行有机农业生产，全世界粮食产量就可能回到19世纪，想养活全世界这么多的人口，就会成为痴人说梦。

要想既保障粮食安全，又降低环境影响，就要想办法更高效地用好化肥，这也一直是全球科学家的研究重点。目前提高化肥利用率主要有两个途径：

一是对常规化肥产品进行改造升级，主要通过生物法（稳定性肥料）、化学法（脲醛类肥料）、物理法（包膜肥料）等，旨在延缓外界环境对敏感活泼的化学养分的冲击，减少向环境的外溢。特别是稳定性肥料技术，由于具有降低氨挥发和氧化亚氮农田排放等环境污染可能性的天然技术优势，正成为世界新型肥料的主流。

二是寻找更科学的配套施肥方法，根据作物的养分需求量、需求种类、需求规律、区域环境等因素，探索作物生长每个时间点需求养分与供应吻合的规律，最终的理想状态是在作物生长的任何时间点，需求的养分种类和量与供应的种类和量，不多不少，完全一致。

化肥对人类社会的贡献不言而喻，而我们要知道化肥之罪并非来源于化肥，而是人们的使用方式出现了问题。学会更科学地使用化肥，发挥化肥最大效用，才是实现农业绿色发展、保障粮食安全的关键之举。

【思政视角】

中国主导缓控释肥料国际标准

2017年8月28日在北京召开的脲醛缓释肥料国际标准颁布实施研讨会上，由中国主导制定的脲醛缓释肥料国际标准获得国际标准化组织（ISO）颁布实施。这是中国主导制定的第二项缓控释肥料国际标准，该标准极大程度提升了中国肥料行业的国际话语权。

脲醛缓释肥料是缓控释肥料的重要类型之一，也是世界上最早实现商品化的缓释肥料。相比普通肥料，脲醛缓释肥料控释效果更好，可以显著提高肥料的利用率、减少养分的挥发和淋洗损失、提高作物的产量和品质。

据了解，此项脲醛缓释肥料国际标准由金正大集团、上海化工研究院等单位牵头制定，于2013年向国际标准化组织提交了申请，经过数轮反复讨论和修改，最终成为国际标准。

2016年4月，控释肥料国际标准正式获得国际标准化组织颁布实施，填补了全球没有控释肥料国际标准的空白。这是我国参与制定的首个缓控释肥标准。

中国工程院院士、清华大学教授金涌表示，新型肥料是肥料行业发展循环经济的重要突破口，应该在更大视野上，将此作为事关国家粮食安全的战略性大事加以重视。将标准话语权掌握在自己的手里，这对我国肥料行业国际地位和企业发展都有十分重大的意义。

时任农业部种植业管理司耕肥处处长仲鹭勍表示，主导制定国际标准，标志着中国肥料行业在国际市场上话语权和领导地位的提升。通过标准的制定来推动新型肥料的发展，也是符合农业供给侧结构性改革和农业绿色发展的一项重要举措。

近年来，我国国内氮肥市场竞争惨烈，在国际上又缺乏成本优势，出口量不断下降。中国氮肥工业协会秘书长王立庆表示，脲醛缓释肥料符合肥料产品升级和提高氮素利用率的大趋势，对我国缓释肥料的发展，特别是对国内氮肥"走出去"，会有一个很好很大的促进作用。

技能训练八　植物营养元素缺乏与诊断

一、实验目的

熟悉植物的各种营养元素缺乏症的典型症状。

二、实验原理

植物的生长发育，除需要充足的阳光和水分外，还需要矿物元素，否则植物就不能很好地生长发育甚至死亡。应用溶液培养技术，可以观察矿物元素对植物生长的必需性；用溶液培养做植物的营养实验，可以避免土壤里的各种复杂因素影响。近年来已应用溶液培养进行无污染蔬菜的栽培生产。

三、器材与试剂

1. 实验仪器

分析天平，培养缸（瓷质或塑料），鱼缸打气泵，量筒，烧杯，移液管。

2. 实验试剂

按表 7-2 配制贮备液，所用药品纯度均需达到分析纯。

表 7-2　贮备液组分及用量　　g/L

常量元素组分	用量	常量元素组分	用量	微量元素组分	用量
$Ca(NO_3)_2$	82.07	$MgCl_2$	23.81	H_3BO_3	2.860
KNO_3	50.56	Na_2SO_4	35.51	$MnSO_4$	1.015
$MgSO_4 \cdot 7H_2O$	61.62	$CaCl_2$	55.50	$CuSO_4 \cdot 5H_2O$	0.079
KH_2PO_4	27.22	KCl	37.28	$ZnSO_4 \cdot 7H_2O$	0.220
NaH_2PO_4	24.00	Na_2-EDTA	7.45	H_2MoO_4	0.090
$NaNO_3$	42.45	$FeSO_4 \cdot 7H_2O$	5.57		

3. 实验材料

玉米（或番茄、蓖麻、小麦）种子。

四、实验步骤

1. 材料准备

番茄、蓖麻、小麦、玉米种子等都可作为材料。粒小的种子，从种子带来的营养元素少，缺乏症容易出现；粒大的种子可以在幼苗做缺元素培养之前，先将胚乳（或子叶）除去，这样可以加速缺乏症的出现。种子用漂白粉溶液灭菌 30 min，用无菌水冲洗数次，然后放在洗净的石英砂中发芽，加蒸馏水，等幼苗长出第一真叶时待用。

2. 配制缺元素培养液

按表 7-3 用量配制缺元素培养液。

表 7-3 缺元素培养液配制表 mL

贮备液	贮备液用量								
	完全	缺 N	缺 P	缺 K	缺 Ca	缺 Mg	缺 S	缺 Fe	缺微量元素
$Ca(NO_3)_2$	10	—	10	10	—	10	10	10	10
KNO_3	10	—	10	—	10	10	10	10	10
$MgSO_4$	10	10	10	10	10	—	—	10	10
KH_2PO_4	10	10	—	—	10	10	10	10	10
NaH_2PO_4	—	—	—	10	—	—	—	—	—
Fe-EDTA	1	1	1	1	1	1	1	—	1
微量元素	1	1	1	1	1	1	1	1	—
$NaNO_3$	—	—	—	10	10	—	—	—	—
$MgCl_2$	—	—	—	—	—	—	10	—	—
Na_2SO_4	—	—	—	—	—	10	—	—	—
$CaCl_2$	—	10	—	—	—	—	—	—	—
KCl	—	10	4	—	—	—	—	—	—

配制时先取蒸馏水 900 mL，然后加入贮备液，最后配成 1 000 mL，以避免产生沉淀。培养液配好后，用稀酸、稀碱调节 pH 至 5～6。

3. 培养观察

选取大小一致的植株，用泡沫塑料包裹茎部，插入培养缸盖的孔中，每孔一株。将培养缸移到温室中，经常注意管理并观察，用蒸馏水补充缸中失去的水分。每隔一定时间(一周左右，随植株大小而定)更换培养液，并测定换出溶液的 pH。植株长大后要通气，通气可用鱼缸打气泵。注意记录植株的生长情况，各种元素缺乏症的症状及出现的部位。

待植株症状表现明显后，将缺元素培养液换成完全培养液，留下一株继续培养，观察植株症状是否减轻甚至消失，其余植株测量根、茎的长度、质量、叶子数目、大小和质量、节数和节间长度，然后在烘箱中烘干，用于测定植株中的氮、磷、铁、铜含量材料。

4. 元素缺乏症检索

(Ⅰ)老叶受影响

(i)影响遍及全株，下部叶子干枯并死亡

a. 植株淡绿色，下部叶子发黄，叶柄短而纤弱 ………………………………………… 缺 N

b. 植株深绿色，并出现红或紫色，下部叶子发黄，叶柄短而纤弱 ……………………… 缺 P

(ii)影响限于局部，有缺绿斑，下部叶子不干枯，叶子边缘卷曲呈凹凸不平

a. 叶子出现缺绿斑，有时变红，有坏死斑，叶柄纤弱 ………………………………… 缺 Mg

b. 叶子出现缺绿斑，在叶边缘和近叶尖或叶脉间出现小坏死斑，叶柄纤弱 ………… 缺 K

c. 叶子出现缺绿斑，叶子包括叶脉产生大的坏死斑，叶子变厚，叶柄变短 ………… 缺 Zn

(Ⅱ)幼叶受影响

(i)顶芽死亡，叶子变形和坏死

a. 幼叶变钩状,从叶尖和边缘开始死亡 …………………………………………… 缺 Ca
b. 叶基部淡绿,从基部开始死亡,叶子扭曲 ………………………………………… 缺 B
(ii)顶芽仍活着,缺绿或萎蔫而无坏死斑
a. 幼叶萎蔫,不缺绿,茎尖弱 …………………………………………………… 缺 Cu
b. 幼叶不发生萎蔫,缺绿
(a)有小坏死斑,叶脉仍绿色 …………………………………………………… 缺 Mn
(b)无坏死斑,叶脉仍绿色 ……………………………………………………… 缺 Fe
(c)无坏死斑,叶脉坏死 ………………………………………………………… 缺 S

五、注意事项

①所用药品必须为分析纯级别(AR),注意用具洁净。
②培养期间需注意补充水分,定期更换培养液,并有良好的通气。

六、思考题

(1)你培养的植株缺元素症是否明显?为什么?
(2)复习各种元素的生理功能。

项目八　化学肥料的合理施用

化学肥料是用化学和(或)物理方法人工制成的含有一种或几种农作物生长所需营养元素的肥料,按所含元素种类和数量可以分为单质肥料、复合肥料和微量元素肥料。化学肥料成分简单,养分含量高,肥效快,体积小,运输方便。在农业资源高强度利用的情况下,依靠自然生态循环的方式,已经不能满足高产作物的养分需求。合理施用肥料,特别是合理施用化学肥料,是现代农业的必然选择。化肥本身并不可怕,当下要解决的是化肥所带来的负面影响,而根本就在于化肥的合理施用。

任务一　氮肥的合理施用

由于对作物产量的调控能力最强,因此氮肥是作物生产过程中用量最大、使用最频繁的化学肥料。氮肥施入土壤后的转化过程复杂,涉及化学、生物化学等许多过程。不同形态氮素的相互转化造成了肥料氮素在土壤中较易发生挥发、逸散、流失,不仅造成经济上的损失,还可能污染大气和水体。因此,植物生产中氮肥的合理施用就显得尤为重要。

一、氮肥施用量的确定

多年的生产和科研实践证明,随着氮肥施用量的增加,氮肥的利用率和增产效果反而逐渐下降。据统计,2019 年我国每公顷农田消耗氮肥高达 220.5 kg(N),是同年美国每公顷农田消耗量的 3 倍左右。在东部沿海经济发达地区,由于氮肥的过量施用而导致的经济损失和环境破坏,已经到了非常严重的地步,恢复和重建良好生态系统将要付出极其沉重的代价。

在不同地区、不同土壤、不同作物上,合理推荐氮肥用量在肥料施用中至关重要。推荐量过低,作物产量太低;推荐量过高,生产成本提高、经济效益低,而且过高的施肥量还会导致作物减产、病虫害加剧、环境污染。推荐氮肥施用量的方法很多,可简单归纳为两大类:一类是田间肥料试验的方法,另一类则是土壤作物供需平衡法。

田间肥料试验的方法,也称肥料效应函数方法。通常在多个试验点进行测定。在每个点上设置多级氮肥用量水平,以拟合肥料与产量的效应曲线(或曲面),再根据边际分析方法,确定最大利润的施肥量。如果试验地区土壤条件较为一致,则可以将各试验点的数据求出平均值,再求得该地区的肥料效应函数和最大利润施肥量,为这一地区的氮肥施用提供科学依据。

土壤作物供需平衡法的应用需要确定以下几个重要参数:①目标产量;②形成单位产量作物所需吸收的氮量;③土壤氮素供应量。由于作物的吸氮量是不同产量、不同品种的一个平均值，土壤的供氮量和氮的利用率也是近似值，因此平衡法实际上是一个估计值，实际生产环节使用时精确度较低。

二、提高氮肥利用率

氮素损失直接减少了土壤中作物可利用态氮量，降低氮肥的增产效果。土壤中的氮素在离开作物根系密集层后，以不同形态进入水体或大气，造成严重的环境污染。因此采用各种技术措施减少氮素损失，是农业氮素管理的中心任务之一。为了减少氮素的损失，应充分考虑氮素在土壤中的主要理化、生化、农化行为变化（图 8-1），遵循以下原则。

1. 尽量避免氮素在土壤表层的大量积累

土壤表层氮素的积累虽然有利于苗期作物生长，但也是各种损失机制的共同根源。在实际执行这一原则时，应考虑适当控制氮肥的用量，并根据作物对氮素的吸收特点及环境因素对作物吸收氮素的影响，采取分批多次施用的方法，必要时可以考虑施用缓释性长效氮肥等。

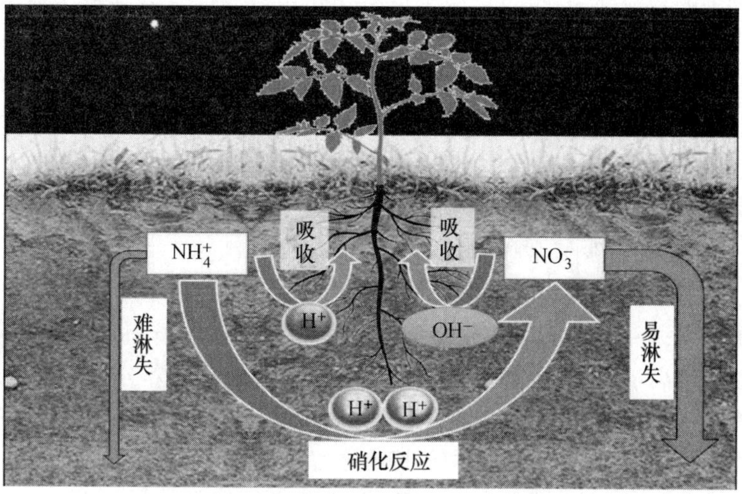

图 8-1　土壤氮素流动

2. 严格控制氮肥的主要损失途径

除少数渗漏性较强的砂性水田土壤外，一般在水稻生长期间化学氮的淋洗损失并不多，农田面源水的径流损失也较易得到控制，可将减少氨挥发和硝化-反硝化损失作为重点。①针对氨挥发，可采取各种措施降低施肥后农田面源水的 pH 及铵的浓度。为了降低农田面源水的 pH，可以采用添加杀藻剂的方法，以抑制日间农田面源水体 pH 的上升。减少农田面源水中铵的浓度最有效的措施是深施、分次施、施用缓释肥料，也可以采用无水层混施、“以水带氮”等方式。除了这些措施之外，为了减少农田面源水体中铵的挥发，可以尝试在水体表面进行覆膜处理。②针对土壤中氮素的硝化-反硝化损失，人们已经清楚地认识到采取措施抑制硝化作用速率是关键。常采用的措施包括氮肥深施和配合施用硝化抑制剂等。在不同的土壤和环境条件下，氨挥发和硝化-反硝化在土壤氮素总损失中的重要性可能是不同的，所以需要采取的技术措施的重点也有所不同。由于铵态氮是氨挥发和硝化-反硝化作用的共同源头，因此这两种损失机制之间有一定的内在联系。在采取农艺措施时，应考虑使氮素的总损失量降至最低。此外，由于铵态氮肥的深施还可以减缓土壤中硝化作用速率，也为减少硝态氮的淋洗损失以及反硝化脱氮损失创造了条件。

3. 增强作物根系对氮素的吸收作用

作物根系的吸收效率是影响氮素损失和氮肥利用率的一个十分重要的因素。任何有利于作物生长发育的因子，对提高作物根系竞争利用氮的能力以及减少氮素的损失都是有益的。确保土壤中磷、钾、硫、镁、钙等营养元素的充分供应，降低乃至消除干旱、渍水、盐碱、酸害等胁迫因子的影响是增强作物根系对氮素吸收作用的重要手段。在作物生长的旺盛期，其根系的吸收能力强，在这期间通过施肥大量供应作物氮素营养，可以有效提高氮肥的利用率。

提高氮肥利用率的措施，除了平衡施肥、正确推荐氮肥施用量和把握施肥时期之外，还包括两类，一是采用更适宜的田间管理技术，二是在氮肥中添加特殊化学物质。

(1)深施氮肥　深施颗粒氮肥是减少氮素损失、提高氮肥利用率的诸多方法中效果最好而且相对稳定的一种措施。氮肥深施并结合翻耕覆土，增强土壤对养分的吸附固持能力，能够明显减少氨挥发和地表径流损失，也可以减少反硝化作用造成的氮素损失。为了充分发挥深施的作用，应注意控制每次施肥的数量和施入土壤的深度。当然，在一些降水量大、降水集中或灌溉量大、土壤砂性重等可能发生淋溶损失的地区，则不应强调深施。此时肥料深施不仅费工，而且可能加剧氮素的淋溶损失。

(2)田间水肥综合管理　合理的田间水肥综合管理措施也能达到提高氮肥利用率的目的。简单而有效的方法就是利用施肥后的上水或灌溉将肥料带入土层的一定深度，使土壤表层所残留氮的浓度较低，从而减少氮素损失。

(3)发展水肥一体化技术　喷灌、微灌、滴灌技术是提高氮肥利用率的最有效的方法，也是现代农业发展的方向之一。水肥一体化是指将化学肥料或液态有机肥产品溶解于水中，通过灌溉系统为植物提供营养物质，使植物根系可以同时得到水分和养分的双重供应，克服了传统施肥中肥料离根系较远、吸收和利用难的问题。将氮肥溶解于灌溉水中，通过灌溉系统为植物提供氮肥，不仅可以降低传统施肥模式中氮肥在土壤中通过反硝化作用、氨挥发、淋洗等发生的损失，而且增强了根系对氮肥的吸收和利用，显著提高了肥料的利用率。

(4)施用缓释肥料　由于缓释肥料溶解速率较慢，不会引起强烈的挥发和流失作用，从而保证肥料中的氮被作物充分吸收利用，所以缓释肥料的使用在多数情况下也可以提高肥料中氮素利用率。

(5)配施有机类肥料　有机类肥料含有丰富的碳源，施入土壤后促进根际微生物繁殖与生长，可显著提高土壤微生物数量和碳、氮含量。同时，土壤中矿质态的氮素可以被微生物固定在体内，被固定在微生物体内的氮素释放后又可供作物吸收利用，从而减少氮素的损失。土壤氮素的固定和释放改善了土壤的固氮特性，提高了氮素的利用率。

任务二　磷肥的合理施用

肥料的合理施用至少应包括两层含义，一是充分发挥肥料的增产、增收作用；二是尽可能避免环境污染。要充分发挥磷肥的增产、增收作用，就必须考虑以下几方面因素。

1. 磷肥施用的必要性

结合我国具体的农业生产条件，应充分考虑磷肥对当季作物的增产、增收效果。在一些施磷历史很久的地区，土壤中积累了大量的磷，此时施用磷肥对当季作物的增产作用已经不大，但为了维持较高的土壤磷素水平，仍需要不断向土壤中补充被作物吸收带走的磷。不同地区、不同土壤类型磷素丰缺水平存在较大差异。在低水平时，施磷都能获得增产；在中等水平时，施磷有可能增产；在高水平时，施磷一般不增产。当然，实际使用过程中不同土壤上的磷肥施用效果还会受到其他因素的影响。

2. 作物的吸磷特点

作物主要吸收以 $H_2PO_4^-$ 和 HPO_4^{2-} 形态存在的磷酸根离子。大多数作物吸收 $H_2PO_4^-$ 的速度比吸收 HPO_4^{2-} 的速度快。作物还能吸收数量较少的有机酸。作物在整个生长期内都可以吸收磷，但在生长早期吸收速率较快。当作物干物质积累到全生育期最大积累量的 1/4 时，磷的吸收就达到其全生育期总吸收量的一半，甚至 80%。因而苗期的磷素营养效果异常明显，即使在土壤有效磷含量较高时也可能出现缺磷症状，所以在实际生产上应强调及早施用磷肥。

3. 磷肥种类的选择

氮、钾肥的所有品种几乎都是水溶性的，而磷肥则品种多样，有水溶性的、弱酸溶性的，还有难溶性的，所以在确定土壤缺磷的情况下，磷肥种类的选择比氮、钾肥都相对复杂。此外，磷肥中除磷之外，往往还含有氮、硫、钙、镁、硅等其他营养元素。在实践农业生产过程中，磷肥品种的选择可参照以下原则：

①在同等或相似肥效下，磷肥品种优先选择的次序为难溶性、弱酸溶性、水溶性。一般来说，在碱性土壤上，水溶性磷肥比较合适；在酸性土壤上，磷肥的水溶率并不太重要，水溶性很低的肥料同样有效，甚至更有效。对于生长期较短的作物，则需要选用水溶性磷肥。

②根据作物营养特性，研究表明，当氮磷比在（2～4）∶1 时，氮、磷肥增产增收效果最为显著。

③在土壤同时缺乏硫、镁、钙、硅等其他营养元素的情况下，尽可能选择含有相应元素的磷肥品种。

④水田、雨季旱地上应避免施用含硝态氮的磷肥。

4. 磷肥的施用技术

(1)合理确定磷肥的施用时间　一般来说，水溶性磷肥不宜提早施用，以缩短磷肥与土壤的接触时间，减少磷肥被固定的数量，而弱酸溶性和难溶性磷肥往往应适当提前施用。磷肥在播种或移栽时以基肥形式一次性施入。磷肥一般不用作追肥撒施，因为磷在土壤中移动性差，不易到达根系密集层。一定需要追施时，应强调早追。

(2)采取正确的施用方式　磷肥的施用，以全层撒施和集中施用为主要方式，集中施用又可分为条施和穴施等方式。全层撒施就是将肥料均匀撒在土表，然后耕翻入土。这种施用方式能增加磷肥与土壤的接触面积，增强反应程度，有利于提高酸性土壤上的酸溶性和难溶性磷肥的肥效。集中施用是指将肥料施入土壤的特殊深度或部位，以尽可能减少与土壤接触的施肥方式。这一方式尤其适用于在固磷能力较强的土壤上施用水溶性磷肥的情况，施用颗粒磷肥从某种意义上说也是一种集中施用的方式。

要最大限度地减轻施用磷肥对环境的污染，就必须加强磷肥的合理施用，包括合理用量、合理施用方式和合理的施肥时间的确定。磷肥当季利用率较低，长期施用导致其在土壤中积累。在水土保持较差的生态系统中，磷在土壤中异常积累可能会随表土冲刷流失而引起水体污染。此外，作物吸收过多的磷还会阻碍淀粉的合成，也不利于淀粉在体内的转运而造成作物生长不良。

任务三　钾肥的合理施用

钾肥的施用效果与土壤性质、植物种类、肥料配合和施肥技术等条件有密切关系，要充分发挥钾肥的增产效果，必须了解影响钾肥肥效的因素。

一、土壤性质与钾肥施用

1. 土壤钾的供应水平

土壤钾的供应水平是指土壤中速效钾的含量和缓效性钾的贮藏量及其释放速率。只有土壤钾的供应水平低于某一界限时，钾肥才能发挥其肥效。根据各地大量钾肥试验证明，土壤速效钾含量水平是决定钾肥肥效的基础条件。土壤速效钾的指标数值由于各地的气候、土壤、植物等条件不同，在幅度上略有差异。中国科学院南京土壤研究所对水稻、小麦等植物拟定的土壤速效钾分级标准（表 8-1）供参考。

表 8-1　土壤速效钾水平与钾肥肥效

速效钾(K_2O)/(mg/kg)	钾肥用量(K_2O)/[kg/亩]	等级	对钾肥的反应
<33.0	<5.0	极低	钾肥肥效明显
33.0～68.6	5.0～10.3	低	一般有效
68.6～124.0	10.3～18.6	中	一定条件下有效
124.0～165.3	18.6～24.8	高	一般无效
>165.3	>24.8	极高	不需要施钾肥

土壤速效钾只能反映当季植物钾素的供应情况，而由于速效钾含量易受施肥、季节等因素影响，所以难以反映土壤的供钾特点。因此，越来越多的人认为用速效钾与缓效钾相结合的办法来确定施肥指标可能更符合农业生产实际。

2. 土壤质地

土壤质地影响土壤含钾量和供钾能力。一般黏土的含钾量要高于壤土和砂土，故砂土比黏土更易出现缺钾情况。质地不同的土壤，吸钾特性不同，钾的有效程度也不同。由于土壤溶液中的钾离子主要通过扩散方式向根表迁移，钾离子在黏土中的扩散阻力较大，而且黏土的电荷密度大，对钾离子的吸附力较大，因而黏土的土壤平衡溶液中钾离子浓度相对较低，导致土壤缺钾临界相对较高。在等量土壤速效钾含量条件下，黏土供钾强度要比砂土弱，但比砂土持久。在其他条件基本相同的情况下，黏土中钾肥的用量应适当增加，可将较多的钾肥作为基肥早期施用，而在砂土上应掌握分次、适量的施肥原则，防止钾的流失。

3. 土壤含水量

土壤水分含量与作物钾肥肥效存在着明显的水肥交互作用，由于土壤中钾素的迁移主要通过扩散途径，而土壤水分强烈影响着钾元素在土壤中的扩散状况，因此在干旱年份，缺乏灌溉条件的地区更应注意钾肥的施用。

二、植物种类与钾肥施用

不同植物的需钾量和吸钾能力不同，因此对钾肥的反应也不同。含糖类较多的植物如烟草、甘薯、西瓜和果树等需钾量较大，被称为“喜钾植物”，这些植物施用钾肥不仅能增产，而且能改善品质。由于钾素会影响蛋白质和脂肪代谢，因此豆科和油料植物施用钾肥也有良好效果，特别在豆科绿肥上能获得明显而稳定的增产效果。禾谷类植物对钾的需要量较少，同时这些植物吸收钾的能力也较强，所以在相同条件下钾肥肥效较差。

三、肥料配合

氮、磷、钾“肥料三要素”在植物体内对物质代谢的影响是既相互促进又相互制约的，因此植物对氮、磷、钾的需要有一定比例要求。即钾肥肥效与氮、磷肥供应水平有关。当土壤中氮、磷含量比较低时，单施钾肥的效果往往不明显，但随着氮、磷肥的用量增加，施用钾肥增产效果逐渐明显；反之，当单施氮肥或仅施氮、磷肥而不配合施钾肥时，氮、磷肥的增产效益也不能得到充分发挥，有时甚至会由于偏施氮肥而导致减产，因此，农业生产实践中必须注意氮、磷、钾肥的合理施用。

四、钾肥的施用技术

钾肥应早施，因为钾素在植物体内移动性较大，缺钾症状出现晚。若出现缺钾症状时再补施钾肥，则为时已晚。另外，一般在植物在生长前期对钾的吸收比较强烈，植物生长后期对钾的吸收显著减少，甚至成熟期部分钾素会从根系外溢，因此后期追施钾肥意义不大。所以应当掌握“重施基肥、轻施追肥、分层施用、看苗追肥”的原则。

对保水保肥能力较差的土壤，钾肥应分次施用。基肥追肥兼施，但原则上仍然要强调早施。

钾肥要深施、集中施用，钾在土壤中移动性较小，钾离子在土壤中的扩散相当慢，因此根系对钾的吸收首先取决于根的数量及其与土壤的接触面积。所以，钾肥应当集中施在植物根系多、吸收能力最强的土层中。追施钾肥时一般应距离植物 6～10 cm，深 10 cm 左右，以利于根系吸收。

任务四　复混肥料的合理施用

复混肥料(complex fertilizer)是指氮、磷、钾三种养分中至少有两种养分标明量的由化学合成方法和(或)物理掺混方法制成的肥料。在部分国家，复混肥料也叫综合肥料或多养分肥料。含有氮、磷、钾三要素中两者的称为二元复混肥料，如磷酸铵、硝酸钾、磷酸二氢钾；同时含有氮、磷、钾三要素的肥料称为三元复混肥料，如铵磷钾肥、尿磷钾肥、硝磷钾肥等。部分企业在复混肥料中添加一种或几种中、微量元素，将相关肥料称为多元复混肥料。此外，还有些企业在复混肥料中适当添加植物生长调节剂、除草剂、抗病虫农药等物质，生产多功能复混肥料。

一、常用复混肥料的种类和特点

(一)复混肥料的类型

复混肥料通常按生产工艺或加工方法分类，目前国内外对复混肥料的分类方法并不完全一致。在美国通称为复合肥料，在欧洲分为复合肥料和混合肥料两类。我国主要借鉴欧洲方法分类。

1. 复合肥料

复合肥料是指由化合(化学)作用或混合氨化造粒过程制成的，工艺流程中有明显的化学反应，也称为化学复合肥料(compound fertilizer)。

在发达国家，生产复合肥料一般都是以磷酸铵和硝酸磷肥这两大系列为基础，采用料浆或融料造粒工艺。料浆造粒法是指进入造粒系统的全部或大部分物料呈料浆形式，料浆是用硝酸、磷酸或某些混合酸与氨反应的生成物，有时是酸与磷矿粉反应的产物，磷酸铵、硫磷酸铵、尿素磷铵、硝磷酸铵、硝酸磷肥的生产方法大多属于这类生产工艺。在生产过程中可以把固体钾盐混入料浆中或直接加入造粒机内，制成三元复合肥料。融料造粒工艺是把物料的全部或大部分加热熔成液体，喷洒在空气流或油流中冷却固化为颗粒。融料造粒工艺广泛用于生产磷酸一铵、硝酸磷铵、尿素磷铵等，在生产过程中加入钾盐或其他固体肥料，可以配制成三元复合肥料。

复合肥料一般都在大、中型工厂生产，品种和规格往往有限，较难适应不同土壤、植物的需要，在施用时须配合一两种单质化肥用以调节养分比例。如磷铵中磷的含量是氮的3倍左右，且不含钾，施用时需要配合适量氮肥、钾肥才能满足植物要求。因此，发达国家已很少直接施用磷铵之类的复合肥料，而是把它作为配制混合肥料的基础物料。

2. 混合肥料

混合肥料是将两种或两种以上的单质化肥，或用一种(或一种以上)复合肥料与一种(或一种以上)单质化肥，通过机械混合的方法制取不同养分配比的肥料，以适应农业生产的要求。生产工艺流程以物理过程为主。按制造方法不同又可以分为粉状混合肥料、粒状混合肥料和掺合肥料。

(1)粉状混合肥料　采用干粉掺和或干粉混合，这在混合肥料生产中工艺最简单。主要设备为混合器，主要配料成分有粉状过磷酸钙、硫酸铵、氯化钾等。粉状混合肥料加工方法简单，生产成本低。其缺点是容易结块，物理性能差，施用不便，尤其不适宜机械化施肥。

(2)粒状混合肥料　它是在粉状混合肥料的基础上发展起来的。粉状肥料通过搅拌混合后，造粒，筛选再烘干。其优点是颗粒中养分分布均匀，物理性能好，施用方便，而且可以根据实际需要更换肥料配方，有较大的灵活性。粒状混合肥料是我国目前及今后一段时期内发展的主要复混肥品种。

(3)掺合肥料　也称BB肥料，是以两种或两种以上粒度相近的不同种肥料颗粒通过机械混合而成，因此各单个颗粒的组成与肥料的整个组成不一致。产品可散装或袋装进入市场。掺合肥料的最主要优点在于可以灵活改变配方，以满足不同土壤和作物对养分配比的要求。其缺点是肥料各组分颗粒的粒径和密度相差太大，则在装卸过程中容易产生分离现象，从而导致肥效降低。

(二)复混肥料的特点

1. 复混肥料的优点

①养分种类多,含量高,副成分少。复合肥料是具有多种营养成分的化肥品种,养分均衡,同时供应植物两种以上的主要养分,这样就可以减少养分比例失调、肥料效益低等问题,实现科学施肥。复混肥料副成分少,在土壤中不残留有害成分,一般不会对土壤产生不良影响。

②可以大量节省包装、贮运及施用等费用。复合肥料有效养分含量高,包装、贮存、运输成本低。

③物理性状好,复混肥料多为颗粒肥料,吸湿性小,不易结块,施用方便,便于机械化施肥,可减少施肥方面的用工,节约生产成本。

2. 复混肥料的不足

①养分比例固定,不能完全满足各种土壤、植物对养分比例的不同需要。

②难以满足不同施肥技术的要求。复合肥料中的各种养分只能采用同一施肥时期、同一施肥方式和施肥深度,难以充分发挥每种营养元素的最佳施肥效果。

二、复混肥料的合理施用

复混肥料的增产效果与土壤肥力、作物种类、肥料中养分形态、施用量和比例及施用技术等有关,若施用不当,不仅不能充分发挥其优越性,而且会造成养分的浪费。因此,在施用时应充分考虑土壤条件、作物特性、肥料养分形态、肥料用量及施肥环节等因素,确保肥料施用效果。

1. 因土施用

土壤养分状况不同,施用复混肥料的效果差异很大,因此,必须根据土壤供肥水平,因地制宜选择合适的复混肥料品种。我国土壤有效磷水平平均在 19.2 mg/kg 左右,从高到低依次为东北区、华南区、华北区、华东区、西北区和西南区。土壤速效钾的全国平均水平在 120.6 mg/kg 左右,从高到低依次为西北区、东北区、华北区、西南区、华东区和华南区。在复混肥料选用时可将土壤养分状况作为主要参考依据。

2. 因作物施用

根据作物种类及其营养特点选用适宜的复混肥料品种,对于提高作物产量、改善农产品品质具有十分重要的意义。一般粮食作物以提高产量为主,可选用氮磷复混肥料;豆科植物宜选用磷钾为主的复混肥料;果树、西瓜等经济作物,以提高品质为主,施用氮磷钾三元复混肥料可降低果品酸度,提高甜度;烟草、柑橘等忌氯作物应选用不含氯的三元复混肥料。

不同作物对氮、磷、钾三要素的需求比例也不一样,应根据其需肥特点确定复混肥料配方。试验结果表明,适宜西瓜使用的复混肥料的氮、磷、钾比例为 1∶0.4∶0.8;甘蔗为 1∶0.23∶1.1,花生、大豆为 1∶2∶1;苹果在育苗期和幼龄期为 1∶1∶0.5,在多年生树上全年一次施用为 1∶0.4∶0.8;茶园中一般为 1∶(0.5～1)∶(0.5～1),红茶产区要多施磷,绿茶产区要多施氮。

3. 因养分形态施用

复混肥料中的氮素有铵态氮、硝态氮和酰胺态氮。含铵态氮、酰胺态氮的复混肥料品种在旱地和水田都可使用,但需深施覆土,以减少养分的损失;含硝态氮的复混肥料品种宜施于旱地，在水田和多雨地区少施或不施，以防淋失和反硝化脱氮。复混肥料中的磷有水溶性和脂溶性两种，水溶性磷肥在各种土壤上均可施用，含脂溶性磷的肥料更适用于酸性土壤。以磷钾养分为主的复混肥料，应集中施于作物根系附近，既避免养分被土壤强烈固定，又便于作物吸收。含高氯离子的复混肥不宜在忌氯植物和盐碱地上施用。

4. 掌握合理的用量

复混肥料种类多，成分复杂，养分含量各不相同，盲目施用必然造成某种营养元素施用过量或某种营养元素不足，致使养分比例失调。因此，施用前必须根据复混肥料的成分、养分含量和作物需肥量、肥料利用率等计算出肥料用量。

5. 以基肥为主的施用方法

复混肥料中含有磷钾养分，且肥料多呈颗粒状，比粉状单元肥料分解缓慢，因此用作基肥或种肥效果较好。在施肥技术上以基肥全层均匀深施、行侧集中深施和种肥条施增产效果较好。用作种肥条施或行侧集中深施时必须将种子(种苗)与肥料隔开 5 cm 以上，否则会影响作物出苗率或移栽成活率而导致减产。

任务五　中微量元素肥料的合理施用

一、中量元素肥料的合理施用

(一)硫肥的肥效及合理施用

1. 硫肥的肥效

自然界中具有多种含硫矿物，如硫黄矿、硫铁矿、石膏矿等都是高含硫的矿物。经开采、加工，或直接用于肥料，或用于生产其他化学硫肥。常用的化学硫肥包括石膏、硫黄、普通过磷酸钙(含硫酸钙)、硫酸铵、硫酸钾、硫酸镁、含硫微肥等。此外，一些其他含硫的农家肥，以及自然沉降、灌溉水等也能向土壤补充一定量的硫元素。

全球缺硫趋势不断发展，缺硫的面积也在不断增大，其主要原因包括：①复种指数的增加及作物产量的提高，从土壤中带走硫的强度明显增加，而又得不到相应的补充；②副成分含硫的肥料用量大幅度减少，比如普通过磷酸钙被磷铵等高浓度磷肥替代，硫酸铵被尿素替代，这就导致土壤中硫的补给量逐年减少；③大气污染治理成效显著，减少了硫沉降；④含硫量较高的农药被替代；⑤秸秆利用方式多元化，有机肥料使用减少，硫不能归还土壤等。

2. 硫肥的施用

硫肥的施用包括施用量的估算、硫肥品种的选择及施肥时间的确定。不同地区的硫肥施用量差距很大，主要应依据土壤、作物间供需矛盾大小确定。具体用量视土壤有效硫含量高低而定。就一般作物而言，土壤有效硫含量低于 16 mg/kg 时，施硫才会有增产效果，若有效硫含量大于 20 mg/kg，除喜硫作物外，施硫一般无显著增产效果。在不缺硫的土壤上施用硫肥不仅不会增产，反而容易导致土壤酸化和作物减产。十字花科、豆科作物以及葱蒜、韭菜等作物在生长期内需硫较多，对施硫肥的反应较为敏感。而谷类作物则比较耐缺硫胁迫。硫肥用量的确定除了应考虑土壤、作物硫供需状况外，还要考虑到各元素间营养平衡问题，尤其是氮、硫的平衡。有试验表明，只有在 N/S 接近 7 时，氮、硫才能都得到有效利用。当然，这一比值应随不同土壤氮、硫基础含量不同而做相应调整。硫酸铵、硫酸钾及金属微量元素的硫酸盐中的硫酸根都是易于被作物吸收利用的硫形态。硫肥施用的时间也直接影响着硫肥效果的好坏。在温带地区，硫酸盐类等可溶性硫肥在春季使用的效果比秋季好；在热带、亚热带地区则宜在夏季施用。硫肥一般用作基肥，在播种或移栽前土壤翻耕时施入，通过翻耕使之与土壤混合均匀。根外喷施硫肥仅可作为补硫的辅助性措施。

(二)钙肥的肥效及合理施用

1. 钙肥的肥效

酸性土壤施用石灰在我国已有悠久的历史，施用石灰一方面矫正了过低的土壤 pH，另一方面为作物提供了丰富的钙素营养。在我国南方酸性土壤上施用石灰已成为农业生产中一项基本的施肥措施。除少数盐渍土外，施用石灰普遍表现出改土培肥、增产增收的效果。其中大豆、大麦、棉花、紫云英等作物对施用石灰较敏感，且表现出对钙的需求量多、肥效好；小麦、水稻、花生、芝麻等作物次之；油菜反应不敏感，甘薯产生负效应。有人建议采用 pH=5.5 作为是否需要施用石灰的土壤临界值，低于该值则应施用石灰。近年来，部分蔬菜作物因缺钙引起的生理病害在不断增加，甚至在华北的石灰性土壤上，施用钙肥对蔬菜、果树等作物都表现出增产、改善品质、减轻病害的作用。

2. 钙肥的施用

常用的钙肥可分为 4 类：无机盐类，如硝酸钙、硝酸铵钙、氯化钙、氧化钙、碳酸钙；木质素类；有机酸螯合类，如腐殖酸钙、氨基酸钙、柠檬酸钙；有机糖醇螯合类。硝酸钙或氯化钙在叶片中不会转移到果实上，糖醇螯合钙能从叶片转移到果实上，是茄果类蔬菜和果树上施用效果较好的钙肥。

补钙时应注意土壤施钙肥和叶面喷施钙肥相结合，土壤施肥以无机盐类钙肥为主，撒在土壤表面即可。叶面喷施以螯合类钙肥效果较好，配合有机硅或聚三硅氧烷等助剂一起施用，以提高叶面补钙效率。果树一般在套袋前根外喷施钙肥 3 次，每次间隔 7～10 d，钙肥喷到果实表面直接被吸收，吸收量可达到 80%～90%，保证幼果不缺钙。此时为细胞分裂期，是叶面补钙的好时期，补钙越早越有利于吸收；果实膨大期也是缺钙期，应叶面喷施或土施钙肥。在土壤缺钙严重时，土壤施钙肥比叶面喷施效果更好。

(三)镁肥的肥效及合理施用

1. 镁肥的肥效

镁肥肥效的高低主要取决于土壤有效镁的供应水平及作物对镁肥的反应程度，同时也受到施肥技术和环境条件等因素的影响。20 世纪 60 年代初，我国南方酸性红壤上施用镁肥，使水稻、大豆明显增产；70 年代，海南的大面积橡胶出现缺镁黄叶症状，花生、油菜、马铃薯、甜菜、玉米等作物也相继出现对镁肥的良好反应；80 年代之后，随着复种指数提高、作物产量增加，以及含镁化肥和农家肥使用量比例的降低，镁肥显效的作物种类和土壤普遍性扩大，缺镁现象日益加重，施用镁肥的增产效果越来越明显。镁肥肥效与土壤有效镁含量之间密切相关(表 8-2)。

表 8-2 有效性镁含量与镁肥肥效

田地类型	pH	有效性镁/(mg/kg)	稻谷产量/(kg/hm²)		增产率/%
			不施镁肥	施用镁肥	
黄泥田	5.5	16	5 899.0	6 913.5	17.2
灰砂田	6.0	23	4 957.5	5 775	16.5
灰砂田	5.3	29	5 833.5	6 211.5	6.5
灰黄泥田	5.4	44	5 579.5	6 060.0	4.8
灰泥田	5.4	49	6 507.0	6 617.0	1.7
灰黄泥田	5.6	51	5 628.0	5 565.0	−1.1

2. 镁肥的施用

土壤、作物之间镁素供需矛盾的大小是决定镁肥用量的重要依据。一般认为，土壤有效镁含量小于 40 mg/kg 即需要施用镁肥。土壤缺镁情况下，对于需镁较多的作物，施用硫酸镁(七水合硫酸镁)的量一般以 150～225 kg/hm² 为宜。盛果期的柑橘每穴施用 0.2～0.3 kg。根外喷施硫酸镁含量为 1%～2%，每公顷喷 375～750 kg 溶液。镁肥施用不宜过多，以免引起多种营养元素失衡而影响作物正常生长发育，导致作物产量与品质的降低。在选择镁肥品种时，应注意不同镁肥对土壤酸碱性的影响不同。中性或微碱性土壤宜选择硫酸镁或氯化镁，而在酸性土壤上则以碳酸镁为好。试验证明，在酸性土壤上，肥效高低顺序为 $MgCO_3>Mg(NO_3)_2>MgCl_2>MgSO_4$。在缺镁的酸性土壤上，生石灰是理想的镁肥，既供应镁，又兼有供应钙和改良土壤 pH 的作用。此外，草木灰、钙镁磷肥、硫酸钾镁肥等也都是理想的含镁肥料。对于那些酸性强、质地粗、淋溶强的缺镁土壤，以及大量施用钙、钾肥的土壤，镁肥的施用往往是十分必要的。镁肥的施用方式灵活，可以作为基肥或追肥，也可以根区土施或根外追肥。镁肥与有机肥或其他化肥配施，其增产效果更好。

二、微量元素肥料的合理施用

以微量元素为主要成分的肥料称为微量元素肥料，简称微肥。如锌肥、铁肥、硼肥、钼肥、铜肥、锰肥等。只有在施用大量元素肥料的基础上施用微肥，才能较好地发挥微肥的肥效。同时，作物对微量元素的反应也因大量元素的供应水平不同而异。通常随着大量元素肥料施用量的增加，作物对微量元素的吸收数量也会相应增多，若此时施用微量元素肥料则可以促进作物对大量元素的吸收利用，充分地发挥其增产作用；如果没有补充微量元素肥料，就可能会影响作物对大量元素肥料的吸收利用。此外，大量元素肥料施用不合理也会诱发微量元素的缺乏，如过量施用磷肥会诱发作物缺锌，这需要通过施用相应的微肥去解决。因此，在农业生产中必须协调好微量元素肥料与大量元素肥料之间的关系，只有将两者合理配合施用，才能更好地发挥它们的增产效益。

微量元素肥料的使用方法很多，可以作为基肥、种肥、追肥施入土壤，也可以直接用于种子处理或根外施肥。施用时应结合具体条件，采用不同方法。

(一)土壤施肥

直接施入土壤的微量元素肥料，能满足作物在整个生育期对微量元素的需要。可溶性微量元素施入土壤后，虽然会有一部分产生固定作用，但是田间试验结果证明，微肥（如硫酸锌）不但当年有效，而且有一定的后效。因此，土壤施用微肥可隔年施用一次。此外，像水稻、玉米等作物，缺锌症状多出现在苗期，所以将锌肥作为面肥或种肥施入，以满足作物对锌的需要。在水源不足的半干旱地区，土施微肥比喷施效果更好。微肥用量较少，施用时必须均匀。为了保证施用均匀，可施用含微量元素的大量元素肥料，如含硼过磷酸钙、含某种微量元素的复合肥料等。也可把微量元素肥料混拌在有机肥料中施用。

（二）植物施肥

植物施肥是微量元素肥料最常用的施用方法，包括种子处理（拌种和浸种）、沾秧根和根外喷施，果树上也可采用注射施肥法、树干埋藏法、强力注射法等。

1. 种子处理

浸种和拌种是两种主要的方法，所需肥料少，操作方便。

（1）拌种　将水溶性微量元素肥料配成一定浓度的溶液，一般每千克种子用肥 0.5～1.5 g，水与种子的质量比为 1∶10，喷洒到种子上，并均匀搅拌，使种子外面都沾上一层溶液，静置 3～4 h，阴干后播种。采用拌种方式时种子吸水比浸种少，因此比较安全。

（2）浸种　把种子浸泡在含有微量元素的稀溶液中，使肥料随水进入种皮，然后稍稍晾干即可播种。这种方法适于处理少量种子。当播种面积大、浸种数量较多时，如遇阴雨天，种子不能及时晾干，有可能长霉，进而影响种子的发芽率。微量元素浸种所用量一般是 0.1～0.5 g/kg，最高不超过 1 g/kg。浸种时间为 12 h 左右。

2. 沾秧根

这是对水稻等移栽作物所采用的特殊施肥方法，即将适量的微量元素肥料与少许肥沃土壤（或优质有机肥料）制成稀薄的糊状泥浆，在插秧或移栽前，把秧苗或幼苗浸入泥浆中数分钟。沾秧根操作简便，效果良好，但用于沾秧根的微量元素肥料不能含有损害幼根的有害物质。

3. 根外喷施

这是施用微量元素肥料既经济又有效的施用方法。根外喷施肥料的用量，一般只是土壤施肥量的 1/10～1/5。常用的浓度是 0.1～2 g/kg，具体用量应随作物种类、植株大小而定。直接向植物喷施微肥能节约肥料，肥效快，又能避免土壤对肥效的影响。但是，这种施肥方式的施肥量小，一般只能满足作物前期生长的需要，而不能满足作物整个生育期的需要。如果把种子处理与根外喷施结合起来，或把施用基肥和后期喷施结合起来，将会获得更好的效果。

4. 注射施肥

在果树的根茎上打孔，在一定的压力下将含有微量元素的稀溶液由注射孔注入树木体内，通过木质部导管运输到树体各个部位。注射时期一般选在果树的休眠期，注射深度一般要求达到主干直径的 2/3。目前生产上多采用吊袋滴注法，注射时先钻好注孔，再计算出单株所需的微量元素肥料稀释液量，然后量取，装入专用滴注袋中，将袋垂直挂于 1.5 m 左右的树中部枝杈上，插入滴注针头，检查有无漏堵现象（图 8-2）。

一般而言，含微量元素的大量元素肥料应作为基肥施入土壤，以保证在较长时间内供作物吸收利用。如果土壤严重缺乏某种微量元素，也应采取施用基肥的方式，以保证有足够的微量

图 8-2 注射施肥

元素供作物利用。易溶于水的各种含微量元素的无机盐类或螯合态肥料，适用于拌种、浸种或根外喷施。种子处理能防止苗期养分的缺乏，根外喷施可在发生缺乏症状时及时补充所缺的营养元素。需要注意的是，根外喷施肥料是补充养分的措施之一，但一般只能在一段时间内发挥作用，不能解决整个生育期的养分缺乏的问题。因此，上述各种方法只能侧重于解决某一方面的问题，但都有不足。所以在选择施用方式时一定要注意针对性，不同方法的配合使用一定能发挥更好的效果。

任务六　新型肥料的合理施用

新型肥料是指利用新方法、新工艺生产的，具有复合高效、全营养控释、环境友好等特点的肥料的总称。新型肥料作为新开发的产品，它的发展速度和前景相当广泛。目前，市场上存着多种新型肥料，主要类型有缓/控释肥料、新型磷肥、长效钾肥、新型水溶肥料、新型复混肥料等。

新型肥料的主要作用是：能够直接或间接地为作物提供必需的营养成分；调节土壤酸碱度、改良土壤结构、改善土壤理化性质和生物学性质；调节或改善作物的生长机制。

新型肥料的发展趋势是：一是高效化。随着农业生产的进一步发展，对新型肥料的养分含量提出了更高的要求，高浓度不仅有效地满足作物需要，还可省时省工，提高工作效率。二是复合化。农业生产要求新型肥料要具有多种功效，来满足作物生长的需要。目前，含有微量元素的复合肥料，以及含有农药、激素、除草剂的新型肥料在市场上日趋增多。三是长效化。随着现代农业的发展，对肥料的效能和有效时期都提出了更高的要求。

一、缓/控释肥料的合理施用

缓/控释肥料是指在施肥后能缓慢被植物吸收与利用的肥料，其所含养分比速效肥料有更长肥效。

（一）缓/控释肥料的特点

缓/控释肥料具有减少肥料淋溶和径流损失，减少肥料在土壤中的化学和生物固定作用，减少氮肥以氮气的形式挥发以及反硝化作用的特点。在植物营养方面，缓/控释肥料能按照植物需要的速度和浓度提供养分，充分发挥植物本身的遗传潜力。缓/控释肥料的施用可以减少施肥作业次数和节约劳力，因此可以降低施肥的作业成本。缓/控释肥料具有控释特性，重施不会使植物受盐分的危害或灼伤植物。但缓/控释肥料价格昂贵，因此目前主要应用于经济价值较高的植物上。

（二）缓/控释肥料的类型

缓/控释肥料按其缓释/控释原理可分为 4 类。一是生物化学方法，如添加脲酶抑制剂或硝化抑制剂类。二是物理方法，如微囊法（聚合物包膜肥料、硫衣尿素、涂层尿素等）、整体法（扩散控制基质型肥料、营养吸附基质型肥料）。三是化学方法，如脲醛类、异丁叉二脲、丁烯叉二脲、草醚胺、脒基硫脲、三聚氰胺、磷酸镁铵、长效硅酸钾肥、聚磷酸盐等。四是生物化学-物理包膜相结合方法，如添加抑制剂与物理包膜相结合控释肥料，添加抑制剂、促释剂与物理包膜相结合控释肥料等。

（三）施用技术

将缓/控释肥与测土配方施肥相结合，选择相近的肥料配方，就能更有效地利用土壤养分，既减少缓/控释肥料用量，提高肥料利用率，又降低施肥成本。根据作物生育期长短选择不同释放周期的缓/控释肥；也可使用“种肥同播”技术，即在作物播种时一次性将缓/控释肥施下去，解决了农民朋友对作物需肥用量把握不准的问题，同时又省工、省时、省力。市场上缓/控释肥控释期有 70 d、90 d、120 d，可根据作物生育期选择。如棉花选 90 d 的，水稻选 70 d 的。对于水稻、小麦等根系密集且分布均匀的作物，可以在插秧或播种前按照推荐的专用包膜控释肥施用量一次性均匀撒施于地表，耕翻后种植，生长期内可以不再追肥。对于玉米、棉花等行距较大的作物，按照推荐的专用控/释肥施用量一次性开沟基施于种子侧部，注意种肥隔离，以免烧种或烧苗。对于花生、大豆等自身能够固氮的作物，缓控释肥配方以低氮高磷高钾型为好。作为基肥底施，施用量因产量、地力不同而异。在实际使用中，一是要注意种（苗）肥隔离，以防止烧种、烧苗，作为底肥施用，注意覆土，防止养分流失。二是缓/控释肥的养分释放速度和周期与土壤温度、湿度等因素有关，异常气候下出现脱肥时应及时追施速效氮肥如尿素、硫铵。

二、新型水溶肥料的合理施用

（一）水溶肥料的种类

新型水溶肥料是我国目前大量推广应用的一类新型肥料，多为通过叶面喷施或随灌溉施入(又称为冲施肥)的一类水溶性肥料,可分为清液型、氨基酸型和腐殖酸型等。

(1)清液型水溶肥料　多种营养元素无机盐类的水溶液,一般可分为微量元素水溶肥料和大量元素水溶肥料两种。

微量元素水溶肥料是由铜、铁、锰、锌、硼、钼微量元素按照所需比例制成的或单一微量元素制成的液体或固体水溶肥料。外观要求为均匀的液体,或均匀、松散的固体。

大量元素水溶肥料是一种可以完全溶于水的多元素全水溶肥料,它能迅速地溶解于水中,更容易被作物吸收,而且其吸收利用率相对较高,营养全面,用量少,见效快。经水溶解或稀释,用于灌溉施肥、叶面施肥、无土栽培、浸种蘸根等。

根据农业农村部标准(NY 1107—2020),大量元素水溶肥料主要有以下 2 种类型。一是大量元素水溶肥料固体产品,主要技术指标为:大量元素含量≥50.0%,水不溶物含量≤1.0%,水分≤3.0%,缩二脲含量≤0.9%。二是大量元素水溶肥料液体产品,主要技术指标为:大量元素含量≥400 g/L,水不溶物含量≤10 g/L,缩二脲含量≤0.9%。

(2)氨基酸型水溶肥料　以游离氨基酸为主体,按适合植物生长所需比例,添加适量钙、镁等中量元素或铜、铁、锰、锌、硼、钼等微量元素而制成的液体或固体水溶肥料。

(3)腐殖酸型水溶肥料　以适合植物生长所需比例的矿物源腐殖酸,添加适量比例的氮、磷、钾等大量元素或铜、铁、锰、锌、硼、钼等微量元素而制成的液体或固体水溶肥料。

(二)水溶肥料的优缺点

优点:①采用水、肥同施,以水带肥,实现了水肥一体化,施肥效率高,并可以减少施肥总量,发挥肥水协同效应,使肥和水的利用效率都明显提高。②肥效快,可解决高产作物快速生长期的营养需求。

缺点:①水溶肥料价格普遍较高,不利于普及。②速效性强,难以在土壤中长期保存。用肥量要严格控制,如果单次使用稍多,就会造成肥料流失,降低施肥的经济效益,达不到高产优质高效的目的,还会造成水环境的污染,不利于可持续发展。

(三)施用技术

1. 施用量

少量多次施用是水溶肥料最重要的施肥原则,符合植物根系不间断吸收养分的特点,减少一次性大量施肥造成的淋溶损失。苗期少施,旺盛生长期多施。水溶性肥料通常浇施、淋施或通过灌溉设备施用。特别是在滴灌施肥条件下,根系生长量大且密集,对土壤的养分供应更多依赖于滴灌提供的养分,沙性土壤更是如此,对养分的合理比例和浓度有更高要求。如果肥料配方不平衡,会影响作物生长,产生缺素症。安全施用生产中最保险的办法就是用少量肥做试验,发现对叶片有伤害时降低浓度应用。一些大的种植户则可购买手持电导率仪来监测肥料浓度,特别对水源盐分浓度高的地区更加适用。

2. 准确稀释

水溶肥料分固体和液体两种,无论哪种在使用前都需要加适量的清水来稀释肥液浓度,不要用脏水或者有大量漂浮物和杂质的水,因为如果采用滴灌和喷施,很容易堵塞滴头和喷头,从而影响作业效率,最好是自来水。如规格为 5 kg 的大量元素水溶肥的说明书上写稀释倍数为 600 倍,则加水后为 5 kg×600=3 000 kg。加水后搅拌均匀即可。

3. 施用方式和时间

(1)施用方式及用量　水溶肥冲施是最常用的方式,水量按照平时灌溉用水量就可以,直接随水冲施。滴灌不仅极大节省了水资源,而且肥料利用率达 90%以上,还节省人工成本。叶面喷施对于大量元素肥料不太合适,不过如果作物确实需要,某些大量元素可以喷施,例如叶面喷施尿素。

(2)施肥时间　施肥应选在早上 10:00 之前或下午 4:00 以后,避免在阳光强射下或在雨天施肥,尤其是叶面肥不要在雨天施,以减少肥料的流失。果树类,如葡萄、梨、桃等,多在营养生长期施肥;瓜类,如西瓜、香瓜等,多在生长中后期施肥;叶菜类、地下根茎类,可在全生育期施肥补充养分;经济作物,如水稻、小麦、棉花等,多在生长中后期施用;花卉类,可在全生育期施肥。

【复习思考】

1. 复混肥料的含义及特点是什么?
2. 复混肥料有哪些类型?
3. 如何合理使用复混肥料?

【知识拓展】

有机无机复混肥料

有机无机复混肥料是指以人及畜禽粪便、动植物残体、农产品加工下脚料等有机物料经过发酵,进行无害化处理后,添加无机肥料制成的肥料。

1. 产品标准

执行 GB 18877—2020《有机无机复混肥料》中的技术要求。

2. 物理性质

有机无机复混肥料外观通常为黑色、褐色或咖啡色粒状和条状等。

3. 主要原料

有机无机复混肥料中既含有机物质,又有无机营养物质。其中,无机原料包括尿素、磷铵、硫酸钾等,而有机物质一般为加工过的有机肥料(如畜禽粪便、秸秆、木屑、食品加工废料、城市垃圾有机物、污泥等)以及含有机质的物质(草炭、风化煤、褐煤、腐殖酸等)。此外,部分有机无机复混肥中还加入了微生物菌剂等物质。

4. 使用方法

有机无机复混肥料是采用畜禽粪便、动植物残体、农产品加工下脚料等有机物料经过发酵,进行无害化处理后,添加无机肥料制成,因此,既含有有机养分,又含有无机养分。有机无机复混肥料一般作为基肥,也可作为追肥。施用量及施肥技术与复混肥料类似,按当地土壤肥力高低和不同品种作物需肥特性确定。大多数有机无机复混肥料的有机部分含量在 50%左右。若以 50%计,每亩施用 200 kg(折合每公顷 3 t)有机无机复混肥,施入的有机物质只有 100 kg。大多试验表明,每亩地需施入 1 500 kg 有机肥才能达到改土培肥的效果。若按 30%水分含量计,每亩地至少要施用 1 050 kg 干有机肥。

5. 注意事项

(1)注意与化肥合理配施的问题　有机无机复混肥料或者有机肥料,虽然都可以提供一定量的无机养分供应作物需求,但与化肥相比,在作物需肥高峰时,可能出现无机养分供应不足的现象。因此,在使用有机无机复混肥料或者有机肥料时,可考虑与化肥合理搭配,化肥可保证作物速效养分的有效供应,有机无机肥料则可保证缓效养分的供应,同时有机物质可培肥土壤地力、促进土壤微生物区系发展,有机与无机成分协同高效,可以有效提高作物的肥料利用率。

(2)注意氯离子问题　与复混肥料类似,部分有机无机复混肥料可能含氯离子,因此注意忌氯作物上有机无机复混肥的用量,使用不当会对作物造成伤害。

(3)注意有机原料的安全风险问题　个别企业以城市垃圾、污泥等为原料生产的有机无机复混肥料,因原料成分复杂,包括可能含有较多重金属等成分,生产厂家又不具备无害化处理技术,因此,其产品具有相对较高的安全使用风险。甚至,个别企业用粉煤灰、药渣等作为原料,更是直接危害农田生态环境。

6. 包装储运

有机无机复混肥料通常用塑料编织袋内衬聚乙烯薄膜袋或涂膜聚丙烯编织袋包装,在符合 GB 8569 中规定的条件下宜使用经济实用型包装。包装规格一般为 25 kg/袋、40 kg/袋、50 kg/袋等。有机无机复混肥料应贮存于阴凉干燥处,在运输过程中应防雨、防潮、防晒、防破裂。

【思政视角】

新型肥料助力化肥减施增效

2019 年 3 月 11—12 日,由中国农业科学院农业资源与农业区划研究所主办、江西开门子肥业集团有限公司承办的"十三五"国家重点研发计划项目"新型复混肥料及水溶肥料研制(2016YFD0200400)"2018 年度总结暨 2019 年工作部署会在江西景德镇召开。

该项目研制作物专用高效复混肥料、增效复混肥料和功能水溶肥料等 20 多个肥料新产品,分别在江西开门子肥业、中国-阿拉伯化肥有限公司、深圳市芭田生态工程股份有限公司等企业建立了生产线和中试线,实现了产业化。肥料新产品比常规化肥增产 10%以上,养分利用率提高 5～15 个百分点,减肥潜力达到 20%以上,为高效肥料新产品的推广应用和化肥增效减量保驾护航。特别是开门子肥业的高塔系列和海藻酸系列复合肥在减肥、增效、提质方面做得很好;2018 年开门子海藻酸系列复合肥在全国开展了 202 场观摩会,参观人员 8 000 多人次,累计推广 300 万亩,累计减少使用常规肥料 1.5 万 t,累计减少农民使用肥料成本达 3 000 万元。

项目负责人赵秉强研究员强调,我们要践行落实习总书记的重要指示要求,深入推进化肥农药使用量零增长行动,要做到减施、增效、提质,各课题要紧紧围绕项目目标,继续完善专用高效复混肥、新型增效复合肥、高效水溶肥、功能型水溶肥等研制与产业化和配方掺混肥研制及应用模式创新等重大创新研究工作。不仅要加强课题内科研单位与企业之间的合作与交流,项目内各课题间也要加强联系和协同合作,共同推进项目的进展,为我国的"化肥增效减施"做出贡献。

技能训练九　常见化学肥料的真假识别

一、实验目的

各种肥料都有规范的标识、外形特点及不同的物理和化学性质。根据肥料包装标识、外表情况、气味、水溶性、加碱的变化和遇火燃烧的情况可初步判断出肥料的类型和真假。但要知道养分含量是否符合产品标准，肥料是否无毒、无害、无污染，杂菌数量、重金属含量、有机污染物含量等是否符合国家规定的标准，还需要将肥料样品送相关部门测定。本训练旨在借助少数试剂和简单工具，能准确而又迅速地对各种主要化学肥料的特性及其化学组成进行鉴定，以达到识别常用化学肥料的目的，为准确无误地施用化肥提供依据。

二、实验用品

烧杯、试管，酒精灯，石蕊试纸；常见化肥（碳酸氢铵、氨水、尿素、硫酸铵、氯化铵、钾肥、过磷酸钙等），石灰，0.5%硫酸铜溶液，1%硝酸银溶液，2.5%氯化钡溶液，硝酸-钼酸铵溶液，20%亚硝酸钴钠溶液，稀盐酸，10%氢氧化钠溶液。

三、实验方法

1. 外表观察

样品一定要干燥，保持原状。一般氮肥和钾肥多为结晶体，如碳酸氢铵、硝酸铵、氯化铵、硫酸铵、尿素、氯化钾、硫酸钾等；磷肥多为粉末状，如过磷酸钙、钙镁磷肥、磷矿粉、钢渣磷肥等。

2. 水溶性反应

准备1只烧杯或玻璃杯，内放半杯蒸馏水或凉开水，将一小勺化肥样品慢慢倒入杯中，并用玻璃棒充分搅拌，静止一段时间后观察其溶解情况，以鉴别肥料样品。

全部溶解的有：硫酸铵、硝酸铵、氯化铵、尿素、硝酸钠、氯化钾、硫酸钾、磷酸铵、硝酸钾等。

部分溶解的有：过磷酸钙、重过磷酸钙、硝酸铵钙等。

不溶解或绝大部分不溶解的有：钙镁磷肥、沉淀磷肥、钢渣磷肥、脱氟磷肥、磷矿粉等。

3. 酸碱性

取样品同石灰或其他碱性物质（如烧碱）混合，如闻到氨臭味，则可确定为铵态氮肥或含铵态氮的复合肥料或混合肥料。

4. 灼烧检验

将待测的少量样品直接放在铁片或烧红的木炭上燃烧，观察其熔化、烟色、烟味与残爆等情况。

逐渐熔化并出现沸腾状，冒白烟，可闻到氨味，有残爆，是硫酸铵。

迅速熔解时冒白烟，有氨味，是尿素；无变化但有爆裂声，没有氨味，是硫酸钾或氯化钾。

不易熔化，但白烟甚浓，又闻到氨味和盐酸味，是氯化铵。

边熔化边燃烧，冒白烟，有氨味，是硝酸铵。

燃烧并出现黄色火焰的是硝酸钠，燃烧出现带紫色火焰的是硝酸钾。

5. 化学检验

①取少量样品，放在干净的试管中，将试管放在酒精灯上灼烧，观察识别。

结晶在试管中逐渐熔化、分解、能嗅到氨味，使湿的红色石蕊试纸变成蓝色，是硫酸铵。

结晶在试管中不熔化，而固体像升华一样，在试管壁冷的部分生成白色薄膜，是氯化铵。

结晶在试管中能迅速熔化、沸腾，用湿的红色石蕊试纸在管口试一下，能变成蓝色，但继续加热，试纸则又由蓝色变成红色，是硝酸铵。

结晶在试管中加热后，立即熔化，能产生氨臭味，并且很快挥发，在试管中有残渣，是尿素。

②取少量肥料样品在试管中，加水 5 mL 待其完全溶解后，用滴管加入 2.5%氯化钡溶液 5 滴，产生白色沉淀。

加入稀盐酸呈酸性时，沉淀不溶解，证明含有硫酸根；当化学方法鉴定出含有氨，又经此法确定含有硫酸根，则肥料为硫酸铵。

用灼烧检验方法证明是钾肥，又经此法检验含有硫酸根，则为硫酸钾。

③取少量肥料样品放在试管中，加水 5 mL 待其完全溶解后，用滴管加入 1%硝酸银 5 滴，产生白色絮状沉淀，证明含有氯根。

当用化学方法鉴定出含有氨，又经此法证明含有氯根，则为氯化铵。

当用灼烧检验方法证明是钾肥，又经此法检验含有氯根，则为氯化钾。

④取极少量肥料样品放在试管中，加水 5 mL 使其溶解，如溶液混浊，则需过滤，取清液鉴定，于滤液中加入钼酸铵-硝酸溶液 2 mL，摇匀后，如出现黄色沉淀，证明是水溶性磷肥。

⑤取少量样品(加碱性物质不产生氨味)，放在试管中，加水使其完全溶解，滴加亚硝酸钴钠溶液 3 滴，用玻璃棒搅匀，产生黄色沉淀，证明是含钾化肥。

⑥取肥料样品约 1 g 放在试管中，在酒精灯上加热熔化，稍冷却，加入蒸馏水 2 mL 及 10%氢氧化钠 5 滴，溶解后，再加入 0.5%硫酸铜溶液 3 滴，如出现紫色，证明是尿素。

四、结果判定

根据实验结果，认真填写肥料系统鉴定表(表 8-3)，并掌握其主要内容。

表 8-3　化学肥料系统鉴定

样品	外表观察	加水溶解	加碱性物质混合	灼烧检验	化学检验	肥料名称
1						
2						
3						
4						
5						
6						
7						
8						
9						
10						
11						

项目九　有机肥料与生物肥料的合理施用

无论是有机农业还是无机农业均离不开有机肥料，因为有机肥料的施用是维持与提高土壤肥力从而达到农业可持续发展的关键措施，也是农业生态系统中各种养分资源得以循环、再利用的重要环节。有机肥料还能持续、平衡地给作物提供养分、调控土壤微生物区系，从而显著改善和提高作物的品质和风味。

我国一方面继续大力推广施用传统农家肥料，如种养结合、秸秆直接还田等；另一方面大力扶持商品有机肥料产业发展，将农业有机废弃物集中处理制成腐熟堆肥(商品有机肥料)，再将腐熟堆肥进一步加工成有机无机复混肥料、生物有机肥料、复合微生物肥料以及全元生物有机肥料等商品有机肥料。

任务一　有机肥料的合理施用

传统意义上的有机肥料就是农村中各种可利用的有机质，它们是可以直接还田，也可以就地取材、就地积制的自然肥料的总称，又称农家肥料。随着农业科技的不断发展，商品有机肥料逐渐成为发展趋势。有机肥料资源极为丰富，品种繁多，几乎一切含有有机质并能提供多种养分的材料都可用来当作有机肥料。

一、有机肥料在培肥土壤和植物营养中的作用

1. 有机肥料的元素含量

有机肥料在土壤不断矿化的过程中，能持续较长时间供给植物必需的多种营养元素，如氮、磷、钾、钙、镁、硫及微量元素，还含有大量的有机质，因而是一类完全肥料(表 9-1)，但现代畜禽养殖生产中会加入一些添加剂，使铁、铜、锌、锰含量显著提高。

表 9-1　畜禽粪便中的矿质营养元素含量　　%

粪肥	N	P	K	Mn	B	Zn	Cu	Mo	Fe
牛粪	1.67	0.43	0.95	0.046	0.002 3	0.013 9	0.004 8	0.000 37	0.341
猪粪	2.09	0.90	1.12	0.058	0.002 2	0.066 3	0.048 8	0.000 30	0.267
羊粪	1.25	0.59	0.95	0.019	0.003 1	0.008 9	0.002 3	0.000 34	0.192
鸡粪	2.34	0.93	1.16	0.060	0.002 4	0.030 7	0.007 8	0.000 42	0.190

2. 有机肥料与土壤理化性质

有机肥料进入土壤后，经微生物分解，缩合成新的腐殖质，它能与土壤中的黏土及钙离子结合，形成有机无机复合体，促进土壤中水稳性团粒结构的形成，从而可以协调土壤中水、肥、气、热的矛盾。降低土壤容重，改善土壤的黏结性和黏着性，使耕性变好。此外，施用有机肥可以提高土壤的保肥能力。

3. 有机肥料与土壤生物及其活性

施用有机肥料可增加土壤微生物数量，这些微生物活动的加强可提高土壤有机质周转速率，改善土壤的物理、化学和生物学特性，从而提高土壤的吸收性能、缓冲性能和抗逆性能。家畜、家禽粪中的酶活性特别高，是土壤酶活性的几十倍到几百倍，既能营养植物，又能刺激植物生长，还能增强土壤微生物活动，提高土壤养分的有效性(图 9-1)。

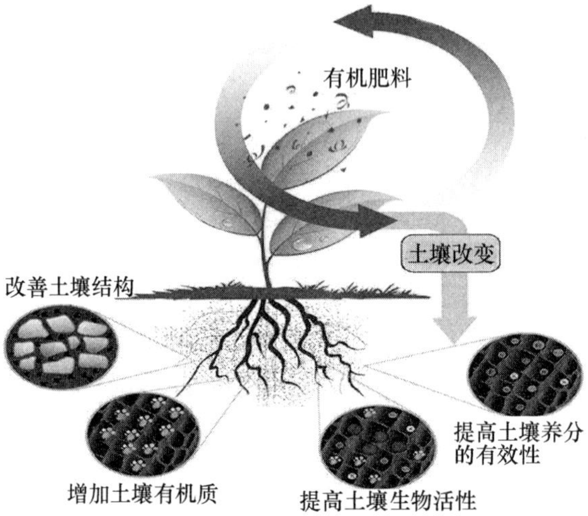

图 9-1　有机肥对土壤的影响

4. 有机肥料与植物生长活性物质

有机肥料中含有维生素、激素、酶、生长素、泛酸和叶酸等，它们能促进作物生长和增强抗逆性；有机肥料分解产生的酚类物质，有抑制土传病原微生物的作用；有机肥料在分解过程中产生的有机酸，对土壤中难溶性养分有螯合增溶作用，可活化土壤潜在养分，从而提高难溶性磷酸盐及微量元素养分的有效性；有机肥料在分解周转过程中形成的腐殖质能与矿质胶体结合形成有机矿质胶体复合体，可熟化土层，促进水稳性团粒结构形成，调节土体中水、肥、气、热状况；腐殖质对作物种子萌发、根的生长均有刺激作用。

5. 有机肥料与作物品质

科学施用有机肥料能提高作物产品的营养品质、食味品质、外观品质，降低食品硝酸盐含量，延长鲜果品的保鲜期。在有机肥料分解过程中，产生大量二氧化碳供植物进行碳的同化，植物的光合作用强度在一定的二氧化碳浓度范围内，随二氧化碳增加量直线上升。有机肥料中含有丰富的碳源，对促进植物生长、提高产量有重要意义。

6. 有机肥料与环境保护

工农业有机废弃物中含有大量病菌、虫卵，以及高浓度氨态、硝态和可溶性有机态氮。若不经处理直接排放，会使地表与地下水富营养化，造成环境质量恶化，甚至传播疾病。将这些有机废弃物严格处理后制成有机肥料，既可减轻环境污染，又可减少化肥投入，一举两得。有机肥料还能吸附和螯合有毒的金属阳离子（如铜、铅），增加砷的固定。

二、有机肥料的主要类型

（一）粪尿肥料

1. 牲畜粪尿

猪、牛、羊、马等饲养动物的排泄物含有丰富的有机质和各种植物营养元素，是良好的有机肥料。牲畜粪尿与各种垫圈物料混合堆沤后的肥料称为厩肥。

畜粪中的氮磷养分大部分是有机态的，如蛋白质、卵磷脂和核蛋白等，也有无机态的，如粪尿中的尿素和磷酸盐类，这些无机养分常常与其他有机质共同存在，畜粪中的磷素肥效较高。畜粪中的钾大部分是水溶性的，肥效很高。各种家畜粪尿的成分和理化性质依动物种类、饲料及饲养方式而有所不同。

（1）马粪　马的饲料以高纤维粗饲料为主，马咀嚼不细，因而排泄物中纤维素含量高，粪质粗松，含有大量高温性纤维分解细菌，增强纤维分解，放出大量热，故称热性肥料，多用于温床酿热物，施马粪能显著改善土壤物理性状，施在质地黏重的土壤为佳，还适合施用在低洼地、冷浆土壤上。

（2）牛粪　牛是反刍类动物，虽然饲料与马相同，但可被牛反复咀嚼消化，因此牛粪质地较马粪细密。加上牛饮水量大，粪中含水量高，通透性差，所以分解缓慢，发酵温度低，故称冷性肥料。为加速分解腐熟，常混入一定量的马粪，施在轻质砂性土上效果较好。

（3）羊粪　羊也是反刍类动物，对多纤维的粗饲料反复咀嚼，这与牛相同；但羊饮水少于牛，所以羊粪质地细密干燥，肥分浓，三要素含量在各种家畜粪中最高。其腐解时发热量介于马粪与牛粪之间，发酵也较快，故也称为热性肥料。

（4）猪粪　猪为杂食性动物，饲料不以粗纤维为主，所以碳氮比值小，也是热性肥料。猪粪质地细于马粪，比马粪含水量高；含腐殖质较多，阳离子代换量也大，适用于各种土壤，能提高土壤保水保肥能力。

（5）禽粪　家禽包括鸡、鸭、鹅等，它们主要采食精饲料，因此禽粪纤维素含量少于家畜粪，粪质好，养分含量高于家畜粪，属于细肥，经腐熟后多用于追肥。

2. 人粪尿

人粪尿是一种养分含量高、肥效快的有机肥料。人粪是食物经消化后未被吸收而排出体外的残渣，其中含70%～80%水分、20%左右有机质（主要是纤维素和半纤维素、脂肪和脂肪酸、蛋白质、氨基酸和各种酶、粪胆汁，还有少量的粪臭质、吲哚、硫化氢、丁酸等臭味物质），5%左右灰分，主要是钙、镁、钾、钠的无机盐。此外，人粪中还含有大量微生物，有时还含有寄生虫和寄生虫卵。人粪尿中有机质和养分含量的高低以及排泄量的多少，与人的年龄、饮食和健康状况等有关。

（二）秸秆类肥料

各种农作物的秸秆含有相当数量的营养元素，又具有改善土壤的物理、化学和生物学性状，增加作物产量等作用。大量秸秆被烧掉，既浪费，又污染大气，应采取适宜措施大力推广秸秆还田，做到物尽其用。

作物秸秆因种类不同，所含各种元素的多少也不相同。一般来说，豆科作物秸秆含氮较多，禾本科作物秸秆含钾较丰富。根据对作物秸秆的不同处理方式，秸秆的利用分为直接还田和制成有机肥料间接还田等。

(三)绿肥

绿肥是指直接施入土壤、池塘中或经堆沤作肥料用的绿色植物，是一种养分完全的生物肥源。绿肥富含有机质、氮、磷、钾及微量元素，种植物绿肥不仅是增辟肥源的有效方法，对改良土壤也有很大作用。但要充分发挥绿肥的增产作用，必须做到合理施用(图 9-2)。

图 9-2　绿肥

(1)合理种植　绿肥主要为后茬作物提供养分，因此要选择适于当地土壤、气候条件且能与主要种植作物相配合的绿肥品种。例如，紫花苜蓿、草木樨适于作为肥料、饲草兼用绿肥；紫云英、绿萍可作为稻茬绿肥；豆科作物能固氮，可与禾本科作物轮作或间套作等。

(2)适时翻压　绿肥翻压过早，生物量和养分含量不高；翻压过迟，茎叶纤维化或木质化，不易分解腐烂，饲用价值降低。一般应该在蕾期至盛花期翻压。

(3)适量翻压　每亩翻压量为 1 500～2 000 kg，一般不超过 3 000 kg。一次翻压过多，易造成作物徒长，土壤硝酸盐累积或流失。

(4)适法翻压　先将绿肥茎叶切成 10～20 cm 长，然后撒在地面或施在沟里，随后翻耕入土壤中，一般入土 10～20 cm 深，砂质土可深些，黏质土可浅些。

(5)为绿肥腐解创造条件　如果土壤干旱，翻压前应适当灌水，或趁雨翻压；在酸性土壤，翻压时可施用适量石灰，中和土壤和绿肥发酵产生的酸性，以利于绿肥腐解。

(四)商品有机肥料

经过高温堆制出来的堆肥基本上具备了商品性状，可以直接用来生产商品有机肥料，其产品的农业行业标准为 NY 525—2021(《有机肥料》)。

任务二　生物有机肥料的合理施用

生物有机肥指的是一类包含特定功能的微生物菌种，并且生产工艺上有一个二次固体发酵阶段的特殊有机肥料。它与微生物菌剂的区别是，微生物菌剂的菌种含量高，但没有有机载体或有机物很少，仅作为一种接种剂，正是由于没有有机载体，微生物菌剂施入土壤后，功能菌不能在土壤中有效定殖，更谈不上发挥作用。而生物有机肥料施入土壤后，肥料中的有机物质给外源功能微生物提供足够的能源，使这些外源功能微生物在土壤中易于定植和繁殖，待作物根系生长后分泌大量根系分泌物，这些已经在土壤中定植的外源功能微生物就能趋化至根表和根际，实现根际微生物区系的调控，发挥根际有益菌活化养分、刺激植物根系生长和拮抗土传病原菌等作用（图 9-3）。

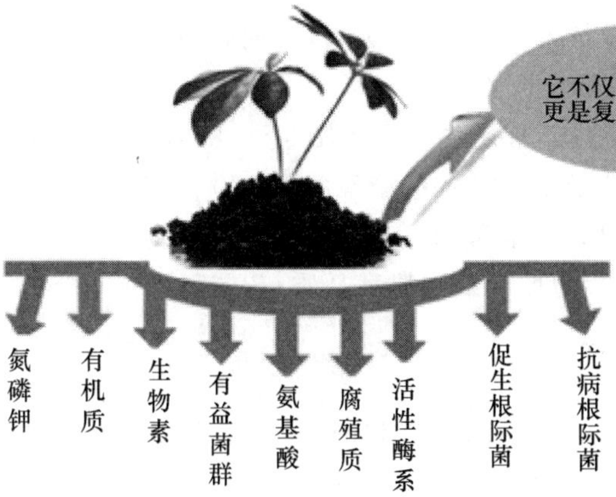

图 9-3　生物有机肥

在制造工艺上，生物有机肥料是在普通有机肥料的基础上经过一些加工工艺生产而成，目前制造生物有机肥料的工艺主要有芽孢杆菌二次固体发酵制造粉状生物有机肥料、芽孢杆菌液体菌种直接喷于造粒后的有机肥料颗粒上制造颗粒状生物有机肥料、木霉菌生物有机肥料制造工艺这三种。

一、桃树施用生物有机肥

桃树的根系较浅，吸收根主要分布在 10～30 cm 土层，但根系较发达，侧根和须根较多，吸收养分的能力较强。桃树施肥应适当深施，或深施与浅施相结合。

桃树的施肥类型按时期可分为：基肥、促花肥、坐果肥、果实膨大肥。桃树的肥料施用量应根据土壤的肥力、树龄、品种、产量、气候因素等灵活确定。土壤肥力低、树龄高、产量高的果园，施肥量要多一些；土壤肥力较高、树龄小、产量低的果园施肥量适当减少。

（1）基肥　果实采摘后至落叶前 1 个月左右施入。株施生物有机肥 5～8 kg。施肥时不要靠树体太近，施肥时适当与土壤混合。树势较好的少施，树势差的多施。

（2）追肥　第一次是早春后开花前的促花肥，株施用生物有机肥 2～3 kg，配施尿素 100 g。若长势较强，没有缺肥现象，则促花肥可不施或少施。

第二次是开花之后至果实核硬化前之间的坐果肥，株施生物有机肥 3～5 kg，配施尿素 150 g，提高坐果率、改善树体营养、促进果实前期的快速生长。

第三次是果实膨大肥，株施生物有机肥 3～5 kg，配施尿素 200 g，促进果实的快速生长和促进花芽分化，为来年生产打好基础具有重要意义。

二、葡萄施用生物有机肥

葡萄前期需氮肥较多，后期需磷钾肥多。给葡萄施用的有机肥要充分腐熟，有机肥中还可掺入化学肥料(应选硝酸铵、尿素、硝酸钾、过磷酸钙等)，提倡配方施肥、平衡施肥，防止偏施氮肥。生物肥料(固氮菌肥、增产菌肥、生物钾肥和酵素菌肥等)既可作为基肥，又可作为追肥和叶肥。基肥施用最佳期为葡萄采收后到落叶前。地面追肥多在萌芽前、开花前、坐果后、成熟前和采收后等几个关键时期。

(1)基肥　果实采收后至新梢充分成熟的 9 月底 10 月初进行。基肥以生物有机肥为主，每亩施生物有机肥 350～450 kg，混加过磷酸钙 50 kg，沿葡萄树行在一边开沟施入，注意不可离树过近，以免伤根过重，影响葡萄的长势。

(2)追肥　一般在花前 10 d 追施，株施生物有机肥 3～5 kg，配施 100 g 尿素，沟施或穴施。7 月初第二次追肥，株施生物有机肥 2～3 kg，配施硫酸钾 100 g。

(3)根外追肥　对提高产量和质量有显著效果，而且方法简便。花前、幼果期和浆果成熟期喷 1%～3%的过磷酸钙溶液，能增加产量和提高品质；花前喷 0.05%～0.1%。

三、草莓施用生物有机肥

草莓果实鲜红艳丽，柔嫩多汁，甜酸适口，营养价值高，在我国各地均有种植。草莓在一年中，各器官随着季节的变化，其生理机能也发生规律性的变化，一般将其分为开始生长期、开花结果期、旺盛生长期、花芽分化期和休眠期五个阶段。草莓根系为须根，分布浅，有 70%的根系分布在 20 cm 深土层中。草莓是喜水、喜肥作物，适于种植在保肥保水能力强、通气良好、质地疏松的砂壤土中。全生育期要合理施肥，确保植株生长健壮，开花多，坐果多，果实品味好，产量高。壮苗是优质高产高效的基础。壮苗体内积累营养多，根系发达，种植后成活快，花芽分化多而饱满，能结出又大又多的果实。施足基肥是草莓苗壮的基本条件。选择前茬不是番茄、马铃薯、茄子、辣椒、甜菜、豌豆等作物，含有丰富的有机质和各种矿物质的壤土地块。在定植前整地做畦，深翻土壤 30～40 cm，在深翻的同时施足基肥。一般亩施生物有机肥 200 kg，配施尿素 10 kg、过磷酸钙 20～25 kg、硫酸钾 10 kg。在施足基肥的基础上，北方在草莓定植或成活后每亩追施生物有机肥 20 kg，促进植株根系生长；江浙一带则在定植后追施一次肥，在 11 月中旬至 12 月上旬期间每亩施生物有机肥 20 kg。未施足基肥的草莓地，要进行三次追肥。第一次在春天萌芽以前施入，一般每亩施生物有机肥 30 kg，促进返青生长和花序的发育。第二次在花前施入，每亩施生物有机肥 20 kg，满足植株加速生长和开花结果对营养的需求。第三次在采果后施入，每亩施生物有机肥 40 kg，补充土壤营养的亏损，使植株恢复生长势，植株进行第二次营养生长，促进花芽分化。

任务三　现代商品有机(类)肥料

经过高温堆制出来的堆肥基本上具备了商品性状，可以直接用来生产商品有机肥料。按照农业行业标准 NY 525—2021(《有机肥料》)要求，商品有机肥料的质量标准为：有机质含量≥30%，总养分($N+P_2O_5+K_2O$)含量≥4%，水分含量≤30%，pH 5.5～8.5。但是，广大农民施用这类商品有机肥料的积极性始终不高，推广十分困难，主要原因就是这类产品对当季作物的增产效果不明显。于是政府出台了很多补贴优惠政策，让农民每公顷地用上数吨至数十吨有机肥料，以解决有机肥料当季增产效果不明显的问题，但需要投入大量劳动力，导致施用有机肥料始终不能成为农民的自觉行动。因此，要大力推广有机肥料，在科技上就要解决有机肥料对当季作物增产效果不明显的技术瓶颈。在上述背景下，以腐熟堆肥为主要原料，创制出当季作物增产效果明显，又能持续提高土壤肥力的有机无机复混肥料、生物有机肥料、复合微生物肥料以及全元生物有机肥料等有机(类)肥料产品，这是我国肥料行业和产业转型升级的关键一环，也关系到我国农村生态环境建设和农业可持续发展的重大问题。

一、有机无机复混肥料

在普通有机肥料中添加一定比例的化肥，充分混匀后造粒生产有机无机复混肥料。GB/T 18877—2020(《有机无机复混肥料》)中规定，该产品的质量标准如下：Ⅰ类，有机质≥20%，总养分($N+P_2O_5+K_2O$)含量≥15%，水分含量≤12%，pH 5.5～8.0；Ⅱ类，有机质≥15%，总养分($N+P_2O_5+K_2O$)含量≥20%，水分含量≤12%，pH 5.5～8.0。有机无机复混肥料产品在目前肥料市场上已有一定份额，但与等价的纯化肥相比，其增产效果稍显逊色，主要是因为生产有机无机复混肥料的造粒、烘干工艺是沿用无机复混肥料的工艺，腐熟堆肥先要经过烘干粉碎，然后与化肥混匀后转鼓喷水造粒，再经高温(300 ℃)烘干，这个过程中所有有益微生物均被杀死，而其中的有机质含量又不高，还有一个更大问题就是颗粒在土壤中溶解性很差，种一季玉米或小麦后还有很多颗粒没有溶解，当季作物增产效果不如化肥也就比较正常了。目前少数企业不采用转鼓造粒工艺造粒，而采用挤压抛光造粒工艺，腐熟堆肥经分筛后直接与化肥混匀后挤压造粒，再通过四级抛光，这样的生产成本比转鼓造粒工艺低得多，而且造出来的颗粒硬度适中，在作物一季生长过程中能被完全吸收利用，更重要的是该造粒工艺无须高温烘干，堆肥中的有益微生物进入土壤后能发挥活化土壤养分的作用，田间生物效果远比转鼓造粒的好。但该工艺最大的缺点是所用的挤压造粒模具经常出现堵塞，如果机械设备能够克服这个缺点，挤压造粒工艺在有机无机复混肥料、生物有机肥料、复合微生物肥料以及全元生物有机肥料产业发展中前景广阔。

二、生物有机肥料

生物有机肥料就是将具有特定功能的微生物与有机肥料混合在一起制造出来的肥料。NY 884—2012(《生物有机肥》)中规定，生物有机肥料产品的质量标准为：有机质含量≥25%，每克肥料中特定功能菌≥2×10^7 个芽孢或孢子，水分含量≤30%(粉剂)或 15%(颗粒)，pH 5.5～8.5。在制造工艺上，生物有机肥料是在普通有机肥料的基础上再经过一些加工工艺生产而成，目前制造生物有机肥料主要有以下几种技术工艺。

(1)芽孢杆菌二次固体发酵制造粉状生物有机肥料　通常把高温堆肥腐熟定义为一次固体发酵,所谓二次固体发酵,指的是在已经基本腐熟的堆肥中,再添加少量酸解性氨基酸,翻抛(搅拌)后熟 3 d 左右,使混合物的 pH 调整至 6.0～7.5,然后接种芽孢杆菌,此时芽孢杆菌的芽孢会在固体混合物中迅速萌发、繁殖和生长,3～5 d 后由于混合物中水分和养分的限制,芽孢杆菌产生芽孢休眠,此时就制成芽孢杆菌生物有机肥成品了。经过这种工艺制造的芽孢杆菌生物有机肥料,其功能菌与有机载体匹配度好,施入土壤后芽孢杆菌萌发和繁殖比较顺利,而且生产成本低,技术难度不大,该工艺正在成为我国芽孢杆菌生物有机肥料制造的主流工艺。

(2)芽孢杆菌液体菌种直接喷于造粒后的有机肥料颗粒上制造颗粒生物有机肥料　市场上无论是销售商还是农民都青睐颗粒生物有机肥料,但实际上,粉状的生物有机肥料其田间生物效果肯定比颗粒状的要好得多,但就卖相和施用方便而言,则颗粒状生物有机肥料占绝对优势,因此颗粒生物有机肥料制造工艺仍有较大需求。目前制造颗粒状生物有机肥料的主要方法是先将有机肥料造粒烘干至含水量低于 10%,然后在颗粒表面直接喷洒 2%～5%的菌液,最终颗粒生物有机肥料的含水量保持小于 15%,这个含水量还不至于使颗粒强度变小。这种工艺没有经过一个二次固体发酵过程,产品施入土壤后其功能菌萌发和繁殖的速率比粉状生物有机肥料要慢得多;而且菌种在颗粒中分布不均匀,浓度也没有粉状的高,田间生物效果显然就不如粉状生物有机肥料。更值得一提的是生物有机肥料产品的含水量在 15%～30%,如果要保持这个含水量,产品只能是粉状,而不可能是粒状。

(3)木霉菌生物有机肥料制造工艺　木霉真菌的田间生物效果比芽孢杆菌更显著,但其生物有机肥料制造更困难,这是因为木霉菌在液体发酵后期不产孢子,或产孢浓度很低,它还需转移至固体有机材料上进行固体发酵才能生产木霉孢子菌种,这个过程不仅需要对固体发酵材料进行严格灭菌,还需要在严格灭菌的空间中进行发酵生产,这给大规模工厂化生产木霉固体菌种带来了很大困难。新近研究结果表明,只要通过控制固体基质材料的 pH,可以大大简化木霉固体菌种生产中的灭菌难度,用这种方法生产出来的木霉固体菌种含量可达到每克基质材料(湿重,含水量 30%～40%)$(1\sim2)\times10^9$ 个孢子,有机肥料企业只要添加 2%～3%,就可使生物有机肥料产品中木霉孢子浓度大于每克肥料 2×10^7 个,超过行业标准。值得一提的是木霉真菌不能做成粒状生物有机肥料,因为它既不能直接喷洒于颗粒有机肥料表面(因为液体发酵不产孢子或孢子浓度很低),更不能造粒后烘干(因为木霉孢子在 70 ℃以上就大量失活)。

三、复合微生物肥料

生物有机肥料产品的行业标准中没有无机养分($N+P_2O_5+K_2O$)指标,只强调有机质含量。很显然,没有无机养分的肥料产品,其田间生产效果不会很好。因此,在生物有机肥料产品中添加一些化肥的思想应运而生,于是出现了复合微生物肥料,这里的"复合"特指的是"化肥或复合肥",而不是指两种以上的微生物菌种。NY 798—2015(《复合微生物肥料》)中规定,固体剂型的复合生物肥料产品的质量标准为:有机质≥20%,无机养分($N+P_2O_5+K_2O$)含量 8%～25%,每克肥料中特定功能菌≥2×10^7 个芽孢或孢子,水分含量≤30%,pH 5.5～8.5。复合微生物肥料也可制成粉状和粒状肥料产品,制造工艺同生物有机肥料,且与生物有机肥料一样,如果要保持产品含水量在 15%～30%,复合微生物肥也只能做成粉状产品。

四、全元生物有机肥料

生物有机肥料产品标准只强调有机质含量和功能菌含量；复合微生物肥料产品中有机质含量指标偏低，而无机养分含量上限偏高。因此，有人提出了全元生物有机肥料的概念，该产品具体指标为：有机质含量≥30%，无机养分含量8%～20%，游离氨基酸≥0.5%，每克肥料中特定功能菌≥2×10^7个芽孢或孢子，pH 5.5～7.5，水分含量≤30%(粉状)。其中，有机质含量≥30%是以无机养分含量8%～20%为前提的，因为这两个指标永远是此消彼长的，鉴于目前畜禽粪便原料为主的腐熟堆肥有机质含量为38%～44%，而秸秆源腐熟堆肥有机质含量则为50%左右，只能做成无机养分含量为15%、有机质含量为30%的全元生物有机肥料。全元生物有机肥料产品指标中一个最重要的修正是产品的pH，即从5.5～8.5修改至5.5～7.5。如前所述，腐熟堆肥的pH一般都在8以上，如果不进行调整，最终做出来的所有有机(类)肥料产品pH也都在8以上，这个pH能使基质中的氨挥发，而且所有有机(类)肥料产品中最明显的生化特征之一是脲酶活性强，再加上产品中又添加了无机氮肥，产品被包装在一个充满挥发性氨的塑料袋中，所有微生物(包括堆肥土著微生物和外源添加的特定功能微生物)在产品贮运时间内幸存不多，有鉴于此，新型全元生物有机肥料产品指标中的pH从5.5～8.5修改至5.5～7.5，因为在这个pH下，基质中的“铵”不会挥发成“氨”。全元生物有机肥料产品中还有一个增加的指标就是游离氨基酸含量，鉴于有机(类)肥料的促生效果总是慢于化肥，添加一点氨基酸会很显著地弥补这个缺点，当然由于成本问题，游离氨基酸含量也不可能做得很高。大量试验表明，有机(类)肥料产品中游离氨基酸含量达到0.5%，就有显著的促生效果。在堆肥生产的后期，添加酸解的病死畜禽或屠宰场下脚料液体，既能将腐熟堆肥的pH调整至6～7，又能增加有机(类)肥料产品中的游离氨基酸含量，实为是一件一举多得的技术措施。

【复习思考】

1. 什么是有机肥料？
2. 有机肥料有哪些类型？
3. 有机肥料的作用有哪些？
4. 如何进行有机肥料产品质量检测与评价？

【知识拓展】

商品有机肥发展趋势

目前，我国有机肥行业已初具规模，但商品有机肥在农田尚未得到大规模施用，新型有机肥的推广与使用还不充分。那么有机肥的发展方向又将如何呢？

1. 无机肥与有机肥并重是未来肥料业发展的方向

诚然，无机化肥在农业生产中起到了举足轻重的作用，没有化肥便无法养活70亿人口。但只施用无机化肥不能满足作物生长的营养平衡与保持地力的需要。目前多数专家认为，肥料作为粮食的粮食，大地作为粮食的“粮食”承载的主体，也面临着“膳食”结构的转变，这就是从传统的有机肥，到以无机化肥为主，再回到重视有机肥。具有数千年历史的传统农家肥也是重要的有机肥来源，但并不是有机肥产业化的方向，真正的商品化的有机肥应是走产业发展之路,而这其中,无机肥与有机肥并重更为关键。

2. 环境要求的日益严格造就了有机肥的产业化

中国是世界上发酵产业的大国,如果都能变废为宝,将会生产出大量的商品化的有机肥,既促进生态的和谐,又节约大量的化石资源。这样的"变废为宝"产业,必将得到国家的重点支持。

3. 商品化的有机肥产业离不开政策与标准的支持

同是农业生产中不可或缺的肥料,化肥享受着诸多的国家政策,但商品化的有机肥却没有如此待遇,这就制约了有机肥的发展。在这些政策中企业最关心的是电价、运费与税收,在国家提倡大力发展有机肥产业的背景下,政府有关部门应在政策上给予一定的扶持,以确保有机肥产业的快速发展。在商品化有机肥产业发展的起步期,必须有严格的标准来规范这个产业的发展。尤其是有机肥这个产业,庞杂的有机源中包括了城市垃圾、污泥、排泄物等,这些都可能携带病菌,如果被施用到食用的作物上,会严重危及人类自身的安全。标准先行,这几乎是所有专家的呼声。

【思政视角】

沈其荣院士——科学的初心从土壤中生长

2021年11月18日早晨,两院院士增选结果揭晓,南京农业大学资源与环境科学学院教授沈其荣被选为中国工程院院士。得到消息时,他正带领着团队,在南京农业大学白马教学科研实验基地里做果树的秋季基肥施用工作,这位曾自称"一生'粪'斗"的有机肥与土壤肥力研究者说:"真正的科研是靠兴趣和爱好来驱动的,真正的科学家是为了揭示自然界的奥秘。"

沈其荣1957年生于无锡市,1975年高中毕业后,在中学当代课教师。1976年春,生产队来了一个在校大学生,空闲时间,沈其荣总是好奇大学里学些什么?沈其荣说,那时候印象最深的,就是"土壤是从石头中风化而来的",这给沈其荣后来选择土壤化学专业带来了深刻的影响。1977年,恢复高考的第一年,沈其荣考入南京农业大学(当时名为江苏农学院)土壤化学系,并在这里开启了他研究土壤肥力的科研生涯。1988年,沈其荣博士毕业后,成为南京农业大学的教师,第一个科研项目就是有机肥改良滨海盐土。沈其荣回忆,当时没有任何科研经费,他们自己承包了2 000亩滨海盐土地,从这里开始,探索出了一条在利用中改良滨海盐土的途径。一直到今天,有机肥与土壤肥力都是沈其荣研究的核心之一,他曾自称"一生'粪'斗",一直从事的研究就是将传统的农家肥资源研发成商品有机肥,让农民能够像施用化肥那样方便地施用有机肥,"有机肥资源化,一方面能有效抑制土壤酸化和调控土壤微生物区系,另一方面能大量消纳农业废弃物,消除农村环境污染隐患"。

近年来,沈其荣和他的团队,一直在关注土壤肥力和果树生产的问题。果香属于植物的次生代谢,主要受土壤肥力影响,长期施用化肥后,植物不容易产生次生代谢,这就会导致水果风味受到影响,因此提高土壤肥力,是提升作物高产、优质、口感的关键。这样的研究其实已经进行了很多年。早在2008年8月,沈其荣团队在山西省临汾市尧都区县底镇的一个14年果龄的苹果园里,亩均施用300 kg他和他的团队研发的全元生物有机肥。2009年10月苹果收获时,产量比上一年增加了40%,所有老树都增加了很多新芽和新枝。沈其荣团队进一步研究发现,施用了全元生物有机肥的苹果树,其根系当年新根量比对照果树增加了80%,根系活力增加了 60%左右，而且土壤微生物区系显著优于对照区土壤。为何会有这样的变化？沈其荣解释："关键的科学问题就是解密土壤生命的密码。我们研发的这种肥料，一方面让土壤中现有的好的微生物生长得更快，另一方面想办法引进土壤中缺乏的其他好的微生物，让它们进入土壤后能够如鱼得水，全身心地投入培肥土壤的工作。"

沈其荣的同事和学生称他为"魔法教授"，这是因为，他把农田秸秆、畜禽粪便等这些农业废弃物，变成了改善土壤肥力、调控土壤微生物区系的宝物。沈其荣常对他的学生们说："我们的研究就是围绕'有用'和'有理'，'有用'是指科研要围绕国家和社会所需，切实破解农业生产上的难题，持续改善土壤、生态和环境；'有理'就是探究背后的科学问题，揭示为什么有用的机制、机理。"他表示，未来的研究计划将放在果树植物根系的调控上。在沈其荣看来，真正的科学家是为了揭示自然界的奥秘，并将理论转化成改造自然界的技术或产品；真正的科研依靠兴趣和爱好驱动，他希望社会和高校能够共同建立鼓励创新、宽容失败的容错机制，鼓励科研人员深耕一个领域、坐稳冷板凳，潜心、精心思考科研问题，在大胆探索中挑战未知。

技能训练十　堆肥的制作

一、实验目的

熟悉高温堆肥积制有机肥料的材料选择搭配、碳氮比的调节、场地的选择、堆制方法以及堆后管理等技术。

二、实验准备

根据当地地形情况，初步选择堆肥地点，准备堆肥材料和工具。

三、相关知识

高温堆肥的堆制原理：以秸秆、杂草等含纤维素、半纤维素、木质素较高的原料为主要材料，配合以家畜、家禽粪便或人粪尿等含氮素较多的材料，可利用厨余垃圾等其他有机废弃物，在有氧条件下，产生较高的温度，使堆内温度高达 50～70 ℃，而进行有机原料发酵过程。

四、操作规程和质量要求

根据当地地形和堆肥材料，进行下列全部或部分操作（表 9-2）。

也可以根据当地情况，学习沤制有机肥料的材料选择搭配、C/N 的调节、场地的选择、沤制方法以及沤制过程的管理等技术。

表 9-2　高温堆肥积制的操作规程和质量要求

工作环节	操作规程	质量要求
场地选择与规划	选择学校基地空闲处，或其他闲置地块，或结合当地农业生产需要选择合适地点。地点选好后，根据堆肥材料的数量规划场地大小和形状，一般以长方形为佳。规划后，在地面画出相应平面图，以便于材料堆积	场地应背风、向阳、靠近水源处
备料配料	①以秸秆为主的高温堆肥配料：风干植物秸秆 500 kg，鲜骡、马粪 300 kg(需破碎)，人粪尿 100～200 kg，水 750～1 000 kg。若骡、马粪和人粪尿不足，可用 20%左右的老堆肥和 1%过磷酸钙、2%硫酸铵代替 ②以垃圾为原料堆肥的配料：垃圾与粪便之比为 7∶3 混合，或垃圾与污泥之比为 7∶3 混合，或垃圾、粪便、秸秆杂草按 1∶1∶1 比例混合	秸秆需要切碎至 3～5 cm，便于腐熟；材料的选择可根据当地具体情况考虑。选择好材料后，按上述比例计算材料 C/N，并进行适当调整，以达到堆肥所需的(20～35)∶1
材料堆制	将规划出的堆肥场地地面夯实，将堆肥材料混合均匀后开始堆积，材料堆积中适当压紧。当堆积物至 18～20 cm 高时，可用直径为 10 cm 的木棍，在堆积物表面摆成“井”字形，并在木棍交叉点向上立木棍，然后继续堆积材料至完成。材料堆积完成后，在肥堆表面用泥封好，厚度为 4～8 cm。待泥稍干后，将木棍抽出，形成通气孔	如在堆制过程中没有木棍，也可以用长的玉米秸秆或高粱秸秆捆成直径为 10～15 cm 的秸秆束，代替木棍搭建通气孔，但封堆后秸秆束不用抽出，留在肥堆中作为通气孔
堆后管理	地面施堆肥一般在堆制 5～7 d 后，堆温就可以升高，再经过 2～3 d，肥堆温度就可达 70 ℃，待达到最高温度 10 d 后，肥堆温度开始下降，可进行翻堆。翻堆时可适当补充人粪尿和一定水分，可利于第二次发热。翻堆后仍旧用泥封好肥堆，继续发酵。10 d 后，可再进行第二次翻堆 堆后管理可由教师统一安排，利用课余时间，将学生分成几组进行；也可交由工人统一管理，将管理工作整理成书面材料后，统一发给学生	全部腐熟需要时间 2～3 个月(冬春季节)，腐熟的堆肥呈黑褐色，汁液为浅棕色或无色，有氨气的臭味，材料完全腐烂变形，极易拉断，体积减小 30%～50%，即出现“黑、烂、臭”特征，标志肥料已经腐熟

项目十　合理施肥新技术

任务一　测土配方施肥技术

一、测土配方施肥技术概念

测土配方施肥技术是综合运用现代农业科技成果，以肥料田间试验和土壤测试为基础，根据作物需肥规律、土壤供肥性能和肥料效应，在合理施用有机肥料的基础上，科学提出氮、磷、钾及中、微量元素等肥料的施用品种、数量、施肥时期和施用方法的一套施肥技术体系。它是促进作物高产、优质、高效、生态和安全的一种科学施肥技术，也是建设肥沃健康农田的关键技术。

测土配方施肥技术的核心是调节和解决作物需肥与土壤供肥之间的矛盾，有针对性地补充作物所需的各种营养元素，作物缺什么补什么，需要多少补多少，实现各种养分的平衡供应，满足作物的需要，提高作物产量，改善作物品质(图 10-1)。

二、测土配方施肥技术的作用和意义

开展测土配方施肥有利于推进农业节本增效，有利于促进耕地质量建设，有利于促进农作技术的发展，是贯彻落实科学发展观、维护农民切身利益的具体体现，是促进粮食稳定增产、农民持续增收、生态环境不断改善的重大举措。

①测土配方施肥技术是提高作物单产、保障粮食安全的客观要求。

②测土配方施肥技术是降低生产成本、促进节本增效的重要途径。在测土配方施肥条件下，由于肥料品种、配比、施肥量是根据土壤供肥状况和作物需肥特点确定，既可以保持土壤均衡供肥，还可以提高化肥利用率，降低化肥使用量，节约成本。

③测土配方施肥技术是减少肥料流失、保护生态环境的需要。盲目施肥、过量施肥，不仅易造成农业生产成本增加，而且降低肥料利用率，会带来严重的环境污染。在测土配方施肥条件下，作物生长健壮，抗逆性增强，减少农药施用量，可减轻化肥、农药对农产品及环境的污染。

④测土配方施肥技术是提高农产品质量、增强农业竞争力的重要环节。滥用化肥会使农产品质量降低，导致“瓜不甜、果不香、菜无味”。科学施肥能克服过量施肥造成的徒长现象，减少作物倒伏，增强抗病虫害能力，从而减少农药的施用量，降低农产品中农药残留的风险。施肥方式不仅决定农作物产量的高低，同时也决定农产品品质的优劣。通过测土配方施肥技术，

图 10-1 科学施肥

可实现合理用肥,科学施肥,从而改善农作物品质。

⑤测土配方施肥技术是不断培肥地力、提高耕地产出能力的重要措施。测土配方施肥技术是耕地质量建设的重要内容,通过有机与无机相结合,用地与养地相结合,做到缺素补素,能改良土壤,最大限度地发挥耕地的增产潜力。农业生产中施肥不合理,主要表现在不施有机肥或少施有机肥,偏施滥施氮肥,养分失衡,土壤结构受破坏,土壤肥力下降。测土配方施肥,能明白土壤中到底缺少什么养分,根据需要配方施肥,才能使土壤缺失的养分及时得到补充,维持土壤养分平衡,改善土壤理化性状。

⑥测土配方施肥技术是节约能源消耗、建设节约型社会的重要途径。化肥是资源依赖型产品,节省化肥生产性支出对于缓解能源紧张矛盾具有十分重要的意义,节约化肥就是节约资源。

三、测土配方施肥技术的步骤

通俗地讲,测土配方施肥就是在农业科技人员指导下科学施用配方肥。从字面上理解测土配方施肥的步骤为:测土(取土化验)→配方(根据化验结果提供施肥配方)→施肥(按照配方提供的施用数量、施用时期和施肥方法科学施用肥料),具体流程见图 10-2。

四、测土配方施肥技术的目标与增产途径

测土配方施肥技术是一项科学性、应用性很强的农业科学技术,它有五方面目标:一是高

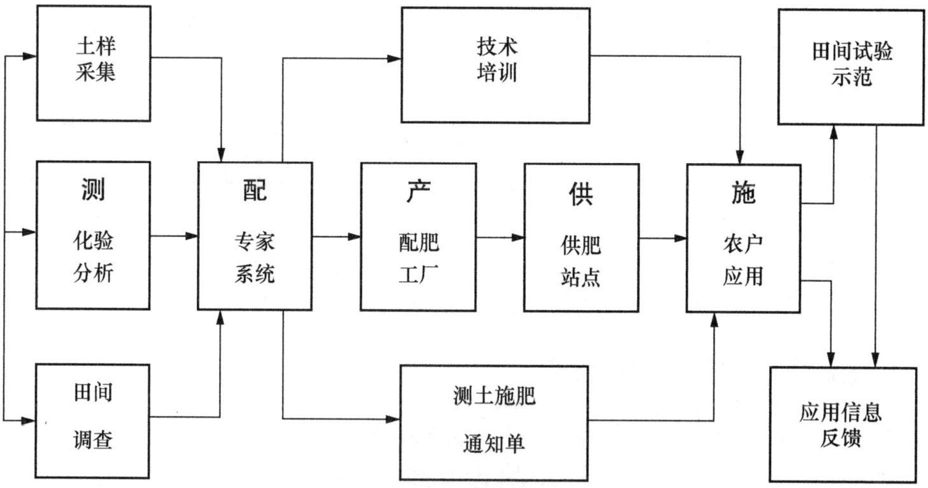

图 10-2　测土配方施肥系统步骤示意图

产目标，即通过该项技术使作物单产水平在原有水平上有所提高，能最大限度地发挥作物的生产潜能。二是优质目标，通过该项技术实施均衡作物营养，改善作物品质。三是高效目标，即养分配比平衡，分配科学，提高产投比，使施肥效益明显增加。四是生态目标，即减少肥料的挥发、流失等损失，使大气、土壤和水源不受污染。五是改土目标，即通过有机肥和化肥配合施用，实现耕地用养平衡，达到培肥土壤、增加土地生产力的目的。

测土配方施肥技术主要通过以下途径获得作物增产：一是调肥增产。在不增加化肥施用总量情况下，调整化肥氮、磷、钾比例，获得增产效果。多年来由于偏施单一肥料，土壤养分失调，即使施用大量的氮肥或磷肥，增产效应仍不明显，肥料投入所获得的报酬日趋降低。因此，通过土壤养分测试和肥料效应试验结果，调整化肥施用比例，消除土壤障碍因子，就可以获得明显的增产效果。二是减肥增产。在一些施肥量高或偏施肥严重的地区，农户缺乏科学施肥知识，往往以为施肥多就能高产，结果经济效益很低。通过测土配方施肥技术，采取科学计量和合理施用方法，减少某种肥料用量，就可以获得平产或增产效果。三是增肥增产。对化肥用量水平很低或单一施用某种养分肥料的地块或地区，作物产量未达到最大利润施肥点，或者土壤最小养分已成为限制产量的因子时，合理增加肥料用量或配施某一营养元素肥料，可使作物获得大幅度增产效果。

五、测土配方施肥的基本原理与使用原则

测土配方施肥技术是一项科学性很强的综合性施肥技术，它涉及作物、土壤、肥料和环境条件，因此，它继承一般施肥理论的同时又有新的发展。其基本原理主要有：养分归还学说、最小养分律、报酬递减律、因子综合作用律、必需营养元素同等重要律和不可代替律、作物营养关键期原理等。推广测土配方施肥技术在遵循这些基本原理基础上，还需要掌握以下基本原则。

（1）氮、磷、钾肥相配合　氮、磷、钾相配合是测土配方施肥技术的重要内容。随着产量的不断提高，在土壤高强度消耗养分的情况下，必须强调氮、磷、钾相互配合，并补充必要的微量元素，才能获得高产稳产。

（2）有机与无机相结合　实施测土配方施肥技术必须以有机肥料施用为基础。增施有机

肥料可以增加土壤有机质含量，改善土壤理化性状，提高土壤保水保肥能力，增强土壤微生物的活性，促进化肥利用率的提高。因此，必须坚持多种形式的有机肥料投入，培肥地力，实现农业可持续发展。

(3)大量、中量、微量元素配合　各种营养元素的配合是测土配方施肥技术的重要内容，随着产量的不断提高，在耕地高度集约利用的情况下，必须进一步强调氮、磷、钾肥的相互配合，并补充必要的中量、微量元素，才能获得高产稳产。

(4)用地与养地相结合，投入与产出相平衡　要使作物土壤肥料形成物质和能量的良性循环，必须坚持用养结合，投入产出相平衡，维持或提高土壤肥力，增强农业可持续发展能力。

六、测土配方施肥技术的方法

我国配方施肥方法归纳为三大类 6 种方法：地力分区(级)配方法；目标产量配方法，包括养分平衡法和地力差减法；田间试验配方法，包括肥料效应函数法、养分丰缺指标法和氮磷钾比例法。在确定施肥量时以养分丰缺指标法、养分平衡法和肥料效应函数法应用较为广泛。

1. 地力分区(级)配方法

地力分区(级)配方法是根据土壤肥力高低分成若干等级或划出一个肥力相对均等的田块，作为一个配方区，利用土壤普查资料和肥料田间试验成果，结合群众的实践经验估算出这一配方区内比较适宜的肥料种类及施用量。

2. 养分平衡法

养分平衡法是以实现作物目标产量所需养分量与土壤供应养分量的差额作为施肥的依据，以达到养分收支平衡的目的。

3. 地力差减法

目标产量减去地力产量，就是施肥后增加的产量，肥料需要量可按下式计算：

$$\text{肥料需要量}=\frac{\text{作物单位产量养分吸收量}\times(\text{目标产量}-\text{空白对照产量})}{\text{肥料的养分含量}\times\text{肥料当季利用率}}$$

4. 肥料效应函数法

肥料效应函数法是以田间试验为基础，采用回归设计，将不同处理得到的产量和相应的施肥量进行数理统计，求得在供试条件下产量与施肥量之间的数量关系，即肥料效应函数或称为肥料效应方程式。从肥料效应方程式中不仅可以直观地看出不同肥料的增产效应和两种肥料配合施用的交互效应，还可以通过它计算出最大施肥量和最佳施肥量，作为配方施肥决策的重要依据。

5. 养分丰缺指标法

在一定区域范围内，土壤速效养分的含量与植物吸收养分的数量之间有良好的相关性，利用这种关系，可以把土壤养分的测定值按照一定的级差划分养分丰缺等级，提出每个等级的施肥量。

6. 氮磷钾比例法

通过田间试验可确定不同地区、不同作物、不同地力水平和产量水平下氮、磷、钾三要素的最适用量，并计算三者此例。实际应用时，只要确定其中一种养分用量，然后按照比例就可确定其他养分用量。

七、测土配方施肥技术施肥量的确定

养分平衡法是根据植物需肥量和土壤供肥量之差来计算实现目标产量施肥量的一种方法。其中土壤供肥量是通过土壤养分测定值来进行计算。应用养分平衡法必须求出以下参数。

1. 植物目标产量

目标产量是根据土壤肥力水平来确定的，而不是凭主观愿望任意定一个指标。根据我国多年来各地试验研究和生产实践，常用“以地定产”方法。一般是在不同土壤肥力条件下，通过多点田间试验，从不施肥区的空白对照产量 x 和施肥区可获得的最高产量 y，经过统计求得函数关系。植物定产经验公式的通式是：

$$y = x/a + bx$$

为了推广上的方便，一般采用 $y=a+bx$ 直线方程。只要了解空白对照产量 x，就可根据上式求出目标产量 y。

土壤肥力是决定产量高低的基础。某一种植物计划产量要依据当地的综合因素确定，不可盲目定得过高或定得过低。在实际中推广配方施肥时，常常不易预先获得空白对照产量，常用的方法是以当地前三年植物平均产量为基础，增加 10%～15%作为目标产量。

2. 植物目标产量需养分量

常以下式来推算：

作物目标产量所需养分量＝目标产量(kg)×每千克产量所需养分量

式中，每千克产量所需养分可通过对正常植物全株养分化学分析来获得。

3. 土壤供肥量

土壤供肥量指一季植物在生长期中从土壤中吸收的养分，一般用土壤养分测定值来计算。土壤养分测定值是一个相对值，土壤养分不一定全部被植物吸收，同时缓效态养分还不断地进行转化，故尚需经田间试验求出土壤养分测定值与产量相关的“校正系数”，经校正后，才能作为土壤养分的供应量，与植物吸收养分量相加减。

土壤供肥量＝土壤养分测定值(mg/kg)×2.25×校正系数

式中，2.25 是换算系数，即将 1 mg/kg 养分折算成 1 hm^2 耕层土壤养分的实际质量；校正系数是植物实际吸收养分量占土壤养分测定值的比值，常通过田间试验用以下公式求得：

校正系数＝空白产量/100×植物 100 kg 产量养分吸收量/土壤养分测定值×2.25

4. 肥料利用率

肥料利用率是指当季植物从所施肥料中吸收的养分占施入肥料养分总量的百分数。它是把营养元素换成肥料实物量的重要参数，它对肥料定量的准确性影响很大。在进行田间试验的情况下，其计算公式为：

肥料利用率＝(施肥区植物吸收养分量－未施肥区植物吸收养分量)×100%/(肥料施用量×肥料中养分含量)

5. 施肥量

得到上述各项数据后，即可以用以下公式计算各种肥料的施用量。

肥料用量＝(目标产量所需养分总量－土壤养分测定值×2.25×校正系数)/(肥料中养分含量×肥料当季利用率)

任务二　果菜茶有机肥替代种植技术

俗话说，庄稼一枝花，全靠肥当家。这句农谚生动说明了肥料在农业生产中的重要地位。蔬菜、水果、茶叶均是我国主要经济作物，产量高、种植面积大、经济价值高。但过去用肥量较大，施肥不合理问题比较突出。为了深入开展化肥使用量零增长行动，加快推进农业绿色发展，农业农村部制定了《开展果菜茶有机肥替代化肥行动方案》，以果菜茶生产为重点，实施有机肥替代化肥，推进资源循环利用，实现节本增效、提质增效，探索产出高效、产品安全、资源节约、环境友好的现代农业发展之路。

2017年全国开展果菜茶有机肥替代化肥行动以来，通过机制创新、技术创新、模式创新，打通了农业废弃物循环利用渠道，推进"污染源"向资源转化，实现了有机肥增量、化肥减施、品质提升、土壤培肥的目标，促进了农业绿色发展。

为什么要"替"？——从必要性看，我国化肥施用量总体偏多，远高于美国、欧盟等发达国家，不仅增加了生产成本，还造成了耕地退化、面源污染等生态问题。实施有机肥替代化肥，有利于农业生产的节本增效和生态环境保护。从重要性看，虽然我国规模养殖业发展较快，但畜禽废弃物利用率依然较低，既造成了资源浪费，也带来了环境污染。同时，农产品质量安全问题也日益受到社会关注。实施有机肥替代化为什么选择果菜茶？一方面，果菜茶上的化肥施用量偏大问题比较显著。据统计，我国果树亩均化肥用量是日本的2倍多、美国的6倍、欧盟的7倍，蔬菜亩均化肥用量比日本高12.8 kg、比美国高29.7 kg、比欧盟高31.4 kg。另一方面，果菜茶是鲜活农产品，质量安全问题更为受到关注，且有机肥替代后农产品质量提升效果更为显著，增收效益更加突出。

能"替"吗？——从肥源角度，近年来，我国畜禽养殖规模逐步扩大，农作物秸秆生物量不断增加，大中型沼气工程发展迅速，为有机肥替代化肥提供了充足的肥源。据测算，全国每年产生的各类有机肥资源养分总量为7 400多万吨，但实际利用率不足40%，资源丰富，潜力巨大。从技术角度，近年来，各地结合测土配方施肥，积极推进有机无机相结合，开展了一系列有机肥替代化肥试验示范，集成推广了一批畜禽粪便堆沤还田、施用商品有机肥、沼渣沼液无害化处理还田、生草覆盖等技术模式，提供了有力的技术支撑。

能全部"替"吗？——除很少量的有机农业外，绝大多数农业生产显然不能。所谓"替代"，也只是部分替代，即到2020年，果菜茶优势产区化肥用量减少20%以上，果菜茶核心产区和知名品牌生产基地(园区)化肥用量减少50%以上。所涉及农产品数量和地区只占少数，"行动"从主观上并非否定化肥的积极作用，从客观上也不会影响化肥的科学施用，更不会影响化肥行业的发展。

要"替"出什么效果？——产品品质方面，到2020年，在果菜茶优势产区加快推进"三品一标"认证，创建一批地方特色突出、特性鲜明的区域公用品牌，推动品质指标大幅提高，100%符合食品安全国家标准或农产品质量安全行业标准。土壤质量方面，到2020年，优势产区果园土壤有机质含量达到1.2%或提高0.3个百分点以上，茶园土壤有机质含量达到1.2%或提高0.2个百分点以上，菜地土壤有机质含量稳定在2%以上。果园、茶园、菜地土壤贫瘠化、酸化、次生盐渍化等问题得到有效改善。

用什么技术"替"？——目前，"行动"的开展主要聚焦于苹果、柑橘、设施蔬菜和茶叶等作物。苹果、柑橘方面，主要有“有机肥＋配方肥”“果-沼-畜”“有机肥＋水肥一体化”“自然生草＋绿肥”4种技术模式。设施蔬菜方面，主要有“有机肥＋配方肥”“菜-沼-畜”“有机肥＋水肥一体化”“秸秆生物反应堆”4种技术模式。茶叶方面，主要有“有机肥＋配方肥”“茶-沼-畜”“有机肥＋水肥一体化”“有机肥＋机械深施”4种技术模式，有利于实现资源循环利用和农产品提质增效。

化肥过量施用，不仅造成耕地质量下降，对生态环境也有不利影响。目前，我国耕地退化面积占总面积的40％以上，耕地污染问题突出。同时，南方地表水富营养化，北方地下水硝酸盐污染，重要的原因是化肥过量施用导致的氮磷元素流失和畜禽养殖产生的面源污染。开发利用我国丰富的有机肥资源，实施有机肥替代化肥，可减少土壤和水体污染，有利于保护生态环境。

同时，我国开展果菜茶有机肥替代化肥，技术成熟、条件具备：一是有较好的政策环境。中央做出推进生态文明建设的重大部署，正采取一系列强有力措施，保护生态环境，实行永续发展。二是有机肥资源丰富。三是有成熟的技术模式。各地探索形成了一批种养结合的生产模式，集成了一套畜禽粪便堆沤还田、施用商品有机肥、沼渣沼液无害化处理还田、农作物秸秆覆盖等技术模式，为有机肥替代化肥创造了条件。

一、果菜茶有机肥替代化肥行动的目标

2017年起，我国选择100个果菜茶重点县(市、区)开展有机肥替代化肥示范，创建一批果菜茶知名品牌，集成一批可复制、可推广、可持续的有机肥替代化肥的生产运营模式，做到建一批、成一批。力争用3～5年时间，初步建立起有机肥替代化肥的组织方式和政策体系，集成推广有机肥替代化肥的生产技术模式，构建果菜茶有机肥替代化肥长效机制。具体目标如下。

(1)化肥用量明显减少　到2020年，果菜茶优势产区化肥用量减少20％以上，果菜茶核心产区和知名品牌生产基地(园区)化肥用量减少50％以上，产品品质明显提高。

(2)土壤质量明显提升　到2020年，优势产区果园土壤有机质含量达到1.2％或提高0.3个百分点以上，茶园土壤有机质含量达到1.2％或提高0.2个百分点以上，菜地土壤有机质含量稳定在2％以上。果园、茶园、菜地土壤贫瘠化、酸化、次生盐渍化等问题得到有效改善。

二、果菜茶有机肥替代化肥行动的主要任务

(1)提升种植与养殖结合水平　综合考虑土地和环境承载能力，合理确定果菜茶种植规模和畜禽养殖规模，引导农民利用畜禽粪便等畜禽养殖废弃物积制有机肥、加工施用商品有机肥，就地就近利用好畜禽粪便等有机肥资源，实现循环利用、变废为宝。

(2)提升有机肥施用技术与配套设施水平　集成推广堆肥还田、商品有机肥施用、沼渣沼液还田、自然生草覆盖等技术模式，推进有机肥替代化肥。在果菜茶产地及周边，建设畜禽养殖废弃物堆沤和沼渣沼液无害化处理、输送及施用等设施，配套果菜茶生产的机械施肥、水肥一体化等设施，应用设施环境调控及物联网设备，提高有机肥施用和作物生产管理机械化、智能化水平。

(3)提升标准化生产与品牌创建水平　加快制定果菜茶有机肥替代化肥的技术规范和产品标准，推进设施标准化、生产过程标准化、投入品管理标准化，实现良好农业规范。以此为基础，创响一批地方特色突出、特性鲜明的区域公用品牌和企业品牌，提高产品知名度和附加值，

促进农民持续增收和精准脱贫。

(4)提升主体培育与绿色产品供给水平　制定支持有机肥生产施用的用地、用电、信贷、税收等优惠政策，优先扶持利用畜禽养殖废弃物和农作物秸秆等专业从事有机肥生产的企业和社会化服务组织。引导种养大户、农民合作社、龙头企业等新型农业经营主体生产有机肥、施用有机肥，打造一批绿色优质果菜茶生产基地(园区)，增加中高端供给，满足市场多样化需求。

三、果菜茶有机肥替代化肥行动的技术模式

1. 苹果

我国苹果种植面积和产量均占世界总量的40%以上，但单产较低、品质较差。生产中偏施化肥，有机肥投入不足，大部分果园位于丘陵山区，设施条件差，土壤有机质含量低，酸化、碱化问题突出，保水保肥能力弱。推行有机肥替代化肥，在黄土高原苹果优势产区、渤海湾苹果优势产区推广以下4种技术模式。

一是“有机肥＋配方肥”模式。在畜禽粪便等有机肥资源丰富的区域，鼓励种植大户和专业合作社集中积造利用堆肥，减少化肥用量。结合测土配方施肥，在城市近郊果园推广商品有机肥。

二是“果-沼-畜”模式。在苹果集中产区，依托种植大户和专业合作社，与规模养殖相配套，建立大型沼气设施，将沼渣沼液施于果园，减少化肥用量。

三是“有机肥＋水肥一体化”模式。在水肥条件较好的产区和新建果园，推进矮化密植，在增施有机肥的同时，推广水肥一体化技术，提高水肥利用效率。

四是“自然生草＋绿肥”模式。在水热条件适宜的区域，通过自然生草或种植绿肥覆盖土壤，减少裸露，防止水土流失，培肥地力。

2. 柑橘

我国柑橘种植面积世界第一，产量世界第二，但柑橘园设施装备落后，基础地力低，部分地区土层瘠薄，土壤养分含量不平衡，施肥呈现化肥用量逐年增加、有机肥施用比例逐年下降的态势。推行有机肥替代化肥，在长江上中游柑橘带、赣南-湘南-桂北柑橘带、浙-闽-粤柑橘带推广以下4种技术模式。

一是“有机肥＋配方肥”模式。在畜禽粪便等有机肥资源丰富的区域，鼓励种植大户和专业合作社集中积造利用堆肥，减少化肥用量。结合测土配方施肥，在城市近郊果园应用商品有机肥。

二是“果-沼-畜”模式。在柑橘集中产区，依托种植大户和专业合作社，与规模养殖相配套，建立大型沼气设施，将沼渣沼液施于果园。

三是“有机肥＋水肥一体化”模式。在水肥条件较好的果园，增施有机肥的同时，推广水肥一体化技术，提高水肥利用效率。

四是“自然生草＋绿肥”模式。在水热条件适宜区域，通过自然生草或种植绿肥覆盖土壤，防止水土流失，培肥地力。

3. 设施蔬菜

蔬菜是重要的民生产品。近年来，我国设施蔬菜发展迅速，产量占到蔬菜总产量的30%以上，为蔬菜周年均衡供应提供了重要保障。由于设施蔬菜生产周期长、产量高，用肥量大、施肥结构不合理，偏施氮肥现象严重，土壤次生盐渍化等问题突出。推行有机肥替代化肥，在北

方设施蔬菜集中产区推广以下4种技术模式。

一是“有机肥＋配方肥”模式。推广配方施肥，增施有机肥，减少化肥用量。

二是“菜-沼-畜”模式。在设施蔬菜集中产区，依托种植大户和专业合作社，与规模养殖相配套，建立大型沼气设施，将沼渣沼液施于设施蔬菜。

三是“有机肥＋水肥一体化”模式。在增施有机肥的同时，推广水肥一体化技术，重点是推广滴灌、微喷等技术，提高水肥利用效率。

四是“秸秆生物反应堆”模式。推广秸秆生物反应堆，释放二氧化碳、增强光合作用，提高地温，增加土壤有机质含量，抑制土壤次生盐渍化。

4. 茶叶

我国是茶叶原产地，茶叶产量位居世界第一。但茶叶施肥结构不合理问题比较突出，茶园有机肥施用量不足。推行有机肥替代化肥，在长江中下游名优绿茶重点区域、长江上中游特色和出口绿茶重点区域、西南红茶和特种茶重点区域、东南沿海优质乌龙茶重点区域推广以下4种技术模式。

一是“有机肥＋配方肥”模式。推广配方施肥，增施有机肥，减少化肥用量。

二是“茶-沼-畜”模式。在茶叶集中产区，依托种植大户和专业合作社，与规模养殖相配套，建立大型沼气设施，将沼渣沼液施于茶园。

三是“有机肥＋水肥一体化”模式。在增施有机肥的同时，推广水肥一体化技术，提高水肥利用效率。

四是“有机肥＋机械深施”模式。在水肥流失较严重的茶园，推进农机农艺结合，因地制宜推广有机肥机械深施等技术，提高肥料利用效率。

四、果菜茶有机肥替代化肥行动的保障措施

(1)加强组织领导　果菜茶有机肥替代化肥的省(自治区、直辖市)农业部门成立由分管负责同志任组长的推进落实小组，加强协调、搞好服务、推进落实。示范县成立由政府主要负责同志任组长的实施领导小组，明确责任、强化措施、确保实效。农业农村部加强对有机肥替代化肥行动的指导，定期调度，协调指导落实，形成上下联动、协同推进的工作格局。

(2)强化政策扶持　落实绿色生态为导向的农业补贴政策，依托“五区一园”，支持重点县(市、区)开展果菜茶有机肥替代化肥示范。结合实施沼气工程、农业综合开发区域生态循环农业、畜禽粪污资源化利用试点、秸秆综合利用试点等项目，支持果菜茶有机肥替代化肥，同向推进，发挥集合效应，形成政策合力。

(3)加强技术指导　各地要组织专家分区域、分作物制定有机肥替代化肥技术方案，开展技术培训，指导农民和新型农业经营主体落实好关键技术。培育新型服务组织，开展有机肥积制、运输、施用等社会化服务。结合国家重点研发专项，开展产学研协作攻关，研发推广一批有机肥生产施用新技术、新产品和新设备，集成一套可复制、可推广、易操作的有机肥替代化肥技术模式。

(4)创新服务机制　因地制宜探索政府购买服务的有效模式，采取向有机肥生产企业、规模化养殖场、专业合作组织购买服务等方式，加快有机肥推广。支持新型农业经营主体参与有机肥替代化肥行动，发挥其规模化、标准化、集约化示范作用。通过补贴、贷款贴息，以及鼓励设立引导性基金等方式，撬动各类资本支持有机肥生产应用。

(5)强化监督监测　在示范县(市、区)科学布置耕地质量监测网点，跟踪耕地质量等级和土壤肥力变化。在示范基地(园区)开展土壤质量、产地环境、产品质量、投入品使用等调查，推进果菜茶生产全覆盖、全过程监测。建立目标考核机制，开展第三方评估，科学评价行动实施效果。完善肥料登记管理制度，严把有机肥原料关，完善标准体系，提高有机肥产品质量。

(6)搞好宣传引导　结合新型职业农民培训工程、现代青年农场主培养计划、新型农业经营主体带头人培训计划，加强果菜茶新型农业经营主体培训力度，发挥示范引领作用。总结各地好做法、好经验，树立典型，相互交流，推进工作。充分利用广播、电视、报刊、互联网等媒体，宣传果菜茶有机肥替代化肥行动在推动化肥减量增效、产品提质增效、农业绿色发展、循环发展等方面的成效，营造良好氛围。

任务三　水稻侧深施肥技术

水稻是江苏省第一大粮食作物，种植面积达 3 300 多万亩，但长期以来施肥环节采用人工播撒等较为粗放的作业方式，施肥均匀性差，且大部分肥料通过挥发、水流等流失，易造成农业面源污染。水稻侧深施肥作为先进、适用的机械化施肥技术，在插秧作业的同时，同步将肥料定量、定位、均匀、可靠地施于秧苗侧下方的泥土中，可促进秧苗根系对肥料的吸收，提高肥料利用率，减少施肥总量和肥料流失所导致的面源污染，降低劳动强度和人工成本(图 10-3)。

图 10-3　水稻侧深施肥技术

一、技术概述

水稻侧深施肥通过在插秧机上加装侧深施肥装置，在机插秧的同时，把肥料均匀、定量地施入秧苗根侧 3～5 cm、深度 4～6 cm 的位置，并覆盖于泥浆中，避免肥料漂移，促进秧苗根系对养分的吸收。水稻侧深施肥技术充分发挥农机农艺融合优势，插秧施肥同步进行，能够有效提高肥料利用率，在缩短缓苗期、促进根系生长、增加水稻产量的同时，减少施肥次数和肥料用量，降低人工投入和养分损失，促进化肥减量增效和农业绿色高质量发展。

二、技术要点

(一)培育壮秧

根据机插秧要求，选用规格化毯状带土秧苗，一般秧苗叶龄 2～3.5 叶，秧龄北方 20～40 d、南方 15～25 d，苗高 10～20 cm。秧苗应敦实稳健，有弹性，叶色绿而不浓，叶片不披不垂，茎基部扁圆，须根多，充实度高，无病虫害。防止秧苗枯萎，随起、随运、随插。

(二)田块耕作

1. 整地作业

(1)秸秆还田　前茬作物秸秆切碎均匀抛撒还田,联合收割机收割留茬≤15 cm,秸秆切碎长度≤10 cm,秸秆切碎合格率≥90%,抛撒均匀度≥80%。高留茬和粗大秸秆应用秸秆粉碎还田机进行粉碎后再耕整田块。前茬是绿肥的,要适时耕翻上水,沤至腐烂。

(2)整地要求　采用犁翻整地的,秸秆残茬埋覆深度 15～25 cm,漂浮率≤5%;采用旋耕整地的,秸秆残茬混埋深度 6～18 cm,漂浮率≤10%。耕整后地表平整,无残茬、杂草等,田块内高低落差≤3 cm,无大块田面露出。

2. 泥浆沉实

沉实时间根据土壤性状和气候条件确定,一般北方一季稻区砂土泥浆沉实 1～2 d,壤土沉实 3～5 d,黏土沉实 5～7 d;南方稻麦、稻油轮作区砂土泥浆沉实 1 d 左右,壤土沉实 2～3 d,黏土沉实 3～4 d。沉实程度达到手指划沟可缓慢恢复即可,或采用下落式锥形穿透计测定土壤坚实度,锥尖陷深为 5～10 cm,泥脚深度≤30 cm。

(三)肥料要求

1. 肥料品种

宜选用氮磷钾配比合理、粒型整齐、硬度适宜的肥料。采用一次性施肥的,宜选用含有一定比例缓控释养分的专用肥料;采用基追配合施肥的,可选用普通配方肥或复合肥料。

2. 物理性质

肥料应为圆粒形,粒径 2～5 mm 为宜,颗粒均匀、密度一致,理化性状稳定,硬度宜大于 20N,手捏不易碎、不易吸湿、不黏、不结块,以防肥料通道堵塞。

3. 肥料用量

依据品种、目标产量、地力水平等因素制定施肥方案,确定施肥总量、施肥次数、养分配比和运筹比例。一般情况下,侧深施肥的氮肥投入量可比常规施肥减少 10%～30%,减施量根据当地土壤肥力、施肥水平等实际情况确定。

4. 施肥次数

充分发挥水稻侧深施肥高效、省工的特点,一般采用一次性施肥或一基一追方式。

(1)一次性施肥　充分考虑氮素释放期等因素,选用含有一定比例缓控释养分的专用肥料,一次施肥满足水稻整个生育期的养分需求。

(2)一基一追　做好基肥与追肥运筹,氮肥基蘖肥占 50%～70%,追肥占 30%～50%,可根据实际情况进行调整;磷肥在土壤中的移动性较差,可一次性施用;钾肥可根据土壤质地和供肥状况,选择一次性施用或适当追肥。

(四)机械选择

1. 机械类型

选用带有侧深施肥装置的施肥插秧一体机或者在已有插秧机上加挂侧深施肥装置,主要分为气吹式和螺旋杆输送式两种类型。

2. 机械要求

侧深施肥装置应可调节施肥量，量程需满足当地施肥量要求，能够实现肥料精准深施，落点应位于秧苗侧 3～5 cm、深 4～6 cm 处，通过刮板增强覆盖效果。

(五)作业程序

1. 机具调试

(1)机具检查　作业前应检查施肥装置运转是否正常，排肥通道是否顺畅；气吹式施肥装置须检查气吹机气密性。机具各运行部件应转动灵活，无碰撞卡滞现象，并进行开机试运转。

(2)肥料装入　除去肥料中的结块及杂物，均匀装填到肥箱中，盖上箱盖。装入量不大于侧深施肥机最大装载量，盖上防雨盖。装肥过程中应防止混入杂质，影响施肥作业。

2. 施肥量调节

施肥量按照机具说明书进行调节，调节时应考虑肥料性状及田块打滑对施肥量的影响，调节完毕应进行试排肥。试排肥应采用实地作业测试，正常作业 50 m 以上，根据实际排肥量对侧深施肥机进行修正。

3. 插秧施肥作业

(1)作业条件　依据当地气候条件和水稻品种熟期合理确定插秧时期，适时早插。插秧时要求日平均温度稳定通过 12 ℃，避开降雨以及大风天气。薄水插秧，水深 1～2 cm。

(2)插秧要求　根据水稻品种、栽插时间、秧苗素质等确定栽插穴距、取苗量及横向取苗次数，并通过株距调节手柄、纵向取样量与横向取样量进行调节。侧深施肥栽培密度一般应比常规施肥栽培密度减少 10%，低产或稻草还田、排水不良、冷水灌溉等地块栽培密度与常规施肥一致。机插秧苗应稳、直、不下沉，漏插率≤5%，伤秧率≤5%，相对均匀度合格率≥85%。

(3)插秧施肥操作　作业起始阶段应缓慢前行 5 m 后，按照正常速度作业；中途停车、转弯掉头应缓慢减速。肥料颗粒进入排肥管后通过风机或机械挤压进行强制排肥，定量落入由开沟器开出的位于秧苗侧边 3～5 cm、深度为 4～6 cm 的沟槽内，经刮板覆盖于泥浆中。此时插秧机亦同步插秧。熄火停车应提前 1 min 缓慢降速，直至停车。

(4)作业保障

①作业过程中，应规范机具使用，注意操作安全。

②施肥作业中应避免紧急停止或加速等操作，发现问题及时停机检修。

③调整好株行距，匀速前进，避免伤苗、缺株和倒苗。根据作业进度及时补充秧苗和肥料。

④受施肥器、肥料种类、作业速度、泥浆深度、天气等因素影响，应随时监控施肥量，适时微调。

⑤当天作业完成后，应及时排空肥箱及施肥管道中的肥料，做好肥箱、排肥、开沟等部件的清洁。

(六)田间管理

1. 养分管理

插秧后注意监测水稻长势和营养状况，适时、适量追肥，保障养分供应。

2. 水分管理

插秧后保持水层，促进返青，分蘖期灌水 3～5 cm，生育中期根据分蘖、长势及时晒田，晒田后采用浅、湿为主的间歇灌溉方法。蜡熟末期停灌，黄熟初期排干。

3. 病虫害防控

以选用抗(耐)病虫品种、建立良好稻田生态系统、培育健康水稻为基础，采用生态调控和农艺措施，增强稻田自然控害能力。优先应用绿色防控措施，降低病虫发生基数，合理安全应用高效低风险农药进行预防和应急防治。

任务四 农田面源污染及防控技术

一、农田面源污染及其危害

1. 农田面源污染的定义

农田面源污染是指农村生活和农业生产活动中，溶解的或固态的污染物，如农田中的土粒、氮素、磷素、农药重金属、农村禽畜粪便与生活垃圾等有机或无机物质，从非特定的地域，在降水和径流冲刷作用下，通过农田地表径流、农田排水和地下渗漏，使大量污染物进入受纳水体(河流、湖泊、水库、海湾)所引起的污染(图 10-4)。农业面源污染治理是生态环境保护的重要内容，事关农村生态文明建设，事关国家粮食安全和农业绿色发展，事关城乡居民的水缸子、米袋子、菜篮子。

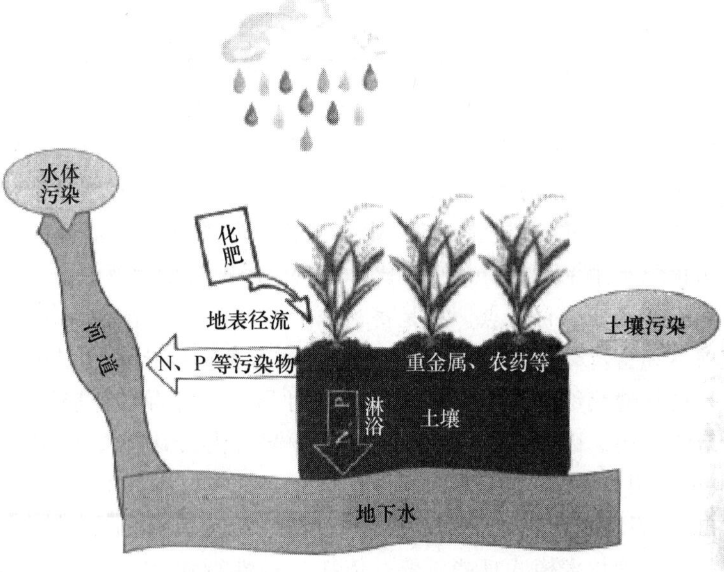

图 10-4 种植业区域农业面源污染

2. 农田面源污染的主要特点

农田面源污染具有分散性、隐蔽性、随机性、不确定性、不易监测性和空间异质性。随着我国农业和农村经济的快速发展，化肥、农药、地膜等农用化学品投入逐年增加，养殖数量和规模不断扩大，与此同时，农业投入品利用率低、种养殖废弃物处理滞后，导致农业面源污染问题日益突出，成为社会和公众关注的热点问题。

3. 农田面源污染的危害

大量的氨、磷、农药、有机物等污染物流入自然水体，会造成藻类等浮游生物大量增殖，发生水华、赤潮现象，水生动植物被毒害。蓝藻等腐解后产生大量的氨、硫醇、硫化氢等异味物质。如2007年太湖蓝藻事件，造成无锡全城自来水污染。有毒有害(农药、除草剂、重金属及有机污染物)污染物进入水体，不仅影响鱼类等的生长，还会危及人类健康。

二、农业面源污染主要来源

我国农业面源污染主要来源：一是畜禽水产养殖。我国每年畜禽粪污产生量约38亿t，综合利用率不到60%。水产养殖过程中大量饵料、养殖用药的使用，造成集中养殖区域水环境污染。二是化肥。2022年，全国化肥使用量5 079.2万t，利用率仅为35%左右，尤其是果园和设施蔬菜化肥过量施用现象较为突出。三是农药。农药使用量近年来稳定在30万t(有效成分)左右，农药利用率为36.6%。四是农作物秸秆。2022年，秸秆产生量6.65亿t，综合利用率88.1%，未被利用的秸秆被随意丢弃或露天焚烧，既污染了环境，又浪费了资源。五是废旧地膜。2021年，农用地膜使用量132万t，作物收获后地膜回收率低于60%，农田“白色污染”问题日益凸显。

三、我国农业面源污染现状与问题

近年来，农业面源污染防治工作取得明显成效。一是农业面源污染监测能力不断加强。逐步建立健全了全国农业面源污染监控网络，开展了农业面源污染长期定位监测工作，基本掌握了全国农业面源污染状况，形成了常态化、动态化、制度化的长效机制。二是节肥节药技术大面积推广应用。实施化肥农药零增长行动，开展化肥减量增效试点，扩大测土配方施肥实施规模，加大农作物病虫害绿色防控力度。2020年，全国化肥使用量降至5 250.7万t，比2015年最高使用量下降12.8%；农药使用量131.3万t，比2014年最高使用量下降27.3%。化肥和农药使用量均实现连年负增长，提前实现化肥和农药使用量零增长行动目标。水稻、玉米和小麦三大粮食作物化肥利用率增至40.2%，比2013年上升7.2个百分点。农药利用率达到40.6%，比2013年上升5.6个百分点。三是畜禽水产养殖污染防治取得明显进展。组织实施畜禽标准化养殖项目和畜禽粪污资源化利用试点，开展畜禽标准化示范创建活动，推进农村沼气转型升级。四是秸秆地膜综合利用成效明显。在河北等十省百县开展秸秆综合利用试点，促进县域秸秆全量化利用。因地制宜推广农作物秸秆饲料化、肥料化、基料化、原料化、燃料化等利用方式，形成了农用为主、多元发展的利用格局。五是农村清洁工程有序推进。组织实施农村清洁工程试点，建设农村清洁工程示范村，示范村生活垃圾、生活污水的处理利用率达到95%以上。六是相关治理技术模式日趋成熟。依托公益性行业(农业)科研专项、国家重大科技专项等科研项目，围绕农业面源污染的产生、排放、迁移、治理等开展系统研究，形成了一批较为成熟的农业生产与农村生活污染防控技术模式。七是综合试点示范逐步推动。选择江苏太湖、云南洱海、安徽巢湖、湖北三峡库区等南方水网密集区的重点流域和重要水源地开展综合治理试点，示范带动流域尺度农业面源污染综合治理工作的开展。

由于历史和现实原因，我国农业面源污染防治工作还面临着诸多问题。

1. 农村面源污染防治的意识十分薄弱,重视程度不够

由于农村面源污染具有分散性、隐蔽性、随机性、不易监测、难以量化等特征,同时又与农业生产紧密结合,人们对农村面源污染认识不足,特别是农业生产者没有防治意识,没有成为面源污染防治的主力军,致使面源污染持续发展。部分地区存在对农业面源污染防治工作的重要性、紧迫性认识不到位的问题,农业面源污染治理政策措施难以落到实处。

2. 基础性科技工作严重不足,系统性治理不足

缺乏对农村面源污染长期的基础性监测调查与研究,基础数据不完善,导致有效的防控技术标准和措施无法制定,可选用的实用技术少,多数还是借用点源污染控制的工程技术,但以末端治理为主的工程技术难以达到综合治理的效果。治理小范围、小规模、单项污染的技术示范多,支撑区域或流域层面的系统性、集成性示范工程少;单兵推进多,整体推进少。

3. 政策法规体系不完善

对化肥的扶持政策抑制了有机肥市场的发展;因为农业生产的特殊性,环保法律法规执行力度不够;一些强制性、引导性技术标准和规范缺乏,农民掌握使用的技术规范更少;在政策层面支持农业废弃物资源化利用的优惠措施不明确。

4. 农村环境治理投入严重不足,长效运行机制缺失

长期以来,环境保护实行"谁污染、谁治理",因而农村面源污染防治投入很难落实;而政府有限的财政投入,也主要集中在城市和工业上,对农村环保投入甚少。历史欠账多,落后的基础设施与日益加大的污染负荷之间的矛盾日益突出,直接导致了农村环境污染的加剧。大多数农业面源污染治理设施建成后,由于在管理、运行、维护等方面缺少必要的经费支持,难以长期发挥作用。

四、农业面源污染的防治对策及主要任务

1. 农业面源污染防治的"4R"技术体系

农业面源污染的治理必须实行全过程控制,同时兼顾污染物中养分的农田回用,实行"源头减量(reduce)、循环利用(reuse)、过程阻断(retain)、生态修复(restore)"的"4R"技术体系(图 10-5)。

(1)源头减量　通过农业生产方式的改变来实现面源污染产生量的最小化。如化肥农药的精准化施用,优化水分管理,提高水、肥、药的利用率,减少化肥、农药和灌溉水用量。

(2)循环利用　循环利用污染物中的氮磷等养分资源,达到节约资源、减少污染、增加经济效益的目的。

(3)过程阻断　通过物理的、生物的和工程的方法对污染物进行拦截阻断和强化净化,延长其停留时间,最大化减少进入水体的污染物量。如稻田生态田埂技术、稻田生态沟渠拦截工程技术、果园生草覆盖技术可有效地阻断拦截农田地表径流污染物。

(4)生态修复　通过生态工程修复措施,恢复水体生态系统的结构和功能,提高其自身修复能力和自净能力等,提高水环境质量。

2. 深入推进农业面源污染防治

(1)推进重点区域农业面源污染防治　根据农业污染源类型分布、地理气候条件、环境质量状况等,确定农业面源污染优先治理区域。优化农业生产空间布局,按照土壤、水和海洋生态环境保护要求,分区分类采取治理措施。在种植业面源污染突出区域,实施化肥农药减量增

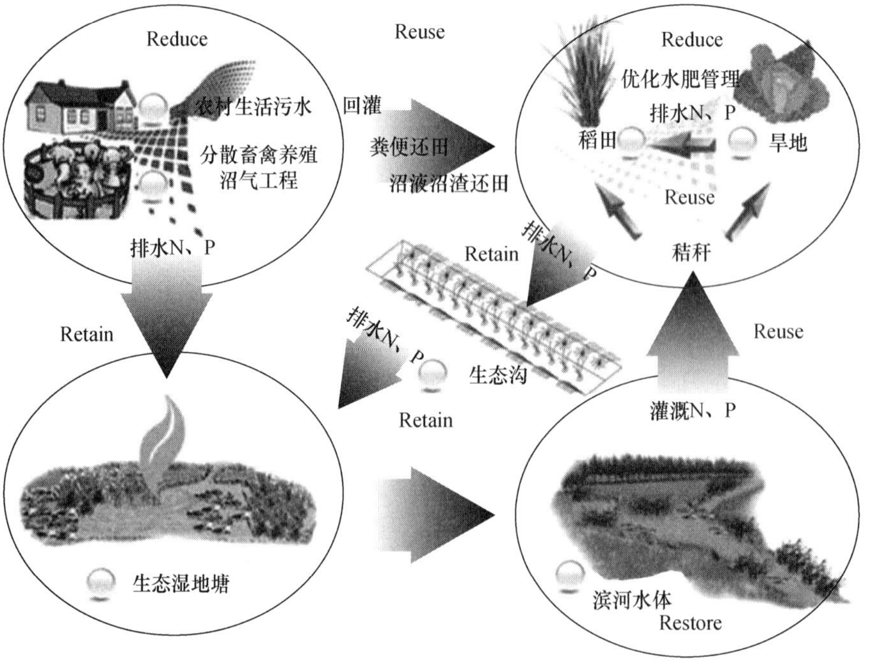

图 10-5　农业面源污染防治的"4R"技术体系

效行动,优化生产布局,推进"源头减量—循环利用—过程阻断—生态修复"工程,深入实施秸秆综合利用行动,以肥料化、饲料化、燃料化利用为主攻方向,建立一批秸秆综合利用重点县,打造产业化利用典型模式。持续推进农膜回收行动,以标准地膜应用、专业化回收、资源化利用为重点,强化农膜回收利用示范县建设,健全回收网络体系,试点农膜区域性绿色补偿制度,加快可降解农膜应用示范,着力解决农田"白色污染"问题。在养殖业面源污染突出区域,基于土地消纳粪污能力,合理确定养殖规模,促进畜禽粪污还田利用,推动种养循环,改善土壤地力。

(2)建立农业面源污染防治技术库　按照全要素治理、菜单式遴选的原则,以种植、规模以下畜禽养殖、水产养殖等污染防治为重点,根据污染类型和主要成因,分区分类建立农业面源污染防治技术库。总结试点示范成果和各地经验做法,形成一批农业面源污染治理模式,由点及面,逐步形成产业化、规模化效应。

3. 完善农业面源污染防治政策机制

(1)健全法律法规制度　制修订对农业面源污染有重大影响的法律法规。加强化肥农药生产经营管理和使用指导,推动精准施肥、科学用药。以省为单位加强畜禽散养密集区污染治理,明确规模以下畜禽养殖场户污染治理要求和责任,鼓励对畜禽粪污进行无害化处理,达到肥料化利用有关要求后,进行还田利用。规范突发环境事件应急管理工作,防止在处理事故过程中,将废水、废液、固体废弃物直接排入农田。

(2)完善标准体系　适时评估并完善农业面源污染防治与监督监测相关标准。指导各地制定种植业污染治理、水产养殖尾水排放等标准规范。以促进畜禽粪污资源化利用为导向,健全畜禽养殖污染治理标准体系,加强养殖场户环境监督管理。农田灌溉用水、水产养殖用水、畜禽粪污肥料化利用应执行相应标准,防止污染土壤、地下水和农产品。

(3)优化经济政策　完善农业面源污染防治设施用电用地政策，落实有机肥产品生产销售、化肥农药减量、有机肥替代化肥等补贴和税收减免政策。对开展畜禽粪肥运输、施用等社会化服务的组织，按规定予以支持。优先将畜禽、水产养殖等废弃物及秸秆、农膜的处理和资源化利用装备等支持农业绿色发展的机具列入农机购置补贴目录。探索开展“点源－面源”排污交易试点。

(4)建立多元共治模式　在重点区域以省为单位，编制农业面源污染防治实施方案，制定污染防治目标任务，明确监督指导和保障措施。发展农资绿色配售，推动农资经销商成为污染防治的重要主体和信息传导枢纽，引导农户使用绿色高效的肥料农药。通过向社会购买服务等方式，推进农业面源污染治理市场化。充分发挥农业社会化服务机构、农民合作经济组织作用，推广“政府＋协会＋农户”“龙头企业＋协会＋农户”等模式，加强专业技术管理。推动统一生产管理、统一订购农资、实施品牌认证等标准化生产，形成“政府－市场－农户”多元共管共治体系。

4. 加强农业面源污染治理监督管理

(1)开展农业污染源调查监测　完善化肥农药使用量调查核算方法，在统计、农业农村、市场监督管理等部门工作基础上，逐步摸清化肥农药使用变化情况。利用实地调研、台账抽查、智能终端采集等方式，对化肥农药投入、畜禽和水产养殖等污染物排放情况进行抽查核实。加密布设农业面源污染监控点，重点在大中型灌区、有污水灌溉历史的典型灌区进行农田灌溉用水和出水水质长期监测，掌握农业面源污染物产生和排放情况。开展畜禽粪肥还田利用全链条监测，分析评估养分和有害物质转化规律。

(2)评估农业面源污染环境影响　制定农业面源污染环境监测技术规范，加强农业污染源、入水体污染物浓度与流量监测、受纳水体水质和流量监测，构建全国农业面源污染环境监测“一张网”。在重点区域，基于全国地表水环境质量监测网，结合农村环境质量监测，采用更新改造、共建共享和新建相结合的方式，增加环境监测布点，加强暴雨、汛期等重点时段水质监测。开展农业污染物入水体负荷核算评估，确定监管的重点行业、重点地区和重要时段。

(3)加强农业面源污染长期观测　在嘉陵江、汾河、太湖、巢湖、南四湖、洱海、白洋淀、丹江口库区、密云水库等重点水域先行先试，建设农业生态环境野外观测超级站，开展气象、水文、水质、土壤和地下水等野外长期观测和定量分析，结合遥感技术，掌握农业面源污染时空演变规律，逐步实现对农业面源污染环境质量影响的动态评估。加强国家农业科学观测实验站建设，对农业生产要素及其动态变化进行系统观测、监测和记录，为农业面源污染治理提供基础支撑。

(4)建设农业面源污染监管平台　系统整合农田氮磷流失监测、地表水生态环境质量监测、农村环境质量监测等数据，实现从污染源头到生态环境的监测数据互联互通。加强全国农业污染源普查、生态环境统计、畜禽粪污综合利用信息、全国排污许可管理平台等工作对接共享。借助互联网、物联网等技术，拓宽数据获取渠道，实现动态更新。发挥农业面源污染大数据在指导污染防治、控制温室气体排放、优化城乡规划、土地利用和推动农业绿色发展中的作用。

五、农业面源污染重点工程及建设内容

1. 坡耕地农田面源污染防治工程

建设坡耕地生物拦截带，生物拦截带主要工程措施为挖沟、种苗，配置有经济或饲料价值的植物，氮、磷有效拦截率90%以上；建设坡耕地径流积蓄与再利用设施，包括集水窖、引水渠、沉砂池、滤网、灌溉管带和闸阀，有效收集地表径流，综合利用率90%，泥沙流失量减少90%。同时，在示范区配备一定数量的高效植保机械和智能化配方施肥设施，加强田间病虫监测预警和耕地质量（肥效）监测站（点）建设，提高化肥农药科学使用水平。

2. 平缓型农田面源污染防治工程

因地制宜建设生态沟渠，采用生态带和多孔砖护坡，配置水生植物和鱼类等；对池塘进行清淤、疏浚，根据池塘的深度不同分别采用不同的护岸方式，配置水生植物和鱼类，设置警示标志及围栏设施，氮、磷有效拦截率90%以上。

3. 农业废弃物田间处理利用工程

建设田间贮存棚、粪便贮存池、农用化学品包装物收集池、粉碎车间、堆肥车间，配置相应翻堆、粉碎、装载、运输等设备。

4. 区域面源污水导流工程

建设地表径流污水收集工程，包括：成品化粪池、污水收集接户管、收集总管、塑料检查井、集水池等。

5. 区域面源污水生态净化工程

地表径流污水处理设施包括：污水处理站，配备污水处理设施和相应填料；多塘系统或人工湿地，配备电气控制、消防、管理设施及设备等。

6. 畜禽养殖污染治理

建设预处理设施、厌氧消化设施、生物燃气利用设施、厌氧消化剩余物利用设施、其他附属设施。其中，预处理设施包括：集水池、调配池、原料预处理房，配备相应的预处理设备。厌氧消化设施包括：厌氧反应器，配备相应的厌氧反应附属设备。生物燃气利用设施包括：贮气柜、锅炉房、净化间，配备相应的燃气利用设备。厌氧消化剩余物利用设施包括：沼液暂存池，配备沼液输送、转运设备等。其他附属设施包括：管理房与配电房、道路、绿化，配备电器、照明、避雷等相应设备。

进行干清粪系统改造，主要包括清粪沟改造，配备干清粪刮粪设备和粪便收集输送设备等；进行雨污分流改造，配备固液分离设施；建设固体粪便好氧堆肥设施，主要包括粪便暂存池、原辅料贮存车间、堆肥车间、堆肥槽、后腐熟车间，配备相应的好氧堆肥处理设备和转运设备等；建设污水收集与处理设施，主要包括集污池、氧化塘，配备污水输送设备。

对分散养殖区粪污进行集中处理。建设养殖单元粪污暂存转运设施，主要包括养殖污水暂存池、畜禽粪便暂存池、配备粪污转运设备；建设粪便无害化废物处理设施，主要包括辅料堆放场、堆肥槽、后熟车间、有机肥加工车间，配备无害化处理相应设备；建设污水高效处理利用设施，包括集水池、酸化调节池、高效生物处理罐，配备污水高效处理利用及生物燃气利用设备；建设处理后污水场内贮存利用设施，主要包括污水贮存池、污水配输管道，配备相应的输送和转运设备；进行其他配套设施建设，主要包括配电、控制管理系统。

7. 水产养殖污染治理

(1)池塘养殖清洁生产改造工程　进行池塘改造,建设生态塘、潜流湿地、生态沟渠,配置生态浮床,增氧、水质净化和粪便收集等设备,实现养殖废水处理率 95%以上,重复利用率 90%以上。

(2)工厂化循环水养殖减排工程　建设生物过滤器,管路改造,配置生物过滤设备、增氧设备、杀菌设备等,并配置电气控制等附属设施,实现污染物减排 90%以上。

(3)网箱养殖减排工程　对网箱进行改造升级,设置水产养殖废弃物收集和处理装置,构建复合型环保网箱设施系统。

8. 农业废弃物循环利用

(1)农业废弃物基质化工程　建设秸秆循环利用设施,包括:秸秆堆场、秸秆粉碎/加工/包装车间、库房,配备秸秆循环利用相应设备。建设粪污处理设施,包括:粪便堆场、雨污分流改造、集水/配水/调节/贮存池、净化车间、厌氧反应器基础、固液分离基础、锅炉房,配备粪便、污水处理及生物燃气利用设备等。建设基质生产设施,包括:混料车间、二次发酵隧道,配备相应的基质生产设备。建设废水暂存利用设施,包括:暂存池,配置废水利用转运设备等。建设附属设施,包括:配电、消防和管理系统等。

(2)废旧地膜回收再生利用加工　建设废旧地膜回收网点,主要包括:建设工作用房、仓库,配备残膜回收、打包、运输和消防设备设施。建设地膜再生利用加工厂,主要包括:厂房及库房建设,配置清洗池、三级循环沉淀池,修建工厂围墙,配备地膜加工设备、运输转运设备等。配备电气控制、消防、管理设施及设备等。

【复习思考】

1. 什么是测土配方施肥?
2. 什么是农业面源污染?
3. 水稻侧深施肥技术如何影响农业面源污染?
4. 农业面源污染防控的重点工程有哪些?

【知识拓展】

有机肥替代化肥技术

近几十年以来,我国土壤质量发生了诸多变化,主要表现为以下三个特点:①土壤耕层变薄。近 20 年间,东北和华北的土壤厚度减少了 5 cm。②土壤有机质含量整体偏低,区域不平衡在加剧。由于实施秸秆还田,土壤有机质的含量总体是增加的,但是由于投入还不足,养分呈现非均衡化,在东北和西南还是下降的。③酸化非常严重。我国 60%的土壤是酸性土壤。土壤在自然条件下也能酸化,但人为活动会大大加速土壤酸化的进程。

1. 为什么要用有机肥替代化肥?

以氮肥为例:2011 年,一份由多个国家的 200 多名研究人员共同完成的欧洲氮评估报告认为,自从人类发明人工合成氮肥的方法以来,环境中活性氮的含量明显升高。氮污染正在成为 21 世纪主要的环境挑战之一。

2. 没有氮肥怎么保证质量?

有机肥释放养分的过程缓慢,在植物急需要养分的时候,有机肥提供的养分不够;而化肥可以高效快速供应养分。要用有机肥替代化肥而不减产,就需要通过生物固氮,帮助植物从空气中得到更多氮,让农林业生产逐渐摆脱对化学性氮源的依赖。诺贝尔和平奖获得者诺曼·E·勃劳格也曾表示,对生物性氮源的探寻是为了减缓与消除化学氮肥的能源、生态、环境和健康风险,恢复生态平衡,实现农业的可持续发展。

澳大利亚悉尼大学的研究人员在水稻种植中采用微生物菌剂拌种技术,可减施氮肥40%~70%而不减产甚至增产。英国诺丁汉大学的爱德华·科金的研究提出,几乎可以在所有植物上用生物固氮技术替代化肥。但是在目前我国农业完全实行这类技术还不现实。

3. 有机肥替代化肥原理

我国农田质量低,很大程度上限制着肥料的高效利用,用有机肥替代化肥是化肥减量增效的主要技术之一。实验发现,当每千克土壤有机质含量达到 30 g 的时候,有机肥可以完全替代化肥而保持高产。

有机肥替代化肥的基本原则就是要根据土壤肥力来替代,肥力低的时候,替代少一些,肥力高的时候,可以替代多一些,培肥土壤是减肥增效的最有效措施。

【思政视角】

国家大力推广测土配肥技术

2004 年 6 月 9 日,温家宝总理在枝江市考察时,来到安福寺镇桑树河村,遇到正在干农活的曾祥华,便与他在田头攀谈起来。详细了解了惠农政策落实情况后,总理问曾祥华还有什么要求,曾祥华说:“我的庄稼长得很茂盛,就是产量不高,能不能给测测土,看看缺哪种肥,好按配方施肥。”一位农民道出了多年来施肥的困惑。总理指着身后的农业部部长杜青林说:“杜部长也来了,他来帮你解决这个问题。”随后召开的第六届全国肥料会议上,农业部全国农业技术推广服务中心的相关领导和各省土肥总站站长召开座谈会,专门商讨测土配肥工作。“测土配肥”这个几乎被遗忘的词,又重新成为人们关心的热点。

2012 年,中央财政安排测土配方施肥专项资金 7 亿元,加快测土配方施肥技术推广普及,扩大配方肥推广应用,推进科学施肥技术进村入户到田。

2013 年,免费为 1.9 亿农户提供测土配方施肥指导服务,推广测土配方施肥技术 14 亿亩,实现示范区亩均节本增效 30 元以上。2013 年,农业部、财政部根据《中央财政农业技术推广与服务补助资金管理办法》有关规定,制定了《2013 年测土配方施肥补贴项目实施指导意见》。根据意见提出的目标任务,粮、棉、油、糖等大田作物测土、配方、施肥指导和地力评价工作全覆盖,扩大蔬菜、果树等园艺作物覆盖面。采取定区域、定作物、定模式的方式,深化农企合作,强化配方肥推广。

2015 年 2 月,农业部印发《到 2020 年化肥使用量零增长行动方案》,测土配方施肥项目作为实现化肥零增长、促进化肥减量增效的重要措施,继续发挥着基础性作用。这一阶段,我国种植业结构调整稳步推进,水果、蔬菜等经济作物种植面积不断扩大,全国农用化肥施用量首次超过了 6 000 万 t。肥料产业供给侧结构性改革步伐加快,产能稳步下降,肥料产品的复合化、专用化程度不断提高,新型肥料占比不断上升,为实现化肥减量提供了产品保障。2015

年，国家提出“五大发展理念”，大力推进农业绿色发展，为土壤肥料行业发展指明了方向。这一阶段测土配方施肥目标在“保产量、保收益”的基础上增加了“保生态”的内容。

2016 年，中央财政继续投入资金 7 亿元，深入推进测土配方施肥，安排新疆测土配方施肥补助资金 2 170 万元，项目覆盖全区所有农业县(市)。在项目实施上将不断完善粮食作物科学施肥技术体系，扩大经济园艺作物测土配方施肥实施范围，逐步建立经济园艺作物科学施肥技术体系。加大农企合作力度，推动配方肥进村入户到田，探索种粮大户、家庭农场、专业合作社等新型经营主体配方肥使用补贴试点，支持专业化、社会化配方施肥服务组织发展，应用信息化手段开展施肥技术服务。

参考文献

陈盖,2020. 我国盐碱土改良剂的研究与展望[J]. 工业技术与职业教育,18(3):1-3.

丁昌璞,龚子同,1991.《中国土壤》(第二版)[J]. 地球科学进展(3):102-103.

龚子同,1999. 中国土壤系统分类:理论·方法·实践[M]. 北京:科学出版社.

郭春霞,2011. 设施农业土壤次生盐渍化污染特征[J]. 上海交通大学学报:农业科学版,29(4):6.

郭广慧,陈同斌,杨军,等.2014. 中国城市污泥重金属区域分布特征及变化趋势[J]. 环境科学学报,34(10):2455-2461.

贺立源,2009. 土壤肥料化验室基础知识[M]. 北京:中国农业大学出版社.

李智广,王岩松,刘宪春,等,2013. 我国东北黑土区侵蚀沟道的普查方法与成果[J]. 中国水土保持科学,11(5):5.

刘娇娴,崔骏,刘洪宝,等,2022. 土壤改良剂改良酸化土壤的研究进展[J]. 环境工程技术学报,12(1):173-184.

农业农村部,2022. 高标准农田建设 通则:GB/T 30600—2022[S]. 北京:中国标准出版社.

农业农村部种植业管理司,2020. 大量元素水溶肥料:NY/T 1107—2020[S]. 北京:中国标准出版社.

农业农村部种植业管理司,2021. 有机肥料:NY/T 525—2021[S]. 北京:中国标准出版社.

全国肥料和土壤调理剂标准化技术委员会磷复肥分技术委员会,2020. 有机无机复混肥料:GB/T 18877—2020[S]. 北京:中国标准出版社.

全国农业技术推广服务中心,2015. 东北黑土区耕地质量主要性状数据集[M]. 北京:中国农业出版社.

沈其荣,2021. 土壤肥料学通论[M]. 2版. 北京:高等教育出版社.

生态环境部土壤环境管理司、科技标准司,2018. 土壤环境质量 农用地土壤污染风险管控标准(试行):GB 15618—2018[S]. 北京:中国标准出版社.

宋志伟,王庆安,2019. 土壤肥料[M]. 5版. 北京:中国农业出版社.

王玉军,陈怀满,2013. 我国土壤环境质量重金属影响研究中一些值得关注的问题[J]. 农业环境科学学报,32(7):5.

吴启堂,2011. 环境土壤学[M]. 北京:中国农业出版社.

熊顺贵,2001. 基础土壤学[M]. 北京:中国农业大学出版社.

徐建明,2019. 土壤学[M]. 4 版. 北京:中国农业出版社.

衣文平,2017. 主要粮食作物轻简高效施肥技术[M]. 北京:中国农业大学出版社.

尤孟阳,郝翔翔,李禄军,2020. 海伦黑土有机碳和养分含量 30 年变化特征[J]. 土壤与作物,9(3):211-220.

张福锁,2006. 养分综合管理理论与技术[M]. 北京:中国农业大学出版社.

张金波,黄新琦,黄涛,等,2022. 土壤学概论[M]. 北京:科学出版社.

张兴义,刘晓冰,赵军,2018. 黑土利用与保护[M]. 北京:科学出版社.

周宝库,2011. 长期施肥条件下黑土肥力变化特征研究[D]. 北京:中国农业科学院.

Weil RR, Brady N C, 2017. The Nature and Properties of Soils[M]. 15th ed. Upper Saddle River: Pearson Prentice Hall.